浙江省高职院校“十四五”重点立项建设教材

土木建筑类新形态融媒体教材
园林工程技术专业群系列教材

林业测量技术

主　编　王建强
参　编　陈德标　江金霞　陈彩军　杜科林
　　　　周斌麟　郑　彪　范青青

科 学 出 版 社
北　京

内 容 简 介

本书是浙江省高职院校“十四五”重点立项建设教材，采用“项目引领、任务驱动”和“基于工作过程”的编写理念，共8个项目。本书对与非测绘类专业技术相关的测绘基础知识、地形图识读、GNSS定位测量、无人机测绘技术在林业测量方面的应用等进行了一般性的阐述；结合林业、园工、园林等高职高专专业对测量技术的需求，较为详细地介绍了小区域内的水准测量、角度测量、控制测量、规划放样、RTK、全站仪、CASS软件绘图的基本操作。

本书可作为高等职业教育（含职业本科、高职高专）林业技术、园林规划、园林工程等专业的教学用书，也可作为建筑、造价等专业工程技术人员的阅读参考书。

图书在版编目（CIP）数据

林业测量技术 / 王建强主编. -- 北京 : 科学出版社, 2025. 2. -- (浙江省高职院校“十四五”重点立项建设教材)(土木建筑类新形态融媒体教材)(园林工程技术专业群系列教材). -- ISBN 978-7-03-080321-4

Ⅰ. S771

中国国家版本馆CIP数据核字第20243XM642号

责任编辑：张振华 / 责任校对：赵丽杰
责任印制：吕春珉 / 封面设计：东方人华平面设计部

科学出版社出版
北京东黄城根北街16号
邮政编码：100717
http://www.sciencep.com
天津市新科印刷有限公司印刷
科学出版社发行　各地新华书店经销
*
2025年2月第 一 版　开本：787×1092　1/16
2025年2月第一次印刷　印张：13 1/2
字数：310 000

定价：59.00元

（如有印装质量问题，我社负责调换）
销售部电话 010-62136230　编辑部电话 010-62135120-2005

前　言

教育是国之大计、党之大计。教育、科技、人才是全面建设社会主义现代化国家的基础性、战略性支撑。党的二十大报告深刻指出："加快建设国家战略人才力量，努力培养造就更多大师、战略科学家、一流科技领军人才和创新团队、青年科技人才、卓越工程师、大国工匠、高技能人才。"

现代测绘科学技术的快速发展促进了林业测量技术的变革。林业测量中曾经广泛使用的传统测量仪器、工具和方法如今已不多见，它们被更先进的仪器、技术和工艺所取代。全站仪、电子水准仪、实时动态（real-time kinematic，RTK）载波相位差分定位技术、无人机机载激光雷达、机载多光谱成像仪、数字地形图等先进仪器设备及测绘成果相继被应用到林业测量领域，但目前系统介绍林业测量技术的相关教材相对较少。

为了适应国家林业高质量发展和林业测量教学改革的需要，编者根据二十大报告和《职业院校教材管理办法》《高等学校课程思政建设指导纲要》《"十四五"职业教育规划教材建设实施方案》等相关文件精神，结合自身多年的教学和实践成果，编写了本书。在编写本书的过程中，编者紧紧围绕"培养什么人、怎样培养人、为谁培养人"这一教育的根本问题，以落实立德树人为根本任务，以学生综合职业能力培养为中心，以培养卓越工程师、大国工匠、高技能人才为目标。

与同类图书相比，本书的体例更加合理和统一、概念阐述更加严谨和科学、内容重点更加突出、文字表达更加简明易懂、工程案例和思政元素更加丰富、配套资源更加完善。具体而言，本书的特色主要表现在以下几个方面。

1. 专家引领，校企"双元"联合编写

本书是在行业专家、企业专家和课程开发专家的指导下，由校企"双元"联合编写的系列新形态融媒体教材之一。编者均来自教学或企业一线，具有多年的教学、大赛或实践经验。在编写本书的过程中，编者紧扣专业培养目标，遵循教育教学规律和技术技能人才培养规律，将林业测量的新技术、新工艺、新规范、新设备、新材料融入教材，并将职业资格考试和技能大赛所提出的能力要求及技能大赛过程中所体现的规范、高效等理念贯穿其中，符合当前企业对人才综合素质的要求。

2. 体现以人为本，强调实践能力培养

本书切实从职业院校学生的实际出发，摒弃了以往林业测量技术教材中过多的理论描述，在知识讲解上"削枝强干"，力求理论联系实际，从实用、专业的角度剖析各个知识点，以浅显易懂的语言和丰富的图示来进行说明，注重对学生应用能力和实践能力的培养。

本书以练代讲，练中学，学中悟，学生完成理论学习和项目实践就可以掌握相关知识、技能及素养。这种教学方式不仅可以大幅度提高学生的学习效率，还可以很好地激发学生的学习兴趣和创新思维。

3. 项目引领、任务驱动，突出“工学结合”

本书采用“项目引领、任务驱动”和“基于工作过程”的编写理念，以真实测量项目、典型工作任务、案例等为载体，以测绘技术员等岗位知识、能力、素养要求为核心，严格按照工作过程和岗位职责要求，构建知识、能力与素养结构体系，并根据该体系设计教学内容，满足项目化、理实一体化等多种教学模式的需要。

4. 对接工作岗位，强调“岗课赛证”综合育人

本书编写面向测绘技术员等岗位（群），以“林业测量技术”课程为中心，将全国职业院校技能大赛相关赛项内容、要求融入课程教学内容、课程评价，注重对接职业技能等级证书和职业资格证书要求，将岗位、课程、竞赛、职业技能等级证书进行系统融合。

5. 融入思政元素，落实课程思政、专业思政

为落实立德树人根本任务，充分发挥教材承载的思政教育功能，本书深入挖掘提炼“林业测量技术”课程所蕴含的思政要素，将家国情怀、文化自信、安全意识、质量意识、法治意识、规则意识、职业素养、工匠精神、精益化生产管理理念、绿色发展理念的培养与教材的内容相结合，潜移默化地提升学生的思想政治素养，使学生形成吃苦耐劳、追求卓越、心系社会的优秀品质。

6. 配套立体化资源，便于信息化教学实施

为了方便教师实施线上线下混合式教学和学生自主学习，本书配有免费的立体化教学资源包（下载地址：www.abook.cn），包括多媒体课件、思政案例、微课视频等。

此外，书中穿插有丰富的二维码资源链接，通过手机等终端扫描后，可观看微课视频。

本书由省优秀教师、一线教师、高级工程师、注册测绘师等领衔编写。丽水职业技术学院王建强担任主编；丽水职业技术学院陈德标、江金霞、陈彩军、杜科林、周斌麟、郑彪，丽水市城建测绘中心有限公司范青青参与编写。

在本书编写过程中，编者参阅了大量的文献资料，引用了同类书刊中的一些资料，在此向有关作者表示衷心的感谢。

由于编者水平有限，书中疏漏与不当之处在所难免，敬请广大读者批评指正。

目　录

项目 1

林场施工测量及误差基础认知

◎ 项目导读

本项目主要介绍林业测量技术的预备知识，应理解和掌握测量的一些相关基本概念，重点理解地理坐标、平面坐标和高程表示地面点的方法及相关概念；熟知测量工作的原则，以便在以后的学习和实践中能灵活运用这些预备知识。

◎ 学习目标

知识目标

- 了解测量学的基本概念及应用。
- 理解地面点位置的表达方式。
- 掌握测量工作的基本原则和要求。
- 熟悉测量常用的计量单位与凑整规则。
- 熟悉测量误差的相关概念及来源。

能力目标

- 能够复述测量的一些基本概念。
- 能够阐明地理坐标、平面坐标和高程表示地面点的方法。
- 熟知测量工作的基本原则。

素养目标

- 培养新时代测绘工作者秉持“特别能吃苦、特别能战斗、特别能奉献”的理念。
- 弘扬“热爱祖国、忠诚事业、艰苦奋斗、无私奉献”的测绘精神。

1.1 测量学基本概念及应用

测量学是研究地球的形状和大小，以及确定地面点位置的一门科学。其研究对象主要是地球和地球表面上的各种物体，包括它们的几何形状及空间位置关系。地球表面的物体可以分为地物和地貌，地物是地球表面有突出轮廓的自然或人工物体（如房屋、道路、河流、湖泊等）；地貌是地形的高低起伏变化（如山地、丘陵等）。测量学的内容包括测定和测设两个部分。测定是指使用测量仪器和工具，用一定的测绘程序和方法将地物和地貌按一定的比例尺和特定的图例符号缩绘成地形图，供科学研究、经济建设和国防建设使用；测设是指使用测量仪器和工具，按照设计要求，采用一定的方法，将设计图纸上设计好的工程建筑物、构筑物的平面位置和高程标定到施工作业面上，作为施工的依据。在工程测量中，测设工作又称放样。

测量学按照研究对象和研究范围的不同，划分为以下几个学科。

1. 大地测量学

该学科主要研究整个地球的形状、大小和地球重力场及其变化，地面点的精确定位，解决大范围控制测量问题。大地测量学是整个测绘科学的基础理论学科，可为测量学的其他分支提供基础测量数据和资料。

2. 普通测量学

该学科主要研究地球表面小范围测绘的基本理论、技术和方法，不考虑地球曲率的影响，把地球局部表面当作平面看待，是测量学的基础。

3. 摄影测量与遥感

该学科主要是研究利用摄影或遥感技术获取被测物体的信息，并进行分析、处理，绘制地形图或建立相应的数字模型的理论和方法的学科。根据获取像片的方法不同，摄影测量学又可分为近景摄影测量学、地面摄影测量学、航空摄影测量学等。

4. 海洋测绘学

该学科主要以海洋和陆地水域为对象进行测量和海图编制工作，目前在军事、跨海工程、码头建设等方面有应用。

5. 工程测量学

该学科主要是研究工程建设与资源开发中在规划、设计、施工运营管理各阶段进行的控制测量、地形测绘和施工放样、变形监测等各种测量工作的理论、技术和方法的学科。根据建设工程的不同，工程测量又可分为林业测量、园林测量、建筑测量、水利测量、公路测量、矿山测量、铁路测量等。

6. 制图学

该学科主要是利用测量所得的成果资料，研究如何投影编制和制印各种地图，属于制图学的范畴。

7. 测绘技术发展

测绘是受新技术影响较大的传统学科之一，全球导航卫星系统（global navigation satellite system，GNSS）、全站型电子速测仪（total station electronic tachometer，简称全站仪）、数字测图、计算机技术的应用与普及，对测量的方法与效率产生了重要的影响。以 GNSS、地理信息系统（geographical information system，GIS）和遥感技术（remote sensing technique，RS 技术）为代表的测绘新技术的迅猛发展与应用，使测绘的产品基本由传统的纸质地图转变为 4D［数字高程模型（digital elevation model，DEM）、数字正射影像图（digital orthophoto map，DOM）、数字栅格地图（digital raster graph，DRG）、数字线划图（digital line graph，DLG）］产品。4D 产品在网络技术的支持下，成为国家空间数据基础设施（national spatial data infrastructure，NSDI）的基础，为相关领域的研究工作及国民经济建设的各行业、各部门应用地理信息技术带来了巨大的方便。测绘技术体系从模拟转向数字、从地面转向空间，并进一步向网络化和智能化方向发展。

1.2 地面点位置的确定

测量的基本工作任务，无论是测定还是测设，都是通过确定地面点的位置来完成的。在工程测量工作中，地面点的空间位置通常用平面位置 x、y 和高程 H 表示。

1.2.1 测量的基准面

如果要确定地面上某点的位置，必须要建立一个相应的测量工作面作为参考依据，实现统一的计算基准。这个工作面称为测量工作的基准面，它需要具备两个条件：①其形状和大小要尽可能与地球实际的形状和大小一致；②能用简单的几何形体和数学式表达。

地球的自然表面高低起伏，有山地、丘陵、平原、江河湖海等，是凹凸不平的复杂曲面。其中，海洋的面积约占 71%，陆地的面积约占 29%。地球上自由静止的水面，受到重力作用处处与重力方向正交，其延伸形成一个曲面，称为水准面。与水准面相切的平面称为水平面。可见，水准面和水平面可以有无数个，其中由通过平均海水面的水准面向陆地内部延伸形成的不规则闭合曲面称为大地水准面。由大地水准面所包围的形体称为大地体。大地水准面和大地体能较为准确地表达地球实际的形状和大小，是测量工作的基准面，也是地面点高程的起算面（又称高程基准面）。与水准面处处正交的重力方向线称为铅垂线，是测量工作的基准线。

地球内部的物质分布不均，引起地面点的铅垂线方向不规则变化，因此大地水准面有微小起伏，不能用数学公式来表达。如图 1-1（a）所示，在测量上采用一个既与大地水准面非常接近，又能用数学公式表达的旋转椭球面代替大地水准面作为基准面，称其为参考椭球面，它包围的形体称为参考椭球体，如图 1-1（b）所示。

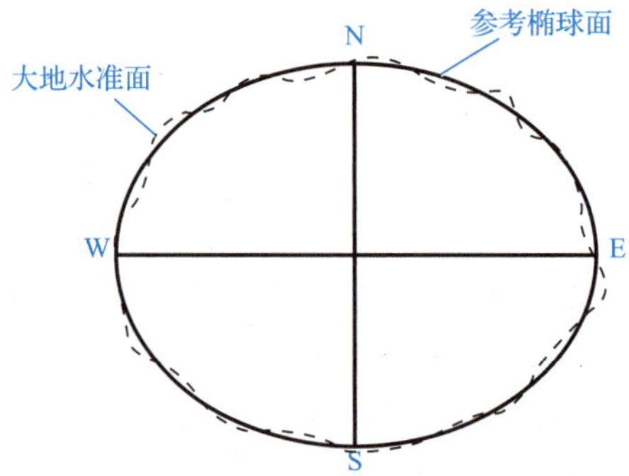

（a）参考椭球面

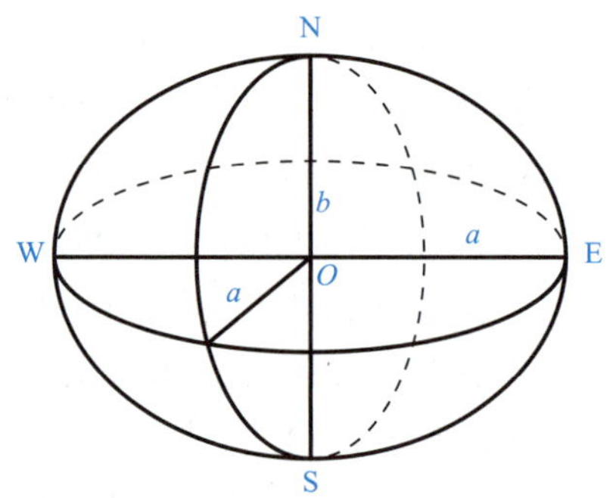

（b）参考椭球体

图 1-1　参考椭球面和参考椭球体

我国目前采用的参考椭球体主要参数值如下：长半轴 a=6378137m，短半轴 b=6356752m，扁率 $\alpha=1/298.257$。当测区面积不大时，可近似将参考椭球体看作半径为 6371km 的圆球。

测量工作实际以参考椭球面作为计算的基准面，并在此基础上建立坐标轴系，从而确定地面点的位置。

1.2.2　坐标系统

地面点的位置用平面坐标和高程来表达，在表达地面点位之前，需要根据基准面来建立统一的坐标系统。

1. 平面坐标系统

（1）地理坐标

地理坐标是在大区域内确定地面点的位置，以球面坐标来表示地面点位，用经度 λ 和纬度 φ 表示地面点在旋转椭球面上的位置。地理坐标是由天文测量方法测定的。经度由本初子午线向东和向西各 0°～180°度量，向东为东经，向西为西经。纬度从赤道起算，向南和向北各 0°～90°度量，向北为北纬，向南为南纬。

（2）高斯平面直角坐标

当测区范围较大时，因为不能将水准面视为水平面，所以将地球椭球面上的图形展绘到平面上必然会产生变形。为了减少变形误差，我国采用一种适当的投影方法，即高斯投影。

高斯投影的基本方法：设想一个椭圆柱横切套在地球椭球外面，并与椭球的某一中央子午线相切，在保持等角的条件下，将中央经线东、西各一定经差范围内的经线和纬线投影到椭圆柱面上，再将圆柱分别沿通过南北极的母线剪开展成平面，即得高斯平面[图1-2（a）]。投影后，中央子午线长度不变，距离中央子午线越远，其长度投影变形越大[图1-2（b）]。

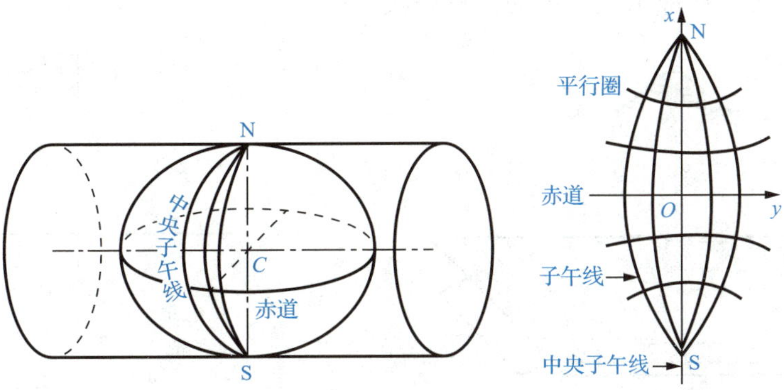

（a）高斯投影　（b）高斯投影平面图

图1-2　高斯投影

投影后，取中央子午线与赤道交点的投影为原点，中央子午线的投影为纵坐标X轴，赤道的投影为Y轴，即构成了高斯平面直角坐标系。在该坐标系内，规定X轴向北为正，Y轴向东为正。我国位于北半球，纵坐标均为正，横坐标有正有负。为了使用方便，避免出现负值，规定将坐标纵轴向西移500km，则投影带中任一点的横坐标也恒为正值。

高斯投影一般应用于范围较大的区域，按经度差6°或3°进行分带（图1-3），将地球分为60个或120个带。各带中央的子午线称为中央子午线，高斯平面直角坐标系是以中央子午线为纵轴，以赤道为横轴，其交点为原点而建立起来的。

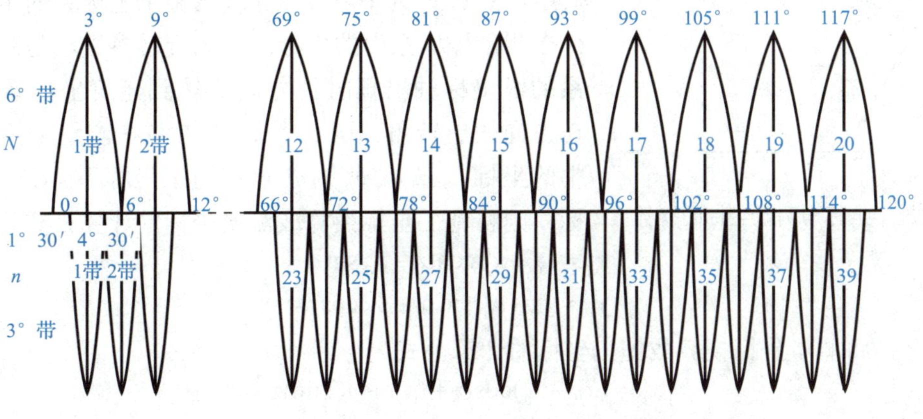

图1-3　高斯投影分带

（3）平面直角坐标

在小区域范围内（半径≤10km），可用水平面代替水准面，此时由平面直角坐标代替球面坐标产生的误差可忽略不计。因此，在一般的工程项目测量工作中，可根据工程的实际情况，采用独立的平面直角坐标系进行有关计算。如图 1-4 所示，规定纵坐标轴为 x，向北为正，向南为负；横坐标轴为 y，向东为正，向西为负，坐标轴与数学上使用的直角坐标轴编号互换，图上地面 A 点的平面坐标为 (x_A, y_A)。平面直角坐标系的原点 O 一般选在测区的西南角，使测区内所有点的坐标均为正值。如图 1-5 所示，象限按顺时针方向依次编号，编号顺序与数学上直角坐标系的象限编号相反。如此建立的平面直角坐标系在进行测量坐标计算时可直接应用数学中的计算公式。

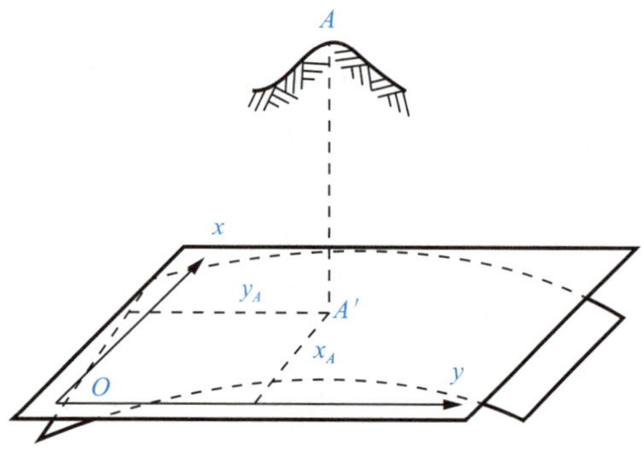

图 1-4　平面直角坐标系

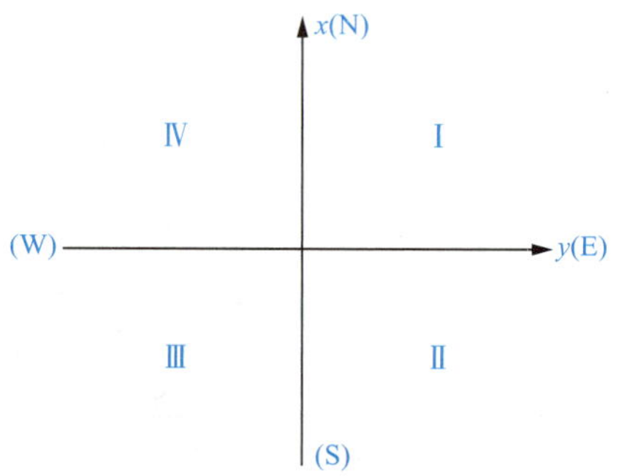

图 1-5　平面直角坐标系的象限

（4）施工坐标系与测量坐标系的坐标换算

施工坐标系亦称建筑坐标系，其坐标轴与主要建筑物主轴线平行或垂直，以便用直角坐标法进行建筑物的放样。施工控制测量的建筑基线和建筑方格网一般用施工坐标系，而施工坐标系与测量坐标系往往不一致，因此，施工测量前常常需要进行施工坐标与测量坐标的换算。

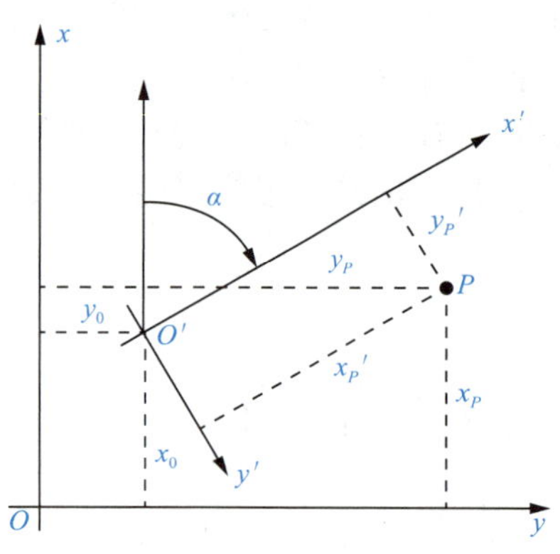

图 1-6　施工坐标与测量坐标的换算

如图 1-6 所示，x_0、y_0 和 α 称为坐标换算的要素，其中，x_0、y_0 为平移参数，代表施工坐标系的坐标原点 O 在测量坐标系中的坐标；α 为旋转参数，是测量坐标系的纵坐标轴沿顺时针方向旋转到建筑坐标系纵轴所在方向的旋转角。设 x_P、y_P 为 P 点在测量坐标系 xOy 中的坐标，x'_P、y'_P 为 P 点在施工坐标系 $x'O'y'$ 中的坐标，则将施工坐标换算成测量坐标的计算公式为

$$\begin{cases} x_P = x_0 + x'_P \cos\alpha - y'_P \sin\alpha \\ y_P = y_0 + x'_P \sin\alpha + y'_P \cos\alpha \end{cases} \tag{1-1}$$

反之，将测量坐标换算成施工坐标的计算公式为

$$\begin{cases} x'_P = (x_P - x_0)\cos\alpha + (y_P - y_0)\sin\alpha \\ y'_P = -(x_P - x_0)\sin\alpha + (y_P - y_0)\cos\alpha \end{cases} \tag{1-2}$$

2. 高程系统

（1）绝对高程

地面上某点到大地水准面的铅垂距离，称为该点的绝对高程，又称海拔。一般用 H 表示，如图 1-7 所示。地面上 A、B 两点的绝对高程分别为 H_A、H_B。

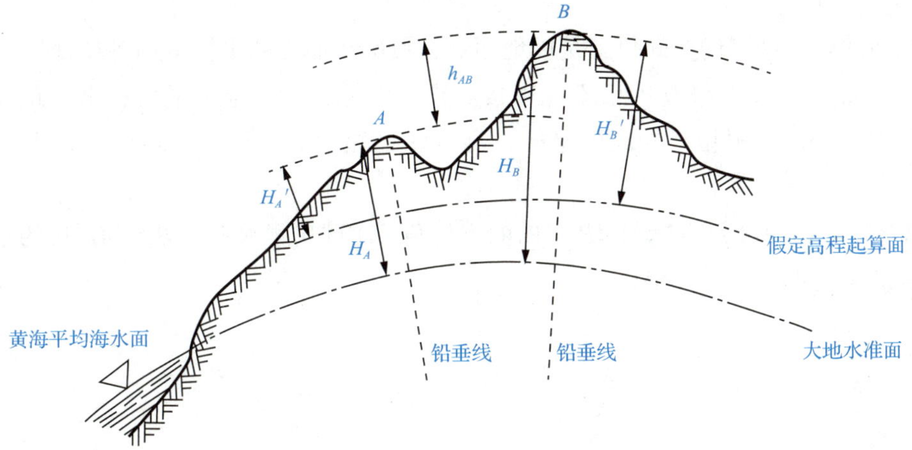

图 1-7　高程系统

由于受海潮、风浪等影响，海水面的高低时刻在变化，我国的高程测量以青岛验潮站历年记录的黄海平均海水面为基准，并在青岛建立国家水准原点作为全国高程的起算点。中华人民共和国成立之初建立了“1956 黄海高程系”，其青岛国家水准原点高程为 72.289m。随着观测资料的累积，我国从 1987 年起采用“1985 国家高程基准”，更为精确地确定了黄海平均海水面，推算得到国家水准原点的高程为 72.260m。

（2）相对高程

在局部地区特殊条件下，采用绝对高程有困难或不需要与国家高程系统联系时，也可以采用一个假设水准面作为高程起算面。地面上某点到假设水准面的铅垂距离，称为该点的假定高程或相对高程，如图 1-7 中的 H'_A、H'_B。

（3）建（构）筑物标高

为方便应用，每个独立的单项工程都设有自身的高程起算面。通常选定建（构）筑物首层室内地坪面作为该工程地面点高程起算的基准面，记为±0.000。建（构）筑物某部位的标高，是指某部位距±0.000 的相对高程。

（4）高差

两个地面点之间高程的差值称为高差，通常用 h 表示。图 1-7 中，A 点到 B 点的高差记为 h_{AB}，即

$$h_{AB} = H_B - H_A = H'_B - H'_A \tag{1-3}$$

由此可见

$$h_{BA} = H_A - H_B = -h_{AB} \tag{1-4}$$

且两点之间高差的大小与高程起算面无关。

1.2.3 确定地面点位的 3 个基本要素

如前所述，地面点的空间位置是以地面点在投影平面上的坐标 x、y 和高程 H 决定的。在实际的测量中，x、y 和 H 的值不能直接测定，而是通过测定水平角和水平距离，以及各点间的高差 h，再根据已知点的坐标、高程和已知边的方位角计算出待定点坐标和高程的。

图 1-8 中，已知 A 点坐标和 AB 方向的方位角，通过观测水平角 β 和 AP 边的水平距离 D_{AP} 来确定待定点 P 的平面坐标。

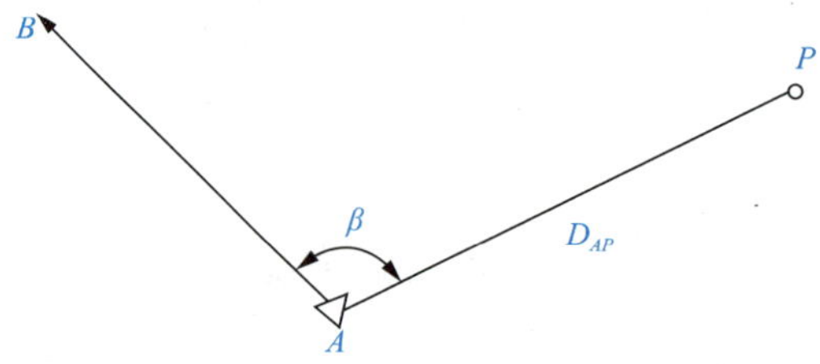

图 1-8 根据水平角与水平距离确定坐标

图 1-9 中，已知 A 点的高程，通过观测 A 点到 P 点的高差 h_{AP}，来确定 P 点的高程 H_P。

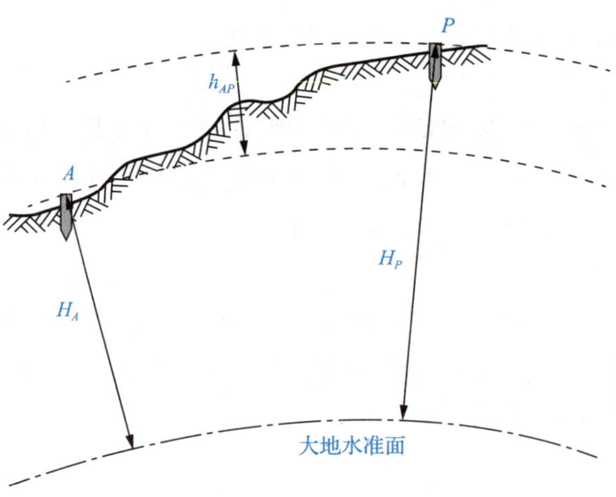

图 1-9 测定地面点高程

由此可见，水平距离、水平角和高程是确定地面点位的 3 个基本要素。水平距离测量、水平角测量和高差测量是测量的 3 项基本工作。

1.3 测量工作的基本原则和要求

1.3.1 测量工作的基本原则

在测量工作中，由于仪器、观测者和外界条件等因素的影响，不可避免地会产生误差，甚至可能发生错误。如果这些误差未得到及时检查和控制，它们将会从前期观测结果传递到后续观测中，最终导致误差越来越大，直至达到不可接受的程度。另外，测量工作需要十分精确、细致，为确保结果正确，必须进行相应的检核工作。因此，测量工作必须遵循以下基本原则。

1. 在布局上“从整体到局部”

测量工作必须先进行总体布置，然后分期、分区、分项实施局部测量工作，而任何局部的测量工作都必须服从全局的工作需要。

2. 在工作程序上“先控制后碎部”

“先控制后碎部”就是先进行控制测量，测定测区内若干个控制点的平面位置和高程，作为后面测量工作的依据。通过控制测量，能有效地控制误差传递，使碎部点的精度得到保证。

3. 在精度上“从高级到低级”

在测量中，任何定位工作都必须满足规范规定的技术等级要求，否则测量成果不可应用。因此，实施时应先布设高精度的控制点，再逐级发展布设低一级的交会点，以及进行碎部测量。这样既可以满足精度要求，又可以合理地利用资源，提高经济效益。

4. 前一步工作未做检核，不得进行下一步工作

测量工作有外业和内业之分，地面点位置的水平角度测量、水平距离测量、高差测量是测量的基本工作，称为外业。将外业成果进行整理、计算（坐标计算、高程计算）、绘制成图的工作，称为内业。

不论是外业还是内业，都直接关系到测量结果的真实性、可靠性、准确性，任何不合格或错误的成果都可能给工程建设带来巨大的损失。因此，必须对测量工作的观测成果和计算成果进行步步检验、反复检核，以消除测量中的错误，剔除不合格成果。前一步工作未做检核不得进行下一步工作，未经检核的成果决不允许使用。其检核包括观测数据检核、计算检核、精度检核等。

1.3.2 从事测量工作的基本要求

1）坚持“质量第一”的观点，严格遵守规范的要求。

2）具有严肃认真的工作态度和严谨细致的工作作风。

3）保持测量成果的真实、客观和原始性，决不允许伪造测量数据。

4）测量工作者要爱护测量仪器和工具，轻拿轻放测量仪器和工具，避免振动，掌握测量仪器和工具的正确操作方法。

1.4 测量常用的计量单位与凑整规则

1.4.1 计量单位

在测量工作中，常用的计量单位有长度单位、面积单位和角度单位 3 种。

1. 长度单位

国际通用长度单位为 m（米），我国规定采用米制。

1m=10dm（分米）=100cm（厘米）=1000mm（毫米）

1km（千米或公里）=1000m

2. 面积单位

小区域面积单位采用 m^2（平方米），大区域面积单位采用 km^2（平方千米或平方公里）。

3. 角度单位

（1）六十进制的度

1 圆周角=360°（度）

1°（度）=60′（分）

1′（分）=60″（秒）

（2）弧度

1 圆周角=2πρ（弧度）=360°（度）

$$\rho^\circ = \frac{360^\circ}{2\pi} \approx 57.3^\circ$$

$$\rho' = \frac{360}{2\pi} \times 60' \approx 3438'$$

$$\rho'' = \frac{360}{2\pi} \times 60 \times 60'' \approx 206265''$$

1.4.2 凑整规则

在测量计算过程中，一般存在数值取舍凑整的问题。由于数值取舍凑整会带来凑整误差，为了尽量减弱对测量结果的影响，避免误差累积，通常采用以下凑整规则：

1）当被舍去的部分大于5时，末位进1。

2）当被舍去的部分小于5时，末位不变。

3）当被舍去的部分等于5时，将末位凑成偶数，即若末位为奇数，则末位进1；若末位为偶数，则末位不变。

例如，将下面各数保留3位小数。

$$2.2356 \approx 2.236$$

$$2.2354 \approx 2.235$$

$$2.235500001 \approx 2.236$$

$$2.2355 \approx 2.236$$

$$2.2365 \approx 2.236$$

上述凑整规则可总结为“四舍六入，奇进偶舍”。

1.5 测量误差的概念与来源

在测量工作中，对某一量进行多次观测时，各次观测的结果往往并不完全相等，总会存在一些差异。因此，有必要分析误差产生的原因及其规律，并采取适当方法或措施来尽量减小误差对观测结果的影响，从而提高观测质量。

1.5.1 测量误差的来源

1. 仪器工具

测量工作是借助测量仪器进行的，由于每一种测量仪器都具有一定的精密度，因此会使观测结果受到一定的影响。例如，在角度测量中，由于水平度盘的分划不均匀，会给观测结果带来误差。同样，测量工具也会产生影响。例如，用只有厘米分划的水准尺进行水准测量时，就难以保证厘米以下估读数值的正确性。

2. 观测者

因为观测者感觉器官的鉴别能力有一定的局限性，所以在操作仪器的过程中会产生误差。例如，在角度测量中，仪器的对中、整平、照准和读数等方面都会产生误差。

3. 外界环境

测量工作都是在一定的外界环境下进行的，而外界环境时刻都在发生变化，因此也会对观测结果产生直接影响。例如，温度等外界条件的改变，会使观测结果产生误差。

产生测量误差的原因有很多，而上述 3 个方面的因素是误差产生的主要来源，通常将其综合起来称为观测条件。在相同观测条件下进行的观测，认为其观测质量是一致的，称为等精度观测。观测条件对观测成果的质量有着重要影响，观测条件越好，观测质量通常越高，观测成果的精度也相对越高。

在测量工作中，如果能改善仪器的性能、选择良好的观测条件，并认真细致地按操作规程作业，则可提高测量结果的精度，但这些措施并不能消除观测误差的来源，因此误差是不可避免的，任何观测结果中都会含有测量误差。

1.5.2 测量误差的种类

根据误差对观测结果影响性质的不同，测量误差可分为系统误差和偶然误差两类。

1. 系统误差

在相同的观测条件下，对某量进行一系列的观测，如果观测误差的正负符号和数值大小固定不变或按一定的规律变化，那么这一类误差就称为系统误差。例如，用一把名义长度为 30.000m，而实际长度为 30.002m 的钢尺进行量距时，每丈量一尺段就会产生 0.002m 的误差，由于尺长误差是一个定值，由尺长误差所引起的距离误差会随着所测距离的长度成正比例增加，即随着尺段数的增加而呈现出累积性。这是由仪器工具的不完善所产生的系统误差。

系统误差对于观测结果的影响一般具有累积作用，对成果质量有特别显著的影响，因此在测量过程中，应采用各种方法减弱或消除系统误差对观测结果的影响。

（1）加入改正数的方法

例如，在钢尺量距前，对钢尺进行检定，求出尺长误差的大小，再对丈量的距离进行尺长改正，可以消除由于尺长误差引起的距离误差。

（2）采用适当的观测方法

例如，在进行水准测量时，保持前后视距相等，可以消除由于视准轴与水准管轴不平行而产生的系统误差。

2. 偶然误差

在相同的观测条件下，对某一量进行了一系列观测，如果误差在大小和符号上都表现出偶然性，即从单个误差来看，误差的大小和符号没有规律，但就大量误差的总体而言，则具有一定的统计规律，这一类误差就称为偶然误差。例如，在水准测量中，视差的存在导致估读的数据不准确、气温的变化对观测结果的影响等都属于偶然误差。

在测量过程中，除系统误差、偶然误差外，还可能发生粗差，即粗大误差，是指在测量过程中，由于测量人员的粗心大意、操作失误或仪器故障等原因引起的显著偏离真值的异常偏离现象。例如，读错、听错、记错等。在测量计算时，粗差是不允许存在的。

系统误差和偶然误差在测量过程中总是同时产生，当通过适当的方法消除或减弱了系统误差，并剔除了观测结果中的粗差后，则在观测结果中主要存在偶然误差。可见，偶然误差的存在是测量中不可避免的，因此偶然误差就成了测量误差理论研究的主要对象，必须了解偶然误差的特性。

由偶然误差的定义可知，偶然误差在单次测量中，其符号和大小是没有规律的，呈现出偶然性，但从总体来看，偶然误差却具有一定的统计规律，并且随着观测次数的增加，这种规律性会变得更加明显。

例如，在相同的观测条件下，对某三角形的 3 个内角进行了 256 组观测，由于观测值存在误差，故观测得到的三角形内角和不等于真值 180°，若真值用 x 表示，则其与观测值之差称为真误差，即

$$\Delta_i = x - l_i = 180^\circ - l_i \tag{1-5}$$

式中，l_i——第 i 组观测得到的三角形内角之和；

Δ_i——真误差。

由式（1-5）可计算得到每组观测值的真误差，根据这些计算所得的真误差的正、负号和大小，并按一定的误差区间进行统计，可以看出偶然误差的分布具有如下特性：

1）在一定的观测条件下，偶然误差的绝对值不会超过一定的限值。

2）绝对值小的误差比绝对值大的误差出现的频率高。

3）绝对值相等的正、负误差出现的频率相同。

4）偶然误差的平均值随观测次数的增加而趋近于零。

1.5.3 观测值的算术平均值

在测量工作中，常常对同一量进行多次观测以提高观测精度。当进行的多次观测为同精度独立观测时，其算术平均值具有一定的精度特性。

设对某量进行了 n 次同精度独立观测，观测值分别为 $L_1, L_2, \cdots, L_n$，其观测值的真值为 X，则观测值的算术平均值为

$$\overline{L} = \frac{L_1 + L_2 + \cdots + L_n}{n}$$

由此可见，随着观测次数 n 的增加，算术平均值精度会相应提高。

项目实践　林业信息管理系统现状调查

1. 实践准备

选择你所在当地的某林场及相关管理部门，对接技术管理岗位相关技术人员，调查林场管理过程中的相关内容条目使用的是何种形式的二维、三维数据及数据库，调查在林地确权方面所使用的数据有哪些，包括使用的坐标系、高程系、矢量数据、栅格数据等。

2. 技术要求

针对实践准备的内容，撰写实践报告，不少于 300 字，主要内容包括林地确权发证的流程，使用的坐标系、高程系、矢量数据、栅格数据等；报告内容要特别体现对现代林业管理所使用的新技术、新方法，如三维实景林业管理系统的建设与应用内容。

直击工考

1. 什么是水准面、大地水准面？大地水准面有什么作用？
2. 什么是绝对高程、相对高程和高差？
3. 表示点的坐标有哪几种？分别适用于什么情况？
4. 测量学中的平面坐标系与数学中的平面直角坐标系有什么区别？
5. 测量工作的基本内容和基本原则是什么？
6. 产生测量误差的原因有哪些？
7. 系统误差和偶然误差有什么不同？偶然误差有哪些特性？

项目 2

林场施工高程控制测量

◎ 项目导读

在林场施工测量工作中，为了确定地面点的空间位置，经常需要测定其高程。这种测定地面点高程的测量工作称为高程测量。高程测量的目的是研究地面的起伏状况，并解决工程中的有关问题。在林业工程领域，如改土、治水、林区规划等基本建设中，高程测量都是必不可少的，以便充分了解工作地域的地形情况。

根据测量高程所用仪器测量原理的不同，高程测量方法分为 3 种：水准测量、三角高程测量和气压高程测量。其中，水准测量的精度最高，使用也最为广泛，被视为高程测量的基本方法；而三角高程测量的具体实施方法将在项目 3 中讲解。

水准测量分为国家等级水准和等外水准测量（也称为图根水准测量）。国家等级水准测量旨在建立全国性的高程控制网，分为一、二、三、四等，其中一等水准测量精度最高，二等、三等、四等水准测量精度依次降低。等外水准测量的精度低于四等水准测量，主要用于地形测图的高程控制测量和普通工程建设施工中的高程控制。

◎ 学习目标

知识目标

- 理解水准测量原理及误差产生原因。
- 掌握 DS3 水准仪的构造、使用和观测方法。
- 掌握消除或减少误差的基本措施。

能力目标

- 能使用 DS3 水准仪进行水准线路的观测、记录和计算。
- 能对等外水准测量、四等水准测量成果进行平差计算。
- 能对 DS3 水准仪进行简单的检校操作。
- 能够分析并解决水准测量过程中产生的误差。

素养目标

- 培养规范意识、安全意识，严格按照技术操作规程作业。
- 养成专注、细致、严谨、负责的工作态度。

2.1 水准测量原理及测段

2.1.1 水准测量原理

水准测量是利用水准仪提供的一条水平视线，并借助水准尺，来测定地面两点间的高差，这样就可由已知点的高程推算出未知点的高程。

如图 2-1 所示，已知 A 点的高程 H_A，测定 B 点的高程 H_B。在 A、B 两点各竖立一根水准尺，并在 A、B 两点之间安置一架可以得到水平视线的水准仪。假设水准仪的水平视线在 A、B 两点水准尺上的位置读数分别为 a、b，则 A、B 两点之间的高差 h_{AB} 为

$$h_{AB}=a-b \tag{2-1}$$

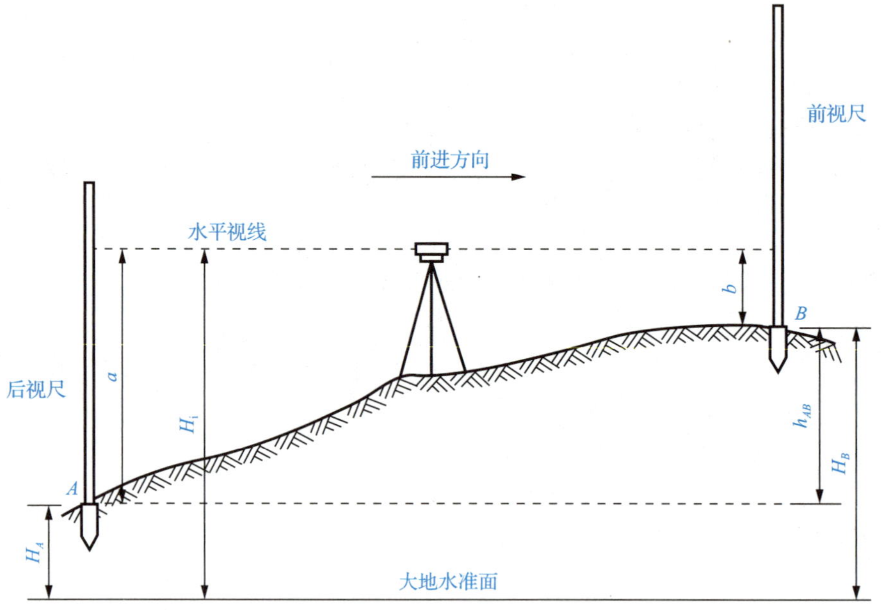

图 2-1 水准测量原理

在水准测量中，如果 A 点是已知点，B 点是未知点，测量是由 A 向 B 方向进行的，则称 A 点为后视点，B 点为前视点；读数 a 为后视读数，读数 b 为前视读数。因此，式（2-1）可以理解为

$$高差=后视读数-前视读数$$

当高差为正时，后视点低于前视点；当高差为负时，后视点高于前视点。测得高差 h_{AB} 后，由图 2-1 可知，B 点的高程 H_B 为

$$H_B = H_A + h_{AB} \tag{2-2}$$

通过式（2-2），可以用已知点 A 的高程和高差 h_{AB} 来计算未知点 B 的高程，这种方法称为高差法。

将式（2-1）代入式（2-2），得

$$H_B = H_A + h_{AB} = H_A + a - b \tag{2-3}$$

从图 2-1 中可以看出，$H_A + a$ 为水准仪的水平视线高程 H_{i}，即

$$H_B = H_{\mathrm{i}} - b \tag{2-4}$$

通过式（2-4），可以用水准仪的水平视线高程来计算 B 点的高程，此方法称为仪高法。仪高法是计算一次仪高，就可以测算出几个前视点的高程，即放置一次仪器，可以测出数个前视点的高程。

高差法和仪高法都是利用水准仪提供的水平视线测定地面点的高程。必须注意：①前视与后视的概念一定要清楚，不能误解为往前看或往后看所得的水准尺读数；②两点间高差 h_{AB} 是有正负的，计算高程时，高差应连其符号一并运算。在书写 h_{AB} 时，注意 h 的下标顺序，h_{AB} 表示 B 点相对于 A 点的高差；h_{BA} 则表示 A 点相对于 B 点的高差。h_{AB} 与 h_{BA} 的绝对值相等，但符号相反。

2.1.2　水准测量中的测段

在实际测量工作中，当 A、B 两点距离较远，或者高差较大时，安置一次仪器不可能测得其间的高差，因此必须在两点间分段连续安置仪器和竖立标尺，连续测定标尺间的高差，最后取其代数和，从而求得 A、B 两点间的高差，如图 2-2 所示。

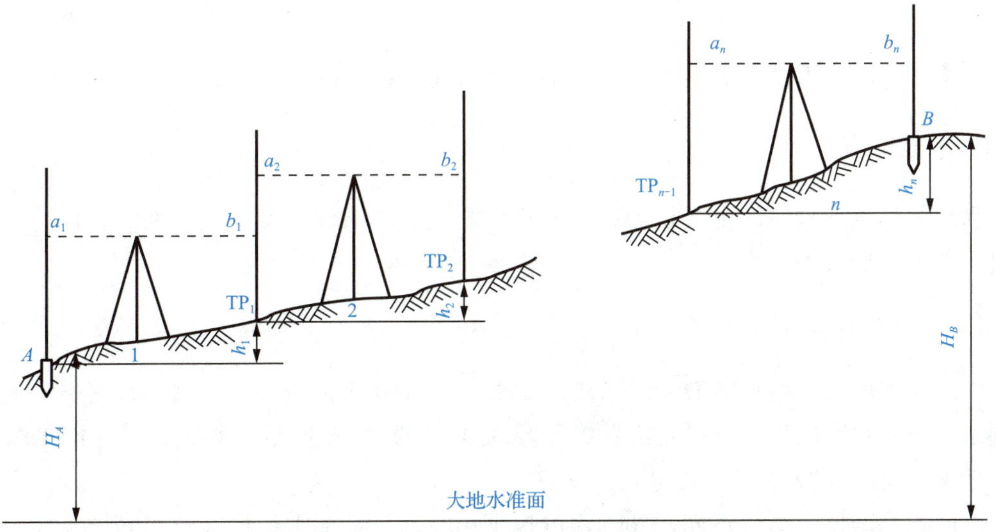

图 2-2　水准测量测段

在 AB 线路上增加 1、2、3、4、…中间点，将 AB 高差分成若干个水准测站。其中间点仅起传递高程的作用，称为转点（turning point，TP）。转点无固定标志，无须算出高程。每安置一次仪器，便可测得一个高差，即

$$h_1 = a_1 - b_1$$
$$h_2 = a_2 - b_2$$
$$\cdots\cdots$$
$$h_n = a_n - b_n$$

将各式相加，得

$$\sum h = \sum a - \sum b$$

则 B 点的高程为

$$H_B = H_A + \sum h \tag{2-5}$$

在测量过程中，高程已知的水准点称为已知点，高程未知的水准点则称为待定点。每架设一次仪器称为一个测站。

完成两点间高差测定的若干个连续测站称为一个测段。用水准仪测量地面点的高程时，水准仪的视线必须水平，这是水准测量最重要、最基本的要求。

2.2 水准测量仪器和工具

水准测量所使用的仪器为水准仪，工具为水准尺和尺垫。

2.2.1 水准仪

水准仪是水准测量的主要仪器。用于高程测量的水准仪有微倾式水准仪、自动安平水准仪、电子水准仪等。

1. 微倾式水准仪

微倾式水准仪主要包括 DS0.5、DS1、DS3 和 DS10 四种型号。其中，D、S 分别是“大地测量”和“水准仪”汉语拼音的首字母。DS0.5、DS1 属于精密水准仪，DS3、DS10 属于工程水准仪，以 DS3 较为常见。

微倾式水准仪的型号不同，其精密度也不相同，但是基本结构大致相同，主要由望远镜、水准器和基座 3 个部分组成，如图 2-3 所示。

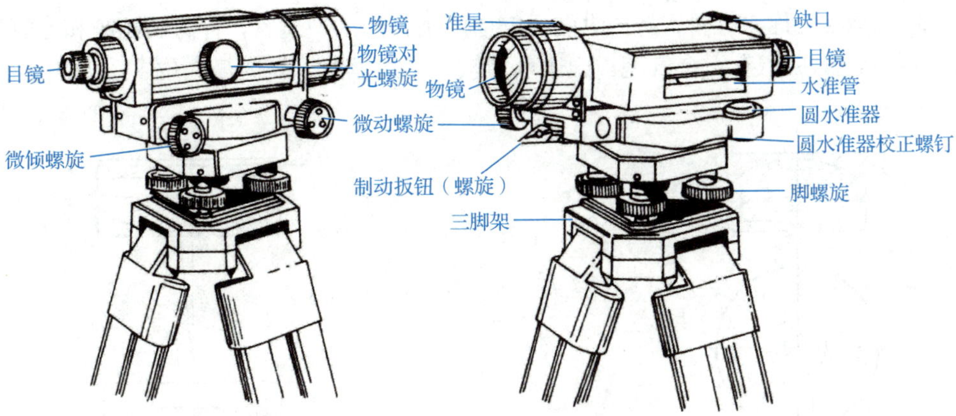

图 2-3　DS3 型水准仪及其构造

（1）望远镜

DS3 型水准仪望远镜主要由物镜、目镜、对光透镜和十字丝分划板等组成，如图 2-4 所示。物镜和目镜多采用复合透镜组。十字丝分划板上刻有两条互相垂直的长线，竖直的一条称为竖丝，用于瞄准水准尺等目标，确保测量方向准确；横的一条称为横丝（又称中丝），用于读取水准尺上的刻度值。在中丝的上下还对称地刻有两条与中丝平行的短横线，是用来测定距离的，称为视距丝，又称上丝和下丝。十字丝分划板是由平板玻璃圆片制成的，平板玻璃圆片装在分划板座上，分划板座固定在望远镜筒上。

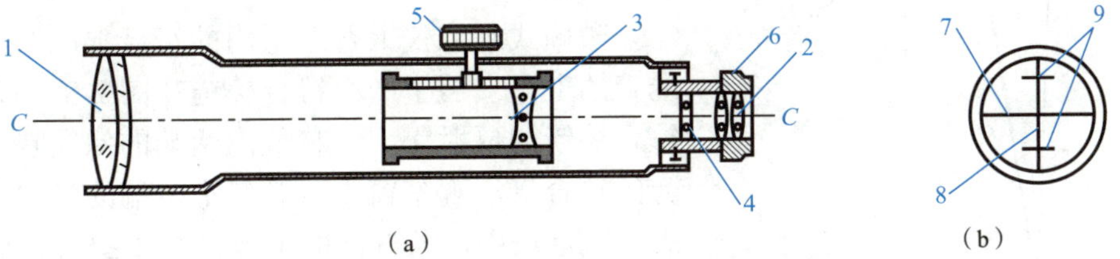

1—物镜；2—目镜；3—对光透镜；4—十字丝分划板；5—物镜对光螺旋；6—目镜调焦螺旋；7—十字丝横丝（中丝）；8—十字丝竖丝（上丝、下丝）；9—视距丝。

图 2-4　望远镜的构造

十字丝交点与物镜光心的连线，称为视准轴或视线。水准测量是在视准轴水平时，用十字丝的中丝截取水准尺上的读数。

对光透镜可使不同距离的目标均能成像在十字丝平面上，再通过目镜，便可看清同时放大了的十字丝和目标影像。从望远镜内所看到的目标影像的视角与肉眼直接观察该目标的视角之比，称为望远镜的放大率。DS3 型水准仪望远镜的放大率一般为 28 倍。

（2）水准器

水准器是用来指示视准轴是否水平或仪器竖轴是否竖直的装置，有圆水准器和管水准器两种。圆水准器用来指示竖轴是否竖直，管水准器用来指示视准轴是否水平。

1）圆水准器顶面的内壁是球面，其中有圆分划圈，圆圈的中心为水准器的零点，如图 2-5 所示。通过零点的球面法线为圆水准器轴线，当圆水准器气泡居中时，该轴线处于竖直位置；当气泡不居中时，气泡中心偏移零点 2mm。轴线所倾斜的角值称为圆水准器的分划值，由于它的精度较低，故只用于仪器的粗略整平。

2）管水准器又称水准管，是一纵向内壁磨成圆弧形的玻璃管，管内装酒精和乙醚的混合液，加热融封冷却后留有一个气泡。由于气泡较轻，故恒处于管内最高位置，如图 2-6 所示。

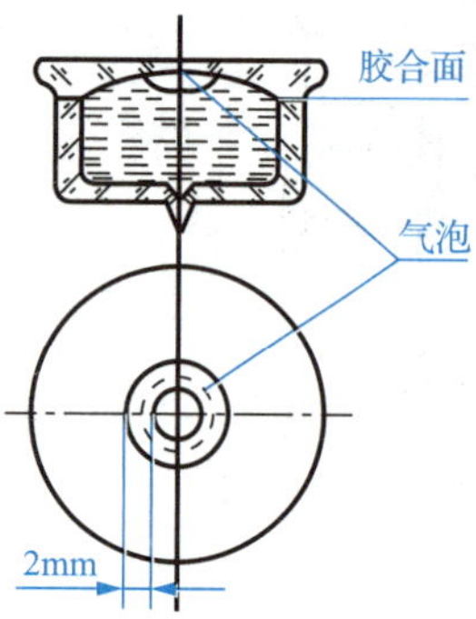

图 2-5　圆水准器

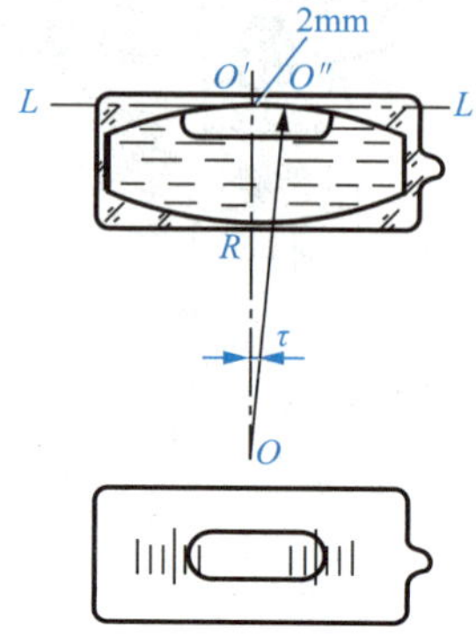

图 2-6　水准管

水准管上一般刻有间隔为 2mm 的分划线，分划线的中点 O 称为水准管零点，如图 2-7 所示。通过零点作水准管圆弧的切线，称为水准管轴。当水准管的气泡中点与水准管零点重合时，称为气泡居中；这时水准管轴处于水平位置。水准管圆弧 2mm 所对的圆心角称为水准管分划值。安装在 DS3 型水准仪上的水准管，其分划值不大于 20″/2mm 。

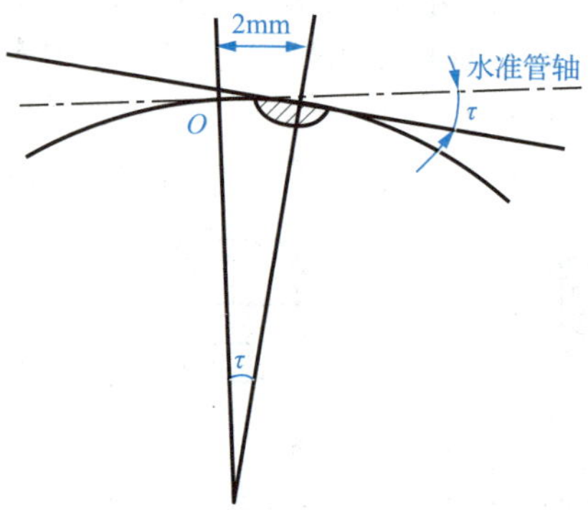

图 2-7　水准管分划

微倾式水准仪上普遍采用的符合水准器，是在水准管的上方安装了一组符合棱镜［图 2-8（a）］，通过符合棱镜的反射作用，将气泡两端的像反映在望远镜旁的符合气泡观察窗中。若气泡两端的半像吻合，则表示气泡居中。若气泡的半像错开［图 2-8（b）］，则表示气泡不居中，这时，应转动微倾螺旋，使气泡的半像吻合［图 2-8（c）］。

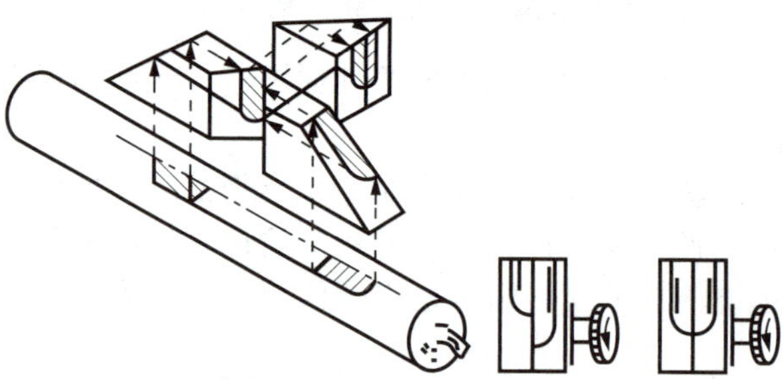

（a）　（b）　（c）

图 2-8　符合水准器

（3）基座

基座的作用是支承仪器的上部并与三脚架连接。它主要由轴座、脚螺旋、底板和三角压板构成。

2. 自动安平水准仪

图 2-9　自动安平水准仪

自动安平水准仪（图 2-9）是在微倾式水准仪的基础上发展起来的。自动安平水准仪与微倾式水准仪的区别在于：前者瞄准部设有自动安平补偿器，不设符合水准器和微倾螺旋。

自动安平补偿器是一种用于为水准仪提供一条实际的水平观测视线的装置。该补偿器安装在水准仪望远镜的调焦螺旋与十字丝分划板之间。

3. 电子水准仪

电子水准仪又称数字水准仪，是一种自动化程度较高的水准测量仪器。自 Leica（徕卡）公司于 1990 年推出 DNA 电子水准仪（图 2-10）以来，国内外厂商先后推出多种型号的电子水准仪，如广州南方测绘科技股份有限公司推出的 DL-2003A 电子水准仪（图 2-11）。

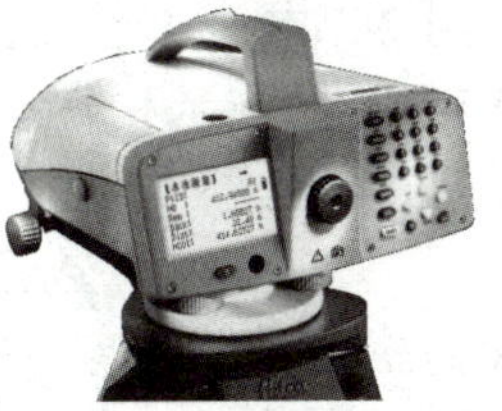

图 2-10　DNA 电子水准仪

图 2-11　DL-2003A 电子水准仪

与电子水准仪相比，前面所介绍的水准仪均可称为光学水准仪。电子水准仪的测量原理与光学水准仪的测量原理基本相同，但电子水准仪的观测系统融入了新技术。

电子水准仪的核心技术是对所获得波信号的处理和识别。电子水准仪摄像机将十字丝横丝上、下一定范围内的条码排列在竖直线阵的敏感元（又称光敏元）阵列上，敏感元根据影像的不同亮度将影像转化为高、低不同的电平信号。这样，整个敏感元阵列将获得对应于该条码范围的明暗变化的波信号，微处理器对波信号进行滤波、增强、比较等一系列处理后，显示窗显示“视距和仪器视线标尺读数”。

2.2.2　水准尺和尺垫

1. 水准尺

水准尺是水准测量时使用的标尺。其质量好坏直接影响水准测量的精度。因此，水准尺需用不易变形且干燥的优质木材或金属制成，要求尺长稳定、分划准确。常用的水准尺有双面水准尺和塔尺两种，如图 2-12 所示。

（1）双面水准尺

双面水准尺多用于三、四等水准测量。其长度有 2m 和 3m 两种，且两根尺为一对。尺的两面均有刻划，一面为红白相间，称为红面尺；另一面为黑白相间，称为黑面尺（也称主尺），两面的刻划均为 1cm，并在分米处注字。两根尺的黑面均由零开始；而红面，一根尺由 4.687m 开始至 6.687m 或 7.687m，另一根由 4.787m 开始至 6.787m 或 7.787m，如图 2-13 所示。

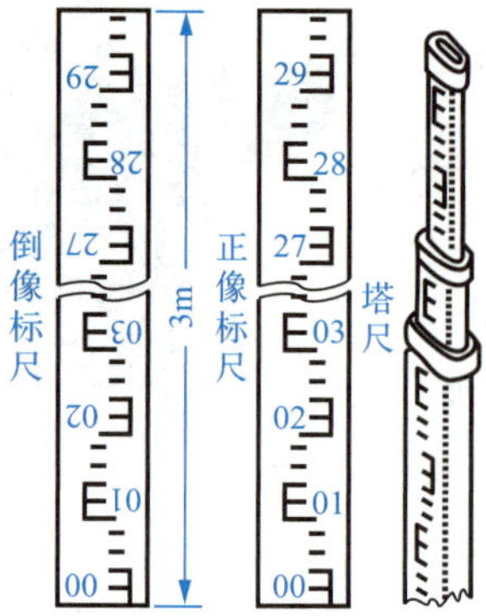

（a）双面水准尺　（b）塔尺

图 2-12　常用的水准尺

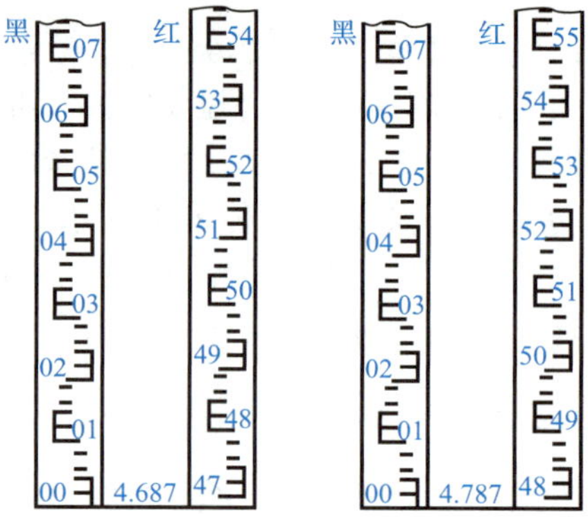

图 2-13　正像双面水准尺

（2）塔尺

塔尺多用于等外水准测量，其长度有 2m 和 5m 两种，用 2 节或 3 节套接在一起。尺的底部为零点，尺上黑白格相间，每格宽度为 1cm，有的为 0.5cm，每一米和分米处均有注记。

2. 尺垫

尺垫用于在转点处放置水准尺，它由生铁铸成，一般为三角形，中央有一突起的半球体，下方有 3 个支脚。使用时，将支脚牢固地插入土中，以防下沉，上方突起的半球形顶点作为竖立水准尺和标志转点之用，如图 2-14 所示。

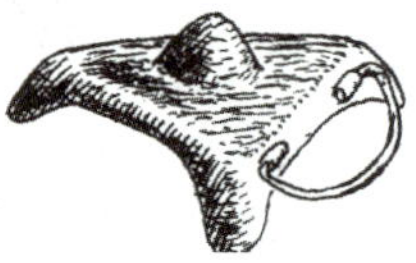

图 2-14　尺垫

2.3 水准测量的实施

2.3.1　水准仪的基本操作步骤

水准仪的基本操作步骤包括安置水准仪、粗略整平（简称粗平）、瞄准水准尺、精确整平（简称精平）和读数等。

1. 安置水准仪

打开三脚架并使高度适中，目估使架头大致水平，检查脚架腿是否安置稳固、脚架伸缩螺旋是否拧紧；然后打开仪器箱，取出水准仪，置于三脚架头上，用连接螺旋将仪器牢固地连接在三脚架头上。

2. 粗略整平

粗略整平是借助圆水准器的气泡居中，使仪器竖轴大致铅垂，从而使视准轴粗略水平。

在整平的过程中，气泡的移动方向与左手大拇指运动的方向一致，如图2-15所示。

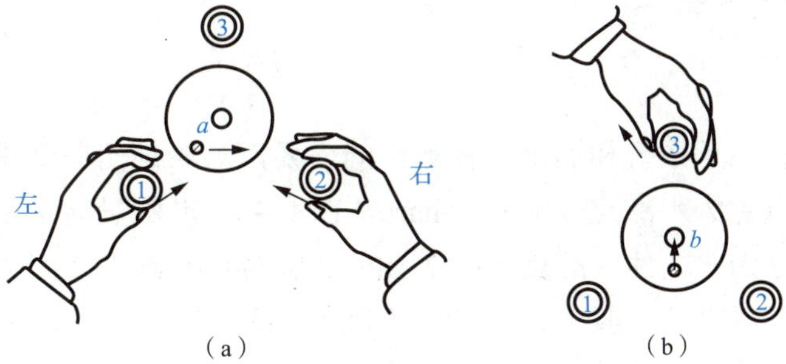

图2-15 粗略整平

3. 瞄准水准尺

先进行目镜对光，即把望远镜对着明亮的背景，转动目镜对光螺旋，使十字丝清晰；再松开制动螺旋，转动望远镜，用望远镜筒上的准星瞄准水准尺，拧紧制动螺旋；然后从望远镜中观察，并转动物镜对光螺旋进行对光，使目标清晰，再转动微动螺旋，使竖丝对准水准尺。

视差产生原因及消除：当眼睛在目镜端上下微微移动时，十字丝与目标影像有相对运动，这种现象称为视差，如图2-16所示。产生视差的原因是目标成像的平面和十字丝平面不重合。由于视差的存在会影响读数的正确性，故必须加以消除。消除的方法是重新仔细地进行物镜对光，直到眼睛上下移动，读数不变为止。此时，从目镜端见到十字丝与目标的像都十分清晰。

4. 精确整平与读数

若采用自动安平水准仪进行高差测量，则不需要精平操作。若采用微倾式水准仪进行高差测量，则必须进行精平操作。具体方法：眼睛通过位于目镜左方的符合气泡观察窗观察水准管气泡，右手转动微倾螺旋，使气泡两端的像吻合，即表示水准仪的视准轴已精确水平。这时，即可用十字丝的中丝在尺上读数。现在的水准仪多采用倒像望远镜，因此读数时应从小往大，即从上往下读。先估读毫米数，然后报出全部读数。

精平和读数虽是两项不同的操作，但在水准测量的实施过程中，却把两项操作视为一个整体，即精平后再读数，读数后还要检查水准管气泡是否完全符合。只有这样，才能取得准确的读数，如图2-17所示。

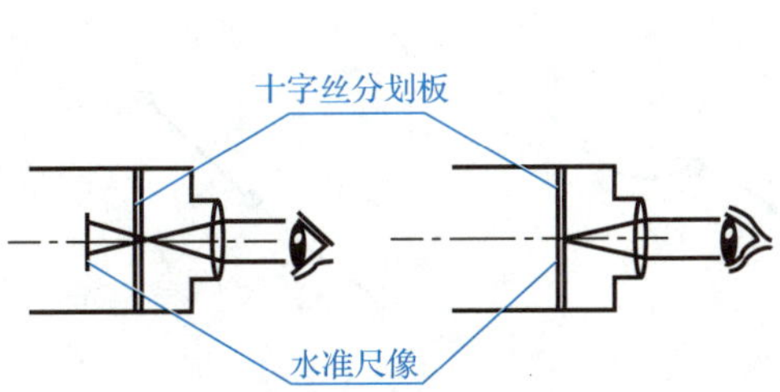

图2-16 视差现象

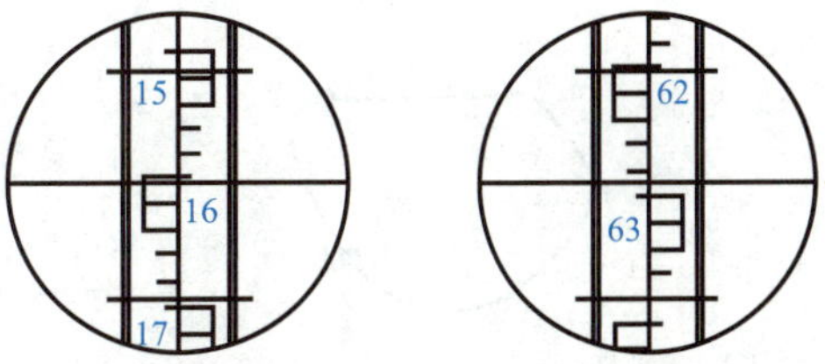

(a) 黑面读数1608　(b) 红面读数6295

图2-17 视窗中水准尺的读数

2.3.2　水准点和水准路线

1. 水准点

为了统一全国的高程系统和满足各种测量的需要，测绘部门在全国各地埋设并测定了很多高程点，这些点称为水准点（bench mark，BM）。水准测量通常是从水准点引测其他点的高程。水准点分为永久性水准点（图 2-18）和临时性水准点（图 2-19）两种。国家等级水准点一般用石料或钢筋混凝土制成，深埋到地面冻结线以下，如图 2-18 所示。在标石的顶面设有用不锈钢或其他不易锈蚀材料制成的半球状标志。有些水准点也可设置在稳定的墙脚上，称为墙上水准点，如图 2-19 所示。

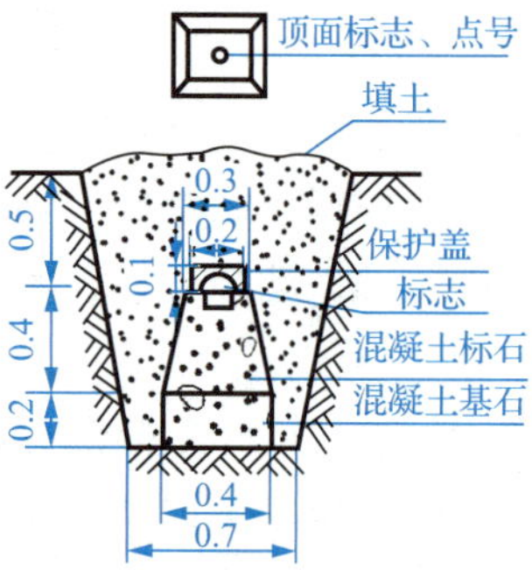

图 2-18　永久性水准点埋设

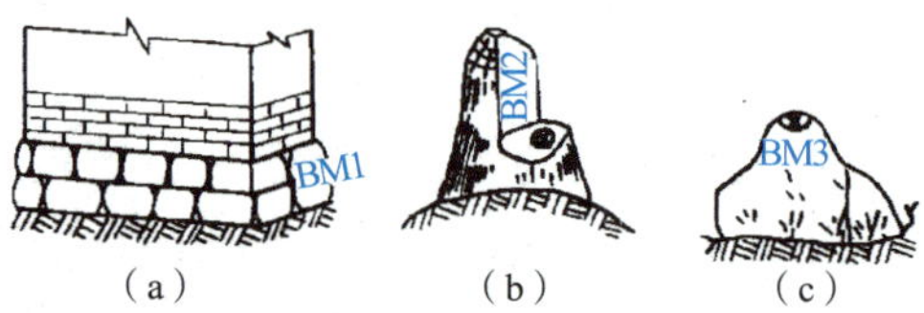

图 2-19　临时性水准点

建筑工地上的永久性水准点一般用混凝土或钢筋混凝土制成，临时性的水准点可用地面上突出的坚硬岩石或用大木桩打入地下，并在木桩顶部钉入半球形铁钉作为标记。

埋设水准点后，应绘出水准点与附近固定建筑物或其他地物的关系图，在图上还要写明水准点的编号和高程，称为点之记，以便于日后寻找水准点位置之用。水准点编号前通常加 BM 字样，作为水准点的代号。

2. 水准路线

在一系列水准点间进行水准测量所经过的路线，称为水准路线，形式主要有闭合水准路线［图 2-20（a）］、附合水准路线［图 2-20（b）］和支水准路线［图 2-20（c）］。水准路线是为了避免在测量结果中存在错误，保证测量结果能达到一定的精度要求。布设时要根据测区的实际情况和作业要求，布设成某种形式的水准路线。

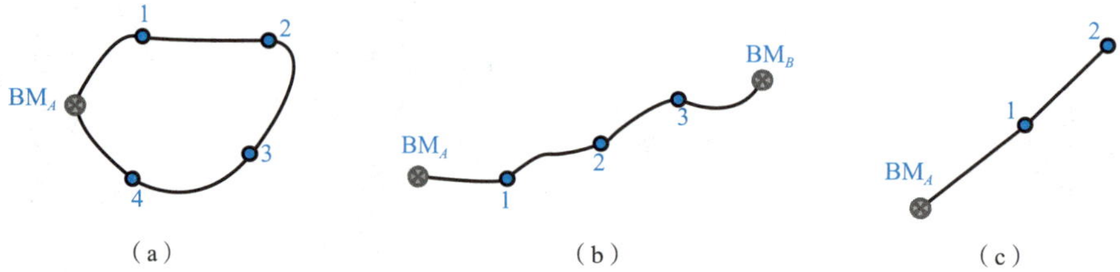

图 2-20　水准路线形式

（1）闭合水准路线

如图 2-20（a）所示，从水准点 BM_A 出发，沿各待定高程点 1、2、3、4 进行水准测量，最后又回到原出发水准点，这种形成环形的路线，称为闭合水准路线。

（2）附合水准路线

如图 2-20（b）所示，从水准点 BM_A 出发，沿各待定高程点 1、2、3 进行水准测量，最后又附合到另一个水准点 BM_B。这种在两个已知水准点之间布设的路线，称为附合水准路线。

（3）支水准路线

如图 2-20（c）所示，从水准点 BM_A 出发，沿各待定高程点 1、2 进行水准测量。这种从一个已知水准点出发，而另一端为未知点的路线，既不自行闭合，也不附合到其他水准点上，称为支水准路线。

2.3.3 水准测量的具体方法

当欲测的高程点距水准点较远或高差很大时，就需要连续多次安置仪器以测出两点的高差。

1. *高差法*

当地面 A、B 两点间相距较远或高差较大时，安置一次仪器难以测出两点间的高差，这时可以按图 2-21 所示的连续水准测量方法进行测量，即在两点之间连续设置若干次仪器和作为临时传递高程的立尺点，每个测站的观测数据依次记录在表 2-1 中，通过每个测站上测得的高差 h_1、h_2、h_3、…，就可以算出 A、B 两点之间的高差为

$$h_{AB}=h_1+h_2+h_3+\cdots=(a_1-b_1)+(a_2-b_2)+\cdots=\sum a-\sum b$$

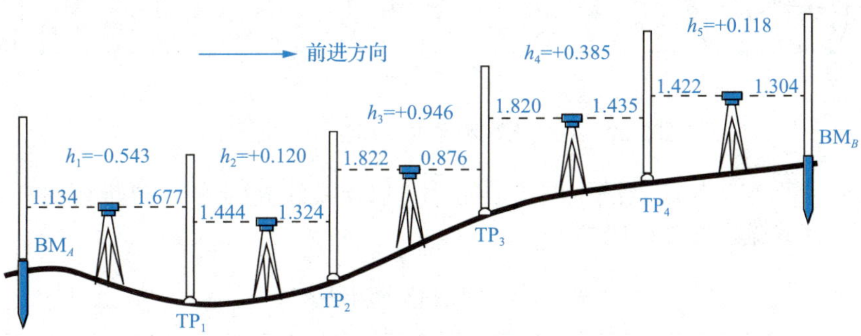

图 2-21 连续水准测量（高差法，单位：m）

表 2-1 普通水准测量观测表

仪器型号：________ 日期：________年________月________日 学号：________ 姓名：________

<table>
<tr><th rowspan="2">测站</th><th rowspan="2">点号</th><th colspan="2">水准尺读数/m</th><th colspan="2">高差/m</th><th rowspan="2">高程/m</th><th rowspan="2">备注</th></tr>
<tr><th>后视</th><th>前视</th><th>+</th><th>−</th></tr>
<tr><td rowspan="2">1</td><td>BM_A</td><td>1.134</td><td></td><td rowspan="2"></td><td rowspan="2">0.543</td><td>44.816</td><td rowspan="4">已知</td></tr>
<tr><td>TP_1</td><td></td><td>1.677</td><td rowspan="2">44.273</td></tr>
<tr><td rowspan="2">2</td><td>TP_1</td><td>1.444</td><td></td><td rowspan="2">0.120</td><td rowspan="2"></td></tr>
<tr><td>TP_2</td><td></td><td>1.324</td><td>44.393</td></tr>
</table>

续表

测站	点号	水准尺读数/m		高差/m		高程/m	备注
		后视	前视	+	−		
3	TP_2	1.822		0.946			
	TP_3		0.876			45.339	
4	TP_3	1.820		0.385			
	TP_4		1.435			45.724	
5	TP_4	1.422		0.118			
	BM_B		1.304			45.842	
计算检核	$\sum$	7.642	6.616	1.569	0.543		已知
	$h_{AB}=\sum a-\sum b=+1.026$			$\sum h=+1.026$		$H_{终}-H_{始}=+1.026$	

2. 仪高法

仪高法测高程的过程与高差法基本相同。如图 2-22 所示，在相邻两测站之间有中间点 1、2、3 与 4、5，它们是待测的高程点，而不是转点。在测站Ⅰ，除了读出 TP_1 点上的前视读数，还要读出中间点 1、2、3 的读数；在测站Ⅱ，要读出 TP_1 点上的后视读数，以及中间点 4、5 的读数。

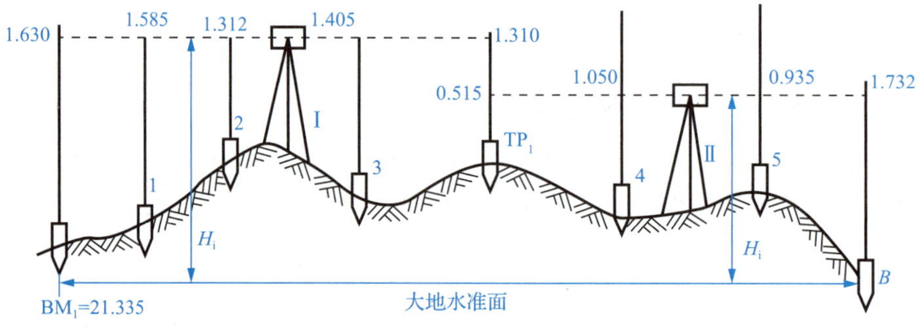

图 2-22 连续水准测量（仪高法，单位：m）

仪高法的计算方法与高差法不同，须先计算仪器视线高程 H_i，再推算前视点和中间点高程。记录与计算见表 2-2 相应栏。

表 2-2 仪高法水准测量手簿

测站	测点	后视读数/m	视线高/m	前视读数/m		高程/m	备注
				转点	中间点		
Ⅰ	BM_1	1.630	22.965			21.335	
	1				1.585	21.380	
	2				1.312	21.653	
	3				1.405	21.560	
Ⅱ	TP_1	0.515	22.170	1.310		21.655	
	4				1.050	21.120	
	5				0.935	21.235	
	B			1.732		20.438	
计算检核	$\Sigma_{后}=2.145$ $\Sigma_{后}-\Sigma_{前}=-0.897$			$\Sigma_{前}=3.042$（不包括中间点） $H_{终}-H_{始}=20.438-21.335=-0.897$			

为了减少高程传递误差，观测时应先观测转点，后观测中间点。

2.3.4　水准测量的检核

1. 计算检核

B 点对 *A* 点的高差等于各转点之间高差的代数和，也等于后视读数之和减去前视读数之和，因此，可据此来检核计算。但计算检核只能检查计算是否正确，不能检核观测和记录时是否产生错误。

2. 测站检核

B 点的高程是根据 *A* 点的已知高程和转点之间的高差计算出来的。若其中测错任何一个高差，*B* 点高程就不会正确。因此，对每一站的高差，都必须采取措施进行检核测量。

（1）双仪器高法

在同一测站用两次不同的仪器高度（两次不同的仪器高度相差 10cm 以上）测得两次高差，以相互比较进行检核。两次所测高差之差对于等外水准测量容许值为±6mm，对于四等水准测量容许值为±5mm。超出此限差，必须重测，在此限差内，可取两次所测高差之差的平均值作为该站的观测高差。

（2）双面尺法

仪器高度不变，立在前视点和后视点上的水准尺分别用黑面和红面各进行一次读数，测得两次高差，相互进行检核。两次所测高差之差的限差同双仪器高法。

3. 成果检核

测站检核只能检核一个测站上是否存在错误或误差超限。由温度、风力、大气折光、尺垫下沉和仪器下沉等外界条件引起的误差，尺子倾斜和估读的误差，以及水准仪本身的误差等，虽然在一个测站上反映不很明显，但随着测站数的增多，误差积累，有时也会超过规定的限差。因此，为了正确评定一条水准路线的测量成果精度，应进行整个水准路线的成果检核。成果检核的方法，因水准路线布设形式的不同，主要有闭合水准路线检核、附合水准路线检核和支水准路线检核。

（1）闭合水准路线检核

理论上，闭合水准路线各段的实测高差代数和应等于零，即

$$\sum h_{理} = 0$$

（2）附合水准路线检核

理论上，附合水准路线各段的实测高差代数和应等于两端已知高程的差值，即

$$\sum h_{理} = H_{终} - H_{始}$$

（3）支水准路线检核

支水准路线本身没有检核条件，通常是用往、返水准路线测量方法进行路线检核。理论上，往测高差与返测高差应大小相等，方向相反，即

$$\left|\sum h_{往}\right| = \left|\sum h_{返}\right|$$

上述 3 种路线成果检核的具体计算方法将在 2.4 节“水准测量内业数据处理”中详述。

2.4 水准测量内业数据处理

水准测量外业工作结束后，要检查手簿，再计算各点间的高差。经检核无误后，才能进行计算和调整高差闭合差。最后计算各点的高程。否则，应查找原因予以纠正，必要时应返工重测。下面将根据水准路线布设的不同形式，举例说明计算的方法和步骤。

2.4.1 闭合水准路线成果计算

如图 2-23 所示，闭合水准路线 BM_A、1、2、3、4，各段观测数据及起点高程 $H_{BM_A}=27.015m$，现以该闭合水准路线为例，将成果计算的步骤介绍如下，并将计算结果列入表 2-3 中。

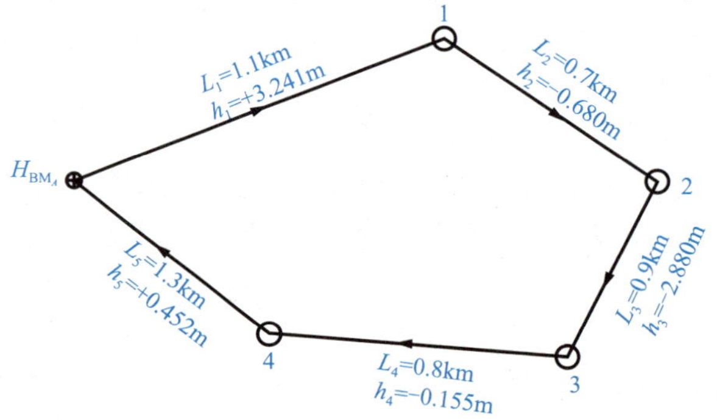

图 2-23　闭合水准路线测量

表 2-3　闭合水准路线成果计算

测量编号	测点	距离/km	实测高差/m	高差改正数/m	改正后高差/m	高程/m	备注
	BM_A					27.015	已知
1		1.1	+3.241	0.005	+3.246		
	1					30.261	
2		0.7	−0.680	0.003	−0.677		
	2					29.584	
3		0.9	−2.880	0.004	−2.876		
	3					26.708	
4		0.8	−0.155	0.004	−0.151		
	4					26.557	
5		1.3	+0.452	0.006	+0.458		
	BM_A					27.015	与已知高程相符
Σ		4.8	−0.022	+0.022	0		
辅助计算	$f_h=\sum h_{测}=-0.022\text{m}$　$f_{h容}=\pm40\sqrt{L}=\pm40\sqrt{4.8}\approx\pm87\ (\text{mm})$ $\lvert f_h\rvert<\lvert f_{h容}\rvert$，精度合格						

1. 高差闭合差

闭合水准路线各段高差的代数和理论上应等于零，即

$$\sum h_{理} = 0$$

由于存在测量误差，因此必然产生高差闭合差

$$f_h = \sum h_{测} \tag{2-6}$$

2. 高差闭合差容许值

高差闭合差可用来衡量测量成果的精度，等外水准测量的高差闭合差容许值规定如下：

平地：

$$f_{h容} = \pm 40\sqrt{L}\ \text{mm}$$

式中，L——水准路线长度，以 km 计。

山地：

$$f_{h容} = \pm 12\sqrt{n}\ \text{mm}$$

式中，n——测站数。

本例中，由于$|f_h| < |f_{h容}|$，故精度合格，可进行高差闭合差的调整。

3. 闭合差的调整

在同一条水准路线上，假设观测条件是相同的，可认为各站产生的误差机会是相同的，故闭合差的调整按与测站长度（或测站数）成正比反符号分配的原则进行：

$$v_i = -\frac{L_i}{\sum L} \cdot f_h \tag{2-7}$$

$$v_i = -\frac{n_i}{\sum n} \cdot f_h \tag{2-8}$$

以上两式中，i——测段编号；

L_i——测段长度（m）；

$\sum L$——水准线路总长度（m）；

n_i——测段测站数；

$\sum n$——水准线路测站数。

高差闭合差的调整原则如下：

1）调整的符号与高差闭合差 f_h 的符号相反。

2）调整的大小按与测段长度或测站数成正比例分配。

3）调整数最小单位为 mm，余数强制分配到长测段中。

4. 高程计算

各测段实测高差加上相应的改正数，即得到改正后的高差。

2.4.2 附合水准路线成果计算

以图 2-24 所示的附合水准路线为例，$H_{BM_1}=47.040\text{m}$，$H_{BM_2}=48.830\text{m}$，将成果计算的步骤介绍如下，并将计算结果列入表 2-4 中。

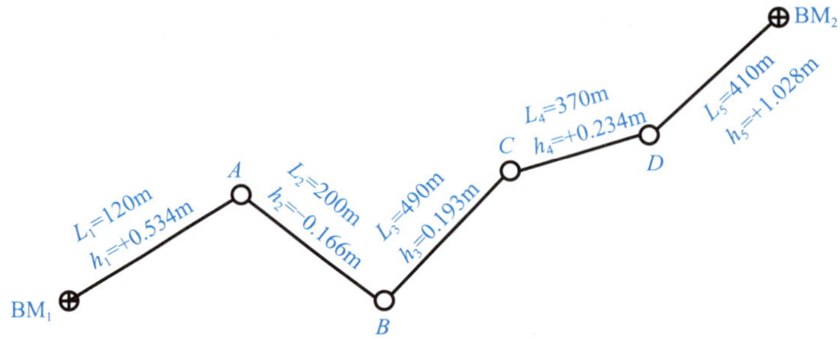

图 2-24　附合水准路线测量

表 2-4　附合水准路线成果计算

测量编号	测点	距离/m	实测高差/m	高差改正数/m	改正后高差/m	高程/m	备注
	BM_1					47.040	已知
1		120	+0.534	−0.002	+0.532		
	A					47.572	
2		200	−0.166	−0.004	−0.170		
	B					47.402	
3		490	+0.193	−0.010	+0.183		
	C					47.585	
4		370	+0.234	−0.008	+0.226		
	D					47.811	
5		410	+1.028	−0.009	+1.019		
	BM_2					48.830	高程相符
Σ		1590	1.823	−0.033	1.790		
辅助计算	$f_h=\sum h_{测}-\sum h_{理}=\sum h_{测}-(H_{终}-H_{始})=1.823-1.790=+0.033\ (\text{m})$ $f_{h容}=\pm 40\sqrt{L}=\pm 40\sqrt{1.59}\approx\pm 50\ (\text{mm})$，$\lvert f_h\rvert<\lvert f_{h容}\rvert$，故精度合格						

1. 高差闭合差的计算

$$f_h=\sum h-(H_B-H_A)$$

2. 高差闭合差容许值

同闭合水准路线。

3. 闭合差的调整

同闭合水准路线。

4. 高程计算

同闭合水准路线。

2.4.3　支水准路线成果计算

1. 高差闭合差

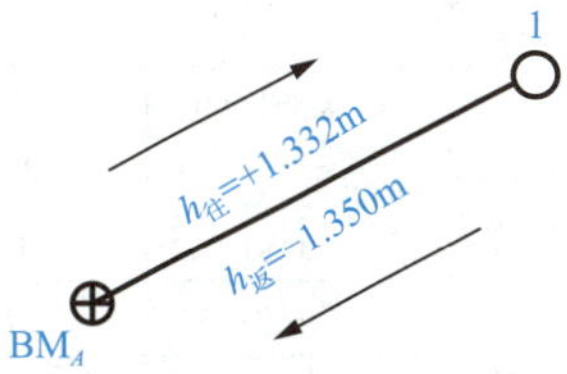

图 2-25　支水准路线测量

如图 2-25 所示，已知水准点 A 的高程为 45.396m，往、返测站各为 15 站，图中箭头表示水准测量往、返测方向。理论上往测高差 $\left|\sum h_{往}\right|$ 与返测高差 $\left|\sum h_{返}\right|$ 应大小相等，方向相反。

由于存在测量误差，故必然产生高差闭合差，即

$$f_h = h_{往} + h_{返}$$

本例中 $f_h = h_{往} + h_{返} = 1.332 + (-1.350) = -0.018\,(\text{m})$ 。

2. 高差闭合差容许值

$$f_{h容} = \pm 12\sqrt{n} = \pm 12\sqrt{15} \approx \pm 46\,(\text{mm})$$

由于 $|f_h| < |f_{h容}|$，故精度合格，可进行高差闭合差的调整。

3. 改正后的高差计算

支水准路线各测段往测和返测高差绝对值的平均值即为改正后高差，其符号以往测高差符号为准，即

$$h_{A1(改)} = \frac{|h_{往}| + |h_{返}|}{2} = \frac{1.332 + 1.350}{2} = 1.341\,(\text{m})$$

4. 计算待定点高程

$$H_1 = H_A + h_{A1(改)} = 45.396 + 1.341 = 46.737\,(\text{m})$$

小贴士

支水准路线在计算闭合差容许值时，路线总长度 L 或测站总数 n 只按单程计算。

2.5　三、四等水准测量施测

一般小区域的高程控制测量大多采用三、四等水准测量，本书主要介绍四等水准测量记录、计算、平差等相关技术方法。

三、四等水准测量用于建立小区域首级控制网和工程施工高程控制网。水准观测的主要技术要求如表 2-5 所示。下面以四等水准测量为例，介绍用双面水准尺法在一个测站观测的观测程序、记录与计算。

表 2-5　水准测量的主要技术要求

等级	水准仪的型号	视线长度/m	前后视距差/m	前后视距差累积/m	视线离地面最低高度/m	黑面、红面读数的差/mm	黑面、红面所测高差的差/mm
三等	DS1	≤100	≤2	≤5	0.3	1.0	1.5
	DS3	≤75	≤2	≤5	0.3	2.0	3.0
四等	DS3	≤100	≤3	≤10	0.2	3.0	5.0

2.5.1　观测方法与记录

四等水准测量每站的观测顺序和记录如表 2-6 所示，括号中的数字 1～8 为观测记录顺序，9～18 为计算的顺序与记录位置。

表 2-6　四等水准测量记录计算表

测站编号	测点编号	后尺 下丝 后尺 上丝 后距 前后视距差 d/m	前尺 下丝 前尺 上丝 前距 前后视距差累积 $\sum d$/m	方向及尺号	水准尺读数/mm 黑面	水准尺读数/mm 红面	（K+黑面读数−红面读数）/mm	高程中数/m
		（1） （2） （9） （11）	（5） （6） （10） （12）	后 7 前 8 后—前	（3） （7） （15）	（4） （8） （16）	（13） （14） （17）	（18）
1	BM_1～Z_1	1184 1104 8.0 −0.8	1896 1808 8.8 −0.8	后 7 前 8 后—前	1144 1851 −0.707	5831 6638 −0.807	0 0 0	−0.707
2	Z_1～Z_2	2021 1898 12.3 +2.1	1055 0953 10.2 +1.3	后 8 前 7 后—前	1961 1004 +0.957	6748 5691 +1.057	0 0 0	+0.957
3	Z_2～Z_3	2043 1502 54.1 +1.0	0849 0318 53.1 +2.3	后 7 前 8 后—前	1773 0584 +1.189	6459 5372 +1.087	+1 −1 +2	+1.188
4	Z_3～BM_2	1167 0655 51.2 −1.0	1677 1155 52.2 +1.3	后 8 前 7 后—前	0911 1416 −0.505	5696 6102 −0.406	+2 +1 +1	−0.506
计算检核	$\sum(9)=125.6$　　总高差 $=\sum(18)=+0.932$ $-\sum(10)=124.3$　　总高差 $=\frac{1}{2}[\sum(15)+\sum(16)]=+0.932$ +1.3　　总高差 $=\frac{1}{2}\{\sum[(3)+(4)]-\sum[(7)+(8)]\}$ 末站 (12) = +1.3 总视距 $=\sum(9)+\sum(10)=249.9$							

注：K 为尺常数 4687 或 4787。

1）照准后视水准尺黑面，读取下、上、中三丝读数，填入（1）、（2）、（3）栏。

2）将水准尺翻转为红面，后视水准尺的红面，读取中丝读数，填入（4）栏。

3）前视水准尺的黑面，读取下、上、中三丝读数，填入（5）、（6）、（7）栏。

4）将水准尺翻转为红面，前视水准尺的红面，读取中丝读数，填入（8）栏。

这样的观测顺序简称为“后—后—前—前”。三等水准测量的顺序为“后—前—前—后”，观测顺序有所改变。

2.5.2　计算与检核

1. 测站上的计算与检核

（1）视距计算

根据视线水平时的视距原理“(下丝-上丝)×100”计算前、后视距。

后视距：

$$（9）=（1）-（2）$$

前视距：

$$（10）=（5）-（6）$$

前后视距差：

$$（11）=（9）-（10）$$

前后视距差不超过 5m。

前后视距差累积：

（12）=上一个测站（12）+本测站（11）

前后视距差累积不超过 10m。

（2）同一水准尺黑、红面读数差计算（K_7=4687，K_8=4787）

$$（13）=（3）+K-（4）$$

$$（14）=（7）+K-（8）$$

同一水准尺黑、红面读数差不超过 3mm。

（3）高差计算与检核

黑面尺读数之高差：

$$（15）=（3）-（7）$$

红面尺读数之高差：

$$（16）=（4）-（8）$$

黑、红面所得高差之差检核计算：

$$（17）=（15）-（16）\pm 0.100=（13）-（14）$$

式中，±0.100——两水准尺常数 K 之差。

黑、红面所得高差之差不超过 5mm。

（4）计算平均高差

$$(18)=\frac{1}{2}\times\left[(15)+(16)\pm 0.100\right]$$

2. 每页的计算和检核

（1）总视距计算与检核

$$本页末站(12)=\sum(9)-\sum(10)$$
$$本页总视距=\sum(9)+\sum(10)$$

（2）总高差的计算和检核

当测站数为偶数时：

$$总高差=\sum(18)=\frac{1}{2}\times\left[\sum(15)+\sum(16)\right]$$
$$=\frac{1}{2}\left\{\sum[(3)+(4)]-\sum[(7)+(8)]\right\}$$

当测站为奇数时：

$$\sum(18)=\frac{1}{2}\times\left[\sum(15)+\sum(16)\pm0.100\right]$$

2.6 微倾式水准仪的检验与校正

2.6.1 水准仪应满足的几何条件

水准仪的基本轴包括视准轴（*CC*）、水准管轴（*LL*）、圆水准轴（*L′L′*）和竖轴（*VV*），如图 2-26 所示。

根据水准测量原理，水准仪必须提供一条水平视线，才能正确地测出两点间的高差。因此，水准仪的主要轴线应满足以下几何条件：

1）圆水准轴 *L′L′* 应平行于仪器的竖轴 *VV* 。

2）十字丝的横丝（中丝）应垂直于仪器的竖轴 *VV* 。

3）视准轴 *CC* 应平行于水准管轴 *LL* 。

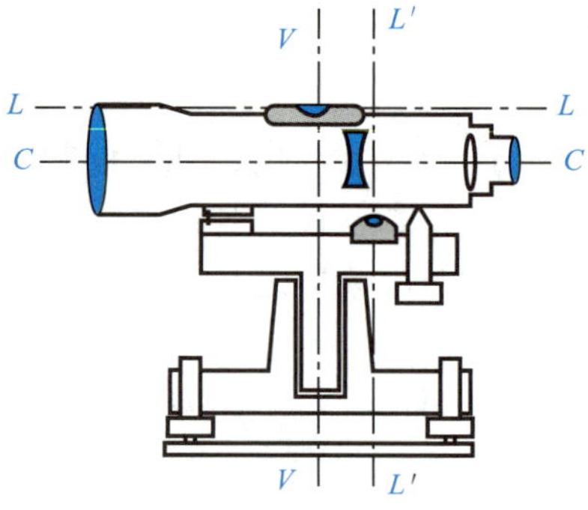

图 2-26　水准仪轴线关系

2.6.2 检验与校正

1. 圆水准轴平行于仪器竖轴的检验与校正

（1）检验

如图 2-27 所示，用脚螺旋使圆水准器中的气泡居中，将仪器绕竖轴旋转 180°，如果气泡不居中，则表明圆水准轴不平行于仪器竖轴，而离开零点弧长所对应的圆心角为 2δ 。

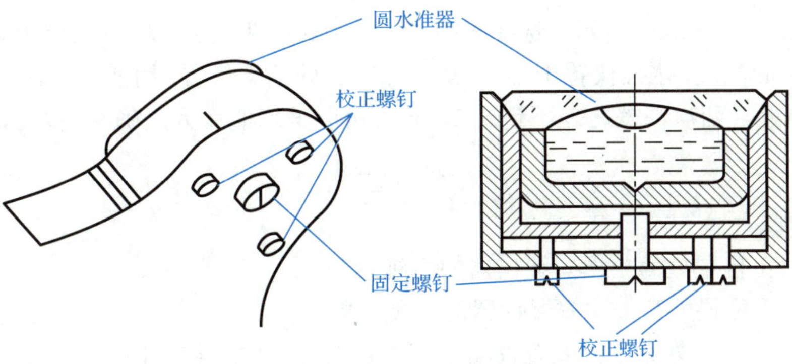

图 2-27 圆水准器的检验与校正

（2）校正

调整圆水准 3 个校正螺钉，使气泡向居中位置移动偏离量的一半。校正工作一般难于一次完成，需反复进行，直至仪器旋转到任何位置圆水准器中的气泡皆居中时为止。

2. 十字丝横丝应垂直于仪器竖轴的检验与校正

（1）检验

安置仪器后，先将横丝一端对准一个明显的点状目标 P，固定制动螺旋，转动微动螺旋，如果标志点 P 不离开横丝，则说明横丝垂直于竖轴，否则需要校正，如图 2-28 所示。

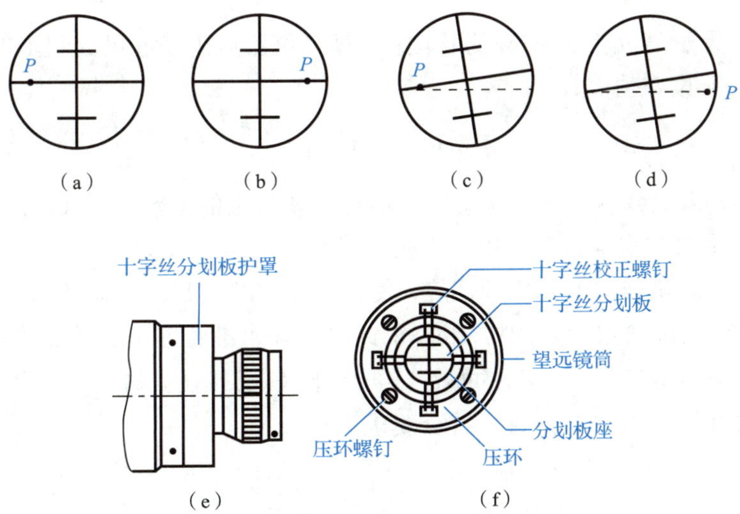

图 2-28 十字丝横丝的检验

（2）校正

用螺钉旋具松开分划板座固定螺钉，转动分划板座，使其读数偏差减少一半。

3. 视准轴平行于水准管轴的检验与校正

检校目的：检验视准轴是否平行于水准管轴。如果是平行的，则当水准管气泡居中时视准轴水平。

检验方法：如图 2-29 所示，选择相距 75～100m 的两点 *A*、*B*，在 *A*、*B* 两点上各打一个木桩并在上面立尺。水准仪置于距 *A*、*B* 两点等远处的 I 位置，用变换仪器高度法测定 *A*、*B* 两点间的高差，两次高差之差不超过 3mm 时可取平均值作为正确高差 h_{AB}，即

$$h_{AB}=\frac{a_1'-b_1'+a_1''-b_1''}{2}$$

式中，a_1'——I 位置处第一次安置仪器的后视读数；

b_1'——I 位置处第一次安置仪器的前视读数；

a_2''——I 位置处第二次安置仪器（变换仪器高）的后视读数；

b_2''——I 位置处第二次安置仪器的前视读数。

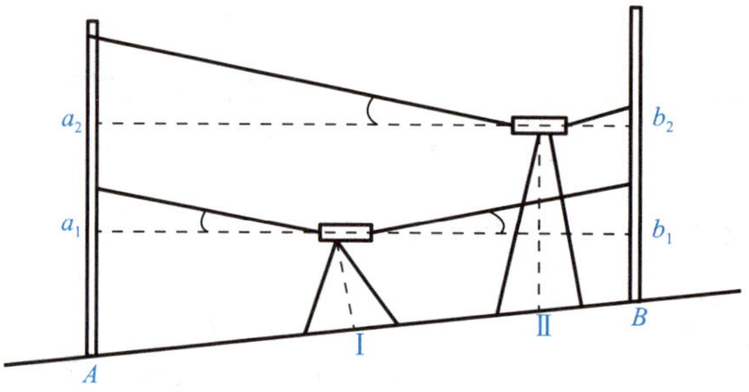

图 2-29　*i* 角的检验

再把水准仪置于离 *B* 点 3～5m 的 II 位置，精平仪器后读取近尺 *B* 尺上的读数 b_2，计算远尺 *A* 尺上的正确读数值 a_2：

$$a_2=b_2+h_{AB}$$

照准远尺 *A*，旋转微倾螺旋，将水准仪视准轴对准 *A* 尺上的读数 a_2，这时，如果水准气泡居中，则说明视准轴与水准管轴平行，否则应进行校正。

校正方法：重新旋转水准仪微倾螺旋，使视准轴对准 *A* 尺上的读数 a_2，这时水准管气泡影像错开，即水准管气泡不居中。用校正针先松开水准管左、右校正螺旋，再拨动上、下两个校正螺钉，先松上（下）边的螺钉，再紧下（上）边的螺钉，直至气泡影像符合为止。此项工作要重复进行多次，直至符合要求为止。

2.7 水准测量误差分析

为了防止产生及减小各类误差，提高水准测量的观测精度，必须理解水准测量误差产生的原因。水准测量误差主要有以下方面。

2.7.1 仪器误差

1. 仪器校正后的残余误差

i 角校正残余误差的影响与距离成正比，只要观测时注意使前、后视距相等，即可消除或减弱此项的影响。

2. 水准尺误差

由于水准尺刻划不准确，受尺长变化、弯曲等影响，水准尺必须经过检验才能使用。标尺的零点差可采用在一水准段中使测站为偶数的方法予以消除。

2.7.2 观测误差

1. 水准管气泡居中误差

设水准管分划值为 τ （单位为″），居中误差一般为 $\pm 0.15\tau$ ，采用符合水准器时，气泡居中精度可提高一倍，故居中误差为

$$m_{\tau} = \frac{0.15\tau}{2\rho} \cdot D$$

式中，D——视距，$D = 100\text{m}$；
　　ρ——常数，$\rho = 206265''$。

2. 读数误差

读数误差是指在水准尺上估读毫米数的误差，与人眼的分辨能力、望远镜的放大倍率及视线长度有关。放大倍率越大、仪器到水准尺的距离越短，则读数误差越小。不同等级的水准测量对仪器望远镜的放大倍率及视线长度都有相应的规定。

3. 视差影响

当视差存在时，十字丝平面与水准尺影像不重合，若眼睛观察的位置不同，则会读出不同的读数，因而也会产生读数误差。

4. 水准尺倾斜影响

如果读数时水准尺倾斜，则会使水准尺上的读数增大。当尺的倾斜角为 3°，尺上读数为 2m 时，将产生 2.7mm 的误差。因此，立尺人应认真将尺扶直。

2.7.3 外界条件影响带来的误差

1. 仪器下沉

仪器下沉，使视线降低，从而引起高差误差。采用“后—前—前—后”的观测程序，可减弱此影响。

2. 尺垫下沉

如果在转点发生尺垫下沉，则会使下一站后视读数增大。采用往返观测取平均值的方法可以减弱此影响。

3. 地球曲率及大气折光影响

用水平视线代替大地水准面尺上读数产生的误差为 c，则

$$c=\frac{D^2}{2R}$$

式中，D——两点间的水平距离；

R——地球半径，其值为 6371km。

如果前视水准尺和后视水准尺到测站的距离相等，则前视读数和后视读数中会包含相同的误差，从而在高差计算中不会受到此误差的影响。因此，在布置测站时，应尽量保证“前、后视距相等”。

由于接近地面的空气温度不均匀，空气的密度也呈现不均匀状态，光线在这种密度不均匀的介质中沿曲线传播，这种现象称为大气折光，如图 2-30 所示。

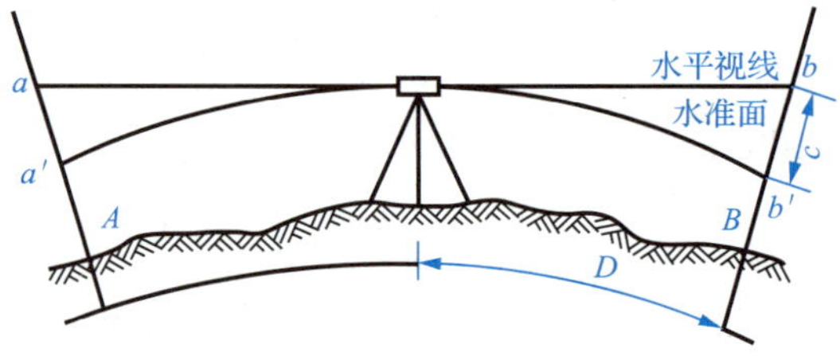

图 2-30　地球曲率的影响

总体来说，白天近地面的空气温度高，密度低，弯曲的光线凹面向上；晚上近地面的空气温度低，密度高，弯曲的光线凹面向下。接近地面的温度梯度大，大气折光的曲率就大。由于空气温度在不同时刻、不同地点一直处于变动之中，因此很难准确描述折光的规律。为此，避免使用接近地面的视线进行测量，应尽量抬高视线，并采用前后视距相等的方法进行水准测量。

除规律性的大气折光外，还有不规律的部分：白天近地面的空气受热膨胀而上升，较冷的空气下降补充。因此，这里的空气处于频繁的运动之中，形成不规则的湍流。湍流会使视线抖动，从而增加读数误差。对策是一般不在夏天的中午进行水准测量。在沙地、水泥地等湍流强的地区，一般只在上午 10 点之前进行水准测量。高精度的水准测量也只在上午 10 点之前进行。

4. 温度对仪器的影响

温度会引起仪器的部件涨缩，从而可能引起视准轴的构件（物镜、十字丝和调焦镜）的相对位置发生变化，或者引起视准轴相对于水准管轴的位置变化。由于光学测量仪器是精密仪器，不大的位移量可能使轴线产生几秒偏差，从而使测量结果的误差增大。

不均匀的温度对仪器的性能影响尤其大。例如，从前方或后方使日光照射水准管，就

能使气泡“趋向太阳”，水准管轴的零位置就改变了。

温度的变化不仅会引起大气折光的变化，而且当烈日照射水准管时，由于水准管本身和管内液体温度升高，气泡会向着温度高的方向移动，从而影响仪器水平，产生气泡居中误差，因此观测时应注意撑伞遮阳。

项目实践 等外水准测量

1. 实践准备

1）测量前的准备：在进行水准测量前，必须对所使用的仪器和工具进行认真检验和校正，以确保测量的准确性。

2）野外测量过程中的注意事项：在野外测量过程中，水准仪及水准尺应尽量安置在坚实的地面上，三脚架和尺垫要安置稳固，以防仪器和尺子下沉。

2. 技术要求

1）前、后视距应尽量相等，以消除视准轴不平行于水准管轴的误差和地球曲率与大气折光的影响。视线高度应使上、中、下三丝都能在水准尺上读数，以减少大气折光的影响。水准尺必须扶直，不得倾斜，使用过程中要经常检查和清除尺底泥土。

2）测量流程及检核：等外水准测量应遵循一定的观测程序，包括安置水准仪、粗平、瞄准后视尺读取读数、瞄准前视尺读取读数等步骤。观测完成后，应立即进行测站计算与检核，满足限差要求后方可迁站。具体的检核包括视距计算与检核、读数检核，以及高差计算与检核，以确保测量的准确性和可靠性。

3）将等外水准测量结果记录在表 2-7 和表 2-8 中。

表 2-7 等外水准测量（外业计算）记录表

仪器型号：______ 日期：______年______月______日 学号：______ 姓名：______

测站	立尺点	水准尺读数 后视 a	水准尺读数 前视 b	高差 h +	高差 h −	观测者 记录者
合计	Σa					
	Σb					
计算校核	$\Sigma a=$______、$\Sigma b=$______、$\Sigma a-\Sigma b=$______、$\Sigma h=$______					

表 2-8　等外水准测量（内业计算）记录表

仪器型号：________　日期：________年________月________日　学号：________　姓名：________

测段	测点	测站数或距离	实测高差/m	改正数/mm	改正后高差/m	高程/m
—		—	—	—	—	
合计						
辅助计算	闭合差 f_h = ________ mm 允许闭合差 $f_{h允}$ = ________ mm 每站/千米/米的改正数为________ mm					

直击工考

1．设 A 点为后视点，B 点为前视点，A 点高程为 20.016m。当后视读数为 1.124m，前视读数为 1.428m 时，问 A、B 两点的高差是多少？B 点比 A 点高还是低？B 点的高程是多少？并绘图说明。

2．绘图说明水准测量中后视读数、前视读数、高差之间的关系。

3．什么是视准轴、视差？产生视差的原因是什么？怎样消除视差？

4．水准仪上的圆水准器和管水准器的作用有什么不同？进行水准测量时，读完后视读数后转动望远镜瞄准前视尺时，圆水准器的气泡和符合气泡都有少许偏移（不居中），这时应如何调整仪器、读前视读数？

5．望远镜由哪些主要部件组成？各起什么作用？

6．水准仪由哪些主要部件构成？各起什么作用？

7．转点在水准测量中起什么作用？

8．水准仪的使用包括哪些基本操作？试简述其操作要点。

9．进行水准测量时，注意前、后视距相等可消除哪几项误差？

10．试述水准测量的计算校核。它主要校核哪两项计算？

11．水准测量测站检核的作用是什么？有哪几种方法？

12．什么是水准测量的高差闭合差？如何计算水准测量的容许高差闭合差？

13．进行水准测量时，在什么立尺点上放尺垫？什么点上不能放尺垫？

视频及互联网资源

视频 1．DS3 水准仪的构成

视频 2．水准尺和尺垫

视频 3．水准尺的读数

视频 4．水准测量的原理

视频 5．水准测量中的测段及高差计算

项目3

林场施工场地平面控制测量与三角高程测量

◎ 项目导读

在林场小区域范围内进行施工时，控制测量是施工安全顺利进行的前提。小区域平面控制测量主要包括平面控制测量和高程控制测量两个方面的内容。在平面控制测量中主要介绍建立平面控制网的方法及附合导线、闭合导线等典型的平差计算方法。在高程控制测量中主要介绍三角高程测量的计算方法。

◎ 学习目标

知识目标

- 理解角度测量原理。
- 掌握水平角与竖直角的观测方法。
- 熟知角度测量的误差分析方法及注意事项。
- 掌握导线测量的基本布设原则与计算方法。
- 掌握光电测距三角高程测量原理。

能力目标

- 能够复述水平角和竖直角的基本概念及测量原理。
- 能够独立完成水平角、竖直角的测量、记录、计算等。
- 能够自主分析角度测量过程中误差产生的原因及消减措施等。
- 能够独立完成附合导线、闭合导线等典型的平差计算。
- 能够进行三角高程测量与计算。

素养目标

- 培养遵循规范的专业素养。
- 养成细致、严谨的工作态度。

3.1 角度测量原理

3.1.1　水平角的测量原理

地面上两条直线之间的夹角在水平面上的投影称为水平角。如图 3-1 所示，A、O、B 为地面上的任意点，通过 OA 和 OB 直线各作一垂直面，并把 OA 和 OB 分别投影到水平投影面上，其投影线 Oa' 、Ob' 的夹角 $\angle a'Ob'$ 就是 $\angle AOB$ 的水平角 β 。

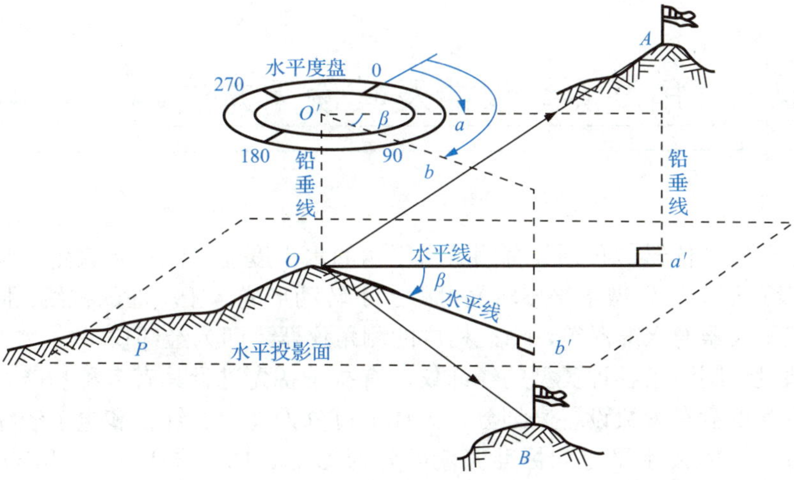

图 3-1　水平角的测量原理

如果在角顶 O 上安置一个带有水平刻度盘的测角仪器，其度盘中心 O' 在通过测站 O 点的铅垂线上，设 OA 和 OB 两条方向线在水平刻度盘上的投影读数分别为 a 和 b，则水平角 β 为

$$\beta = b - a \tag{3-1}$$

3.1.2　竖直角的测量原理

在同一竖直面内，视线和水平线之间的夹角称为竖直角或垂直角。如图 3-2 所示，视线在水平线之上称为仰角，符号为正；视线在水平线之下称为俯角，符号为负。

如果在测站点 O 上安置一个带有竖直刻度盘的测角仪器，其竖盘中心通过水平视线，设照准目标点 A 时视线的读数为 n，水平视线的读数为 m，则竖直角 α 为

$$\alpha = n - m \tag{3-2}$$

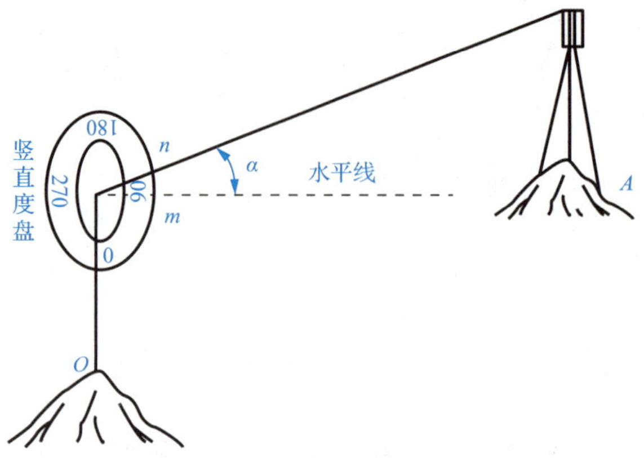

图 3-2　竖直角的测量原理

3.2 角度测量仪器及其使用方法

用来测量角度的仪器，必须具有测量水平角的水平度盘、测量竖直角的竖直度盘（简称竖盘），以及可绕一竖轴做水平旋转又可做上下转动形成一铅垂面的视线；同时，还须有读数设备及整平仪器的水准器等，由此构成的测角仪器，即为经纬仪。

目前各国设计制造了各种类型的经纬仪，有些设备先进且具有多种功能。但常规使用的经纬仪，按其度盘和读数设备来划分，大体上可分为光学经纬仪和电子经纬仪两类。光学经纬仪按标称一测回水平方向标准偏差可分为 DJ_{07}、DJ_1、DJ_2、DJ_6 和 DJ_{30} 等 5 个等级，其中“D”“J”分别为“大地测量”和“经纬仪”的汉语拼音的首字母，下标数字表示仪器的精度，即一测回水平方向中误差的秒数。下面着重介绍地形测量和一般工程测量中比较常用的 DJ_6 级光学经纬仪和 DJ_2 级光学经纬仪。

3.2.1　DJ_6 级光学经纬仪

DJ_6 级光学经纬仪主要由照准部（包括望远镜、竖盘、水准器、读数设备）、水平度盘、基座 3 个部分组成，如图 3-3 所示。现对各组成部分分别介绍如下。

1. 望远镜

DJ_6 级光学经纬仪中望远镜的构造和水准仪中望远镜的构造基本相同，都是用来照准远方目标的。望远镜和横轴固连在一起放在支架上，其视准轴应垂直于横轴，当横轴水平时，望远镜绕横轴旋转的视准面是一个铅垂面。为了控制望远镜的俯仰程度，在照准部外壳上设置有一套望远镜制动和微动螺旋。在照准部外壳上还设置有一套水平制动和微动螺旋，以控制水平方向的转动。当拧紧望远镜或照准部的制动螺旋后，转动微动螺旋，望远镜或照准部才能做微小的转动。

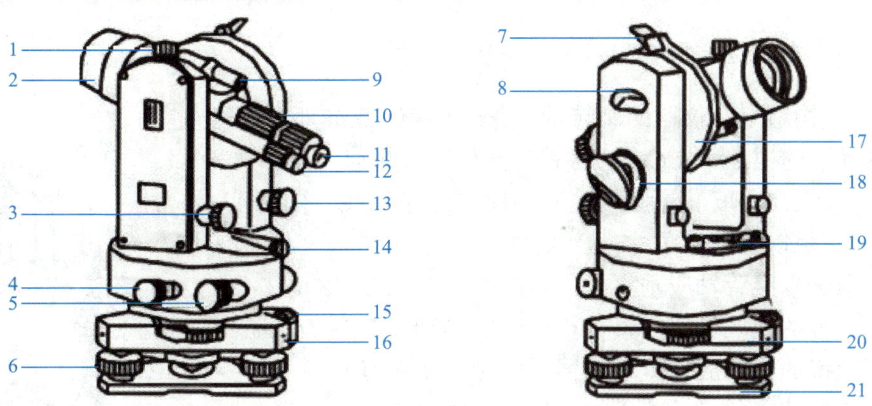

1—望远镜制动螺旋；2—望远镜物镜；3—望远镜微动螺旋；4—水平制动螺旋；5—水平微动螺旋；6—脚螺旋；7—竖盘水准观察镜；8—竖盘水准管；9—瞄准器；10—物镜调焦环；11—望远镜目镜；12—度盘读数镜；13—竖盘水准管微动螺旋；14—光学对点器；15—圆水准器；16—基座；17—竖盘；18—度盘照明镜；19—管水准器；20—水平度盘位置变换手轮；21—基座底板。

图 3-3　DJ_6 级光学经纬仪

2. 竖盘

竖盘固定在横轴的一端，当望远镜转动时，竖盘也随之转动，用以观测竖直角。另外，在竖盘的构造中还设有竖盘指标水准管，它由竖盘水准管的微动螺旋控制。每次读数前，都必须首先使竖盘水准管气泡居中，以使竖盘指标处于正确位置。目前，光学经纬仪普遍采用竖盘自动归零装置来代替竖盘指标水准管，这样既提高了观测速度，又提高了观测精度。

3. 水准器

照准部上的管水准器用于精确整平仪器，圆水准器用于概略整平仪器。

4. 读数设备

我国制造的 DJ_6 级光学经纬仪采用分微尺读数设备，它把度盘和分微尺的影像，通过一系列透镜的放大和棱镜的折射，反映到读数显微镜内进行读数。在读数显微镜内能看到水平度盘和分微尺的影像。度盘上两分划线所对的圆心角，称为度盘分划值。

5. 水平度盘

水平度盘是用光学玻璃制成的圆盘，在盘上按顺时针方向从 0°到 360°刻有等角度的分划线。相邻两分划线的格值有 1°和30′两种。度盘固定在轴套上，轴套套在轴座上。水平度盘和照准部两者之间的转动关系，由离合器扳手或度盘变换手轮控制。

6. 基座

基座是支承仪器的底座。基座上有 3 个脚螺旋，转动脚螺旋可使照准部水准管气泡居中，从而使水平度盘水平。基座和三脚架头用中心螺旋连接，可将仪器固定在三脚架上，中心螺旋下有一小钩可挂垂球，测角时用于仪器对中。光学经纬仪还装有直角棱镜光学对中器。

7. 经纬仪在构造上应满足的几何条件

经纬仪在构造上有仪器的旋转轴（竖轴）*VV*、照准部水准管轴 *LL*、望远镜的视准轴 *CC*、望远镜的旋转轴（横轴）*HH* 共 4 条主要轴线。根据角度测量原理，经纬仪的 4 条轴线（图 3-4）在构造上应满足以下几何条件：

1）照准部水准管轴应垂直于仪器的竖轴（*LL*⊥*VV*）。

2）望远镜的视准轴应垂直于望远镜的横轴（*CC*⊥*HH*）。

3）望远镜的横轴应垂直于仪器的竖轴（*HH*⊥*VV*）。

4）十字丝的竖丝应垂直于望远镜的横轴。

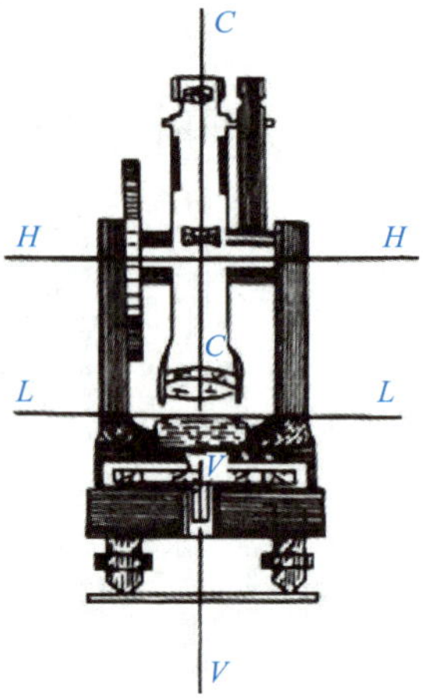

图 3-4　经纬仪的 4 条轴线

满足条件 1）时，水准管气泡居中，水准管轴 *LL* 处于水平，从而使仪器（水平度盘）的竖轴成为一条竖直线，此时水平度盘处于水平位置。

满足条件 2）时，望远镜的视准轴绕横轴旋转形成的面是平面，否则为一锥面，不能满足测角要求。

满足条件 3）时，横轴 *HH* 是一条水平线，从而使望远镜上、下旋转的面是竖直的，保证望远镜的视准轴上、下旋转的投影点在同一条铅垂线上。

满足条件 2）、3）时，望远镜的视准轴在空间中旋转形成一竖直平面，符合水平角与竖直角的测量要求。

满足条件 4）时，十字丝的竖丝是一条竖直线，用十字丝的竖丝不同部位去照准目标就等于十字丝交点照准目标，从而使照准更加方便。

3.2.2　DJ_6 级光学经纬仪的读数方法

DJ_6 级光学经纬仪的水平度盘和竖盘的分划线通过一系列的棱镜和透镜作用，成像于望远镜旁的读数显微镜内，观测者通过读数显微镜读取读数。由于测微装置的不同，DJ_6 级光学经纬仪的读数方法分为以下两种。

1. 分微尺测微器读数法

某光学仪器厂生产的 DJ_6 级光学经纬仪采用的是分微尺读数装置。通过一系列的棱镜和透镜作用，在读数显微镜内可以看到水平度盘和竖盘的分划及相应的分微尺像，如图 3-5 所示。度盘的最小分划值为 1°，在分微尺上把度盘为 1° 的弧长分为 60 格，所以分微尺上的最小分划值为 1′，每10′ 做一注记，可估读至 0.1′。

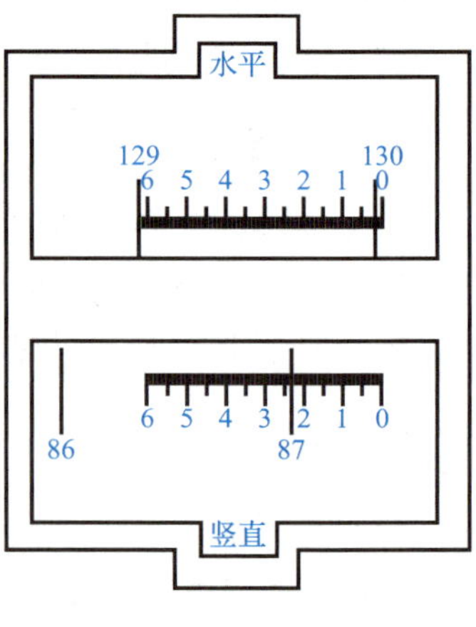

图 3-5　分微尺测微器读数窗视场

读数时，打开并转动反光镜，使读数窗内亮度适中，调节读数显微镜的目镜，使度盘和分微尺分划线清晰，之后，“度”便可从分微尺中的度盘分划线上的注字直接读得；“分”则用度盘分划线作为指标，在分微尺中直接读出，并估读至 0.1′，两者相加，即得度盘读数。如图 3-5 所示，水平度盘的读数为 $130°+1′30″=130°01′30″$，竖盘读数为 $87°+22′00″=87°22′00″$。

2. 单平板玻璃测微器读数法

某光学仪器厂生产的 $DJ_{6\text{-}1}$ 光学经纬仪，采用单平板玻璃测微器读数法读数。图 3-6 所示为单平板玻璃测微器的读数窗视场，读数窗内可以清晰地看到测微盘（上）、竖盘（中）和水平度盘（下）的分划像。度盘凡整度注记，每度分两格，最小分划值为 30′；测微盘把度盘上 30′ 弧长分为 30 大格，一大格为 1′，每 5′ 一注记；每一大格又分三小格，每小格 20″，不足 20″ 的部分可估读，一般可估读到四分之一格，即 5″。

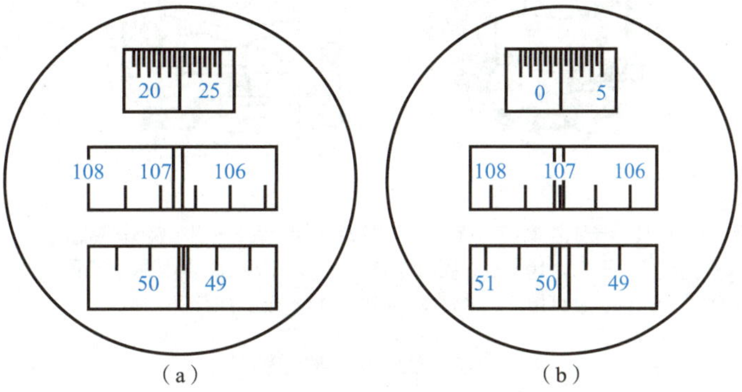

图 3-6　单平板玻璃测微器读数窗视场

读数时，打开并转动反光镜，调节读数显微镜的目镜，然后转动测微手轮，使一条度盘分划线精确地平分双线指标，则该分划线的读数即为读数的度数部分，不足 30′ 的部分从测微盘上读出，并估读到 5″，两者相加，即得度盘读数。每次水平度盘读数和竖盘读数都应调节测微手轮，然后分别读取，两者共用测微盘，但互不影响。

图 3-6（a）中，水平度盘读数为 $49°30′+22′35″=49°52′35″$。

图 3-6（b）中，竖盘读数为 $107°+01′35″=107°01′35″$。

3.2.3　DJ_2 级光学经纬仪

DJ_2 级光学经纬仪的构造，除轴系和读数设备外，基本上和 DJ_6 级光学经纬仪相同。我国某光学仪器厂生产的 DJ_2 级光学经纬仪的外形如图 3-7 所示。下面着重介绍它和 DJ_6 级光学经纬仪的不同之处。

1. 水平度盘位置变换手轮

水平度盘位置变换手轮的作用是变换水平度盘的初始位置。在水平角观测中，根据测角需要，对起始方向观测时，可先拨开手轮的护盖，再转动该手轮，把水平度盘的读数值配置为所规定的读数。

2. 换像手轮

在读数显微镜内一次只能看到水平度盘或竖盘的影像，若要读取水平度盘读数，则要转动换像手轮 9，使轮上指标线成水平状态，并打开水平度盘照明反光镜 16，此时读数显微镜内呈现水平度盘的影像。当打开竖盘照明反光镜 12，转动换像手轮，使轮上指标线竖直时，则可看到竖盘影像。

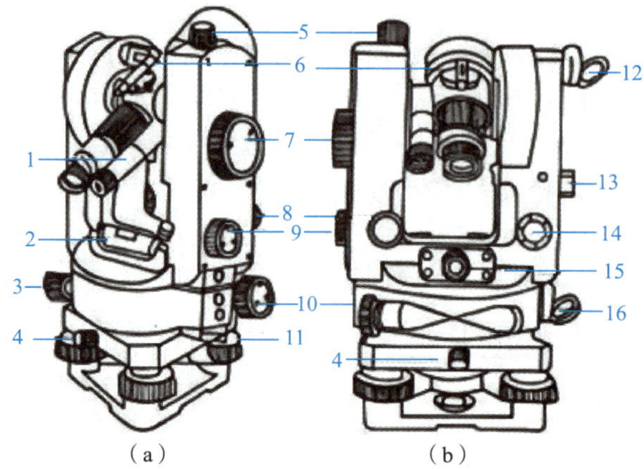

1—读数显微镜；2—照准部水准管；3—水平制动螺旋；4—轴座连接螺旋；5—望远镜制动螺旋；6—瞄准器；7—测微手轮；8—望远镜微动螺旋；9—换像手轮；10—水平制动螺旋；11—水平度盘位置变换手轮；12—竖盘照明反光镜；13—竖盘指标水准管；14—竖盘指标水准管微动螺旋；15—光学对点器；16—水平度盘照明反光镜。

图 3-7　DJ_2 级光学经纬仪

3. 测微手轮

测微手轮是 DJ_2 级光学经纬仪的读数装置。

3.2.4　DJ_2 级光学经纬仪的读数方法

对于 DJ_2 级光学经纬仪，其水平度盘（或竖盘）的刻划形式是把每度分划线间又等分刻成 3 格，格值等于 $20'$。通过光学系统，将度盘直径两端分划的影像同时反映到同一平面上，并被一横线分成正、倒像，一般正字注记为正像，倒字注记为倒像。图 3-8 为 DJ_2 级光学经纬仪的读数窗示意图，测微尺上刻有 600 格，其分划影像见图中小窗。当转动测微手轮使分微尺由 0 分划移动到 600 分划时，度盘正、倒对径分划影像等量相对移动一格，故测微尺上 600 格相应的角值为$10'$，1 格的格值等于$1''$。因此，用测微尺可以直接测定$1''$的读数，从而起到了测微作用。图 3-8 中的读数值为$30°20'+8'00''=30°28'00''$。

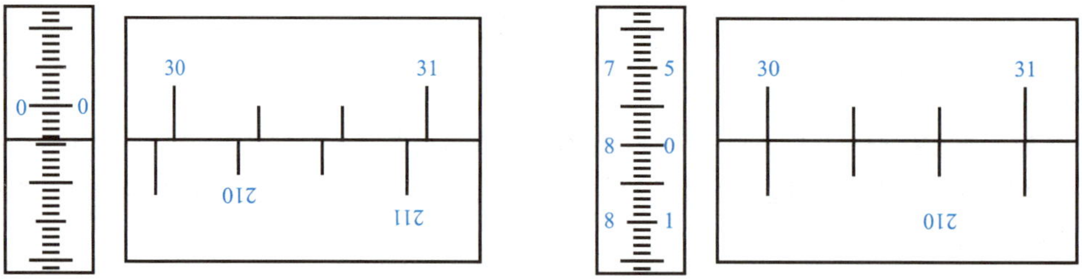

（a）读数前视窗　　（b）读数时视窗

图 3-8　DJ_2 级光学经纬仪的读数窗示意图

具体读数方法如下：

1）转动测微手轮，使度盘正、倒像分划线精密重合。

2）从靠近视场中央读出上排正像左边分划线的度数，即 30°。

3）数出上排的正像 30°与下排倒像 210°之间的格数再乘以10′，就是整十分的数值，即 20′。

4）在旁边小窗中读出小于10′的分、秒数。测微尺分划影像左侧的注记数字是分数，右侧的注记数字 1、2、3、4、5 是秒的十位数，即分别为10″、20″、30″、40″、50″。将以上数值相加就得到整个读数。故其读数为

度盘上的度数	30°
度盘上的整十分数	20′
测微尺上分、秒数	8′00″
全部读数为	30°28′00″

3.2.5　经纬仪的使用

经纬仪的基本操作有对中、整平、瞄准和读数。

1. 对中

对中的目的是使仪器度盘中心与测站点标志中心位于同一铅垂线上。操作步骤如下：

1）张开脚架，调节脚架腿，使其高度适宜，并通过目估使架头水平、架头中心大致对准测站点。

2）从箱中取出经纬仪安置于架头上，旋紧连接螺旋，并挂上锤球。如锤球尖偏离测站点较远，则需移动三脚架，使锤球尖大致对准测站点，然后将脚架尖踩实。

3）略微松开连接螺旋，在架头上移动仪器，直至锤球尖准确对准测站点，最后旋紧连接螺旋。

2. 整平

整平的目的是调节脚螺旋使水准管气泡居中，从而使经纬仪的竖轴竖直，水平度盘处于水平位置。其操作步骤如下：

1）旋转照准部，使水准管平行于任一对脚螺旋，如图 3-9（a）所示。转动这两个脚螺旋，使水准管气泡居中。

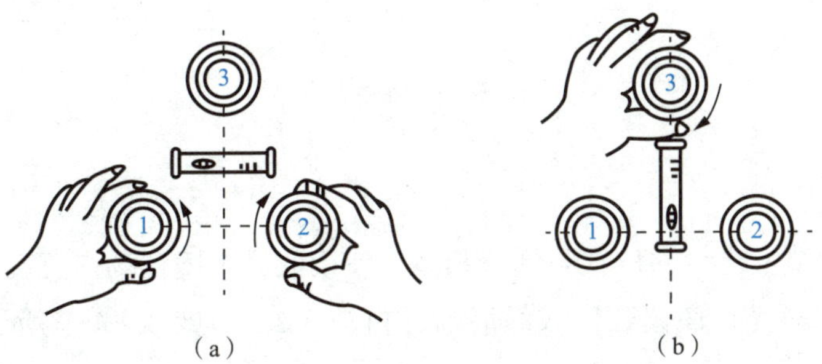

图 3-9　整平

2）将照准部旋转 90°，转动第三个脚螺旋，使水准管气泡居中，如图 3-9（b）所示。

3）按以上步骤重复操作，直至水准管在这两个位置上气泡都居中为止。使用光学对中器进行对中、整平时，先通过目估初步对中（也可利用锤球），旋转对中器目镜，使分划板上的刻划圆圈清晰可见；再拉伸对中器的目镜筒，使地面标志点成像清晰；接着，转动脚螺旋，使标志点的影像移至刻划圆圈中心；随后，通过伸缩三脚架腿，调节三脚架的长度，使经纬仪圆水准器气泡居中，再调节脚螺旋精确整平仪器；最后，通过对中器观察地面标志点，如偏刻划圆圈中心，可稍微松开连接螺旋，在架头移动仪器，使其精确对中。此时，若水准管气泡偏移，则需再整平仪器，如此反复进行，直至对中、整平同时完成。

3. 瞄准

瞄准目标的步骤如下：

1）目镜对光：将望远镜对向明亮背景，转动目镜对光螺旋，使十字丝成像清晰。

2）粗略瞄准：松开照准部制动螺旋与望远镜制动螺旋，转动照准部与望远镜，通过望远镜上的瞄准器对准目标，然后旋紧制动螺旋。

3）物镜对光：转动位于镜筒上的物镜对光螺旋，使目标成像清晰并检查有无视差存在。如果发现有视差存在，则应重新进行对光，直至消除视差。

4）精确瞄准：旋转微动螺旋，使十字丝准确对准目标。观测水平角时，应尽量瞄准目标的基部，当目标宽于十字丝双丝距时，宜用单丝平分，如图 3-10（a）所示；目标窄于双丝距时，宜用双丝夹住，如图 3-10（b）所示；观测竖直角时，用十字丝横丝的中心部分对准目标位，如图 3-10（c）所示。

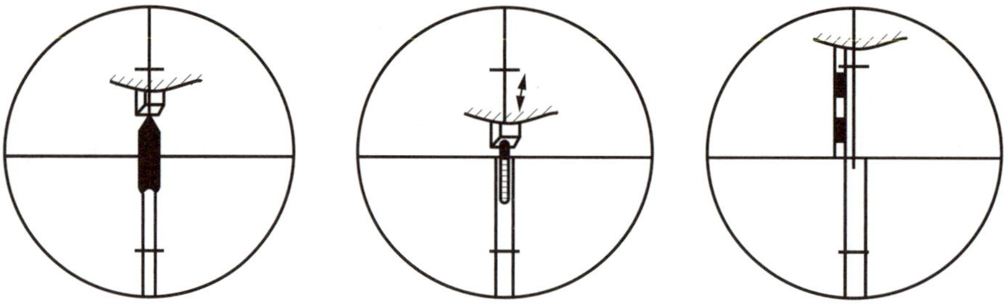

（a）（b）（c）

图 3-10　瞄准目标

4. 读数

读数前，应调整反光镜的位置与开合角度，使读数显微镜视场内亮度适当，然后转动读数显微镜目镜进行对光，使读数窗成像清晰，再按 3.2.2 节或 3.2.4 节所述方法进行读数。

3.3 水平角与竖直角的观测方法

3.3.1　水平角的观测方法

常用的水平角观测方法有测回法和全圆方向观测法（全圆测回法）两种。

1. 测回法

竖盘在望远镜视准轴的左侧，称为盘左，也称正镜；竖盘在视准轴方向的右侧则称为盘右，也称倒镜。测回法适用于观测两个方向之间的单个水平角。如图 3-11 所示，欲测出地面上 OA、OB 两方向间的水平角 β，可按下列步骤进行观测：

图 3-11　测回法观测水平角

1）在角顶 O 点安置经纬仪，在 A、B 点上分别竖立标杆。

2）以盘左位置照准左边目标 A，得水平度盘读数 $a_{左}$（如为 $0°01'30''$），记入表 3-1（观测手簿）第 4 栏相应位置。

3）松开照准部和望远镜制动螺旋，顺时针转动照准部，瞄准右边目标 B，得水平度盘读数 $b_{左}$（如为 $74°08'30''$），记入观测手簿相应栏内。则盘左所测的角值为

$$\beta_{左} = b_{左} - a_{左} = 74°08'30'' - 0°01'30'' = 74°07'00''$$

以上完成了上半测回观测。为了检核及消除仪器误差对测角的影响，应该以盘右位置再进行下半测回观测。

4）松开照准部和望远镜制动螺旋，纵转望远镜成盘右位置，先瞄准右边目标 B，得水平度盘读数 $b_{右}$（如为 $254°08'36''$），记入观测手簿；逆时针方向转动照准部，瞄准左边目标 A，得水平度盘读数 $a_{右}$（如为 $180°01'30''$），记入观测手簿，完成下半测回，其水平角值为

$$\beta_{右} = b_{右} - a_{右} = 254°08'36'' - 180°01'30'' = 74°07'06''$$

计算时，均用右边目标读数 b 减去左边目标读数 a，不够减时，应加上 360°。

上、下两个半测回合称为一测回。用 DJ_6 级光学经纬仪观测水平角时，上、下两个半测回所测角值之差（称为不符值）应不大于 ±40″。达到精度要求后，取平均值作为一测回的结果，即

$$\beta=(\beta_{左}+\beta_{右})/2$$

本例中，因 $\beta_{右}-\beta_{左}=74°07'06''-74°07'00''=6''<+40''$，所以符合精度要求，故 $\beta=(\beta_{左}+\beta_{右})/2=(74°07'06''+74°07'00'')/2=74°07'03''$。若两个半测回的不符值超过 ±40″，则应重新观测该水平角。观测数据的记录格式及计算如表 3-1 所示。当测角精度要求较高时，须观测 n 个测回。为了消除度盘刻划不均匀的误差，每个测回应按 $180°/n$ 的差值变换度盘起始位置。

表 3-1 水平角观测手簿（测回法）

仪器型号：________ 日期：________年________月________日 学号：________ 姓名：________

测点	竖盘位置	目标	水平度盘读数			半测回角值			一测回角值			各测回平均角值			备注
			°	′	″	°	′	″	°	′	″	°	′	″	
O	左	A	0	01	30	74	07	00	74	07	03	74	07	03	
		B	74	08	30										
	右	B	254	08	36	74	07	06							
		A	180	01	30										
	左	A	90	02	30	74	07	00	74	07	03				
		B	164	09	30										
	右	B	344	09	48	74	07	06							
		A	270	02	42										

2. 全圆方向观测法

在一个测站上，当观测方向在 3 个以上时，一般采用全圆方向观测法（在半测回中若没有归零这一步则称为方向观测法），即从起始方向顺次观测各个方向后，最后要回测起始方向，即全圆的意思。最后一步称为归零，这种半测回归零的方法称为全圆方向观测法，如图 3-12 中 OA 为起始方向，也称零方向。

（1）观测步骤

1）安置仪器于 O 点，盘左位置且使水平度盘读数略大于 0° 时照准起始方向，如图 3-12 中的 A 点，读取水平度盘读数 a。

2）顺时针方向转动照准部，依次照准 B、C、D 各个方向，并分别读取水平度盘读数 b、c、d，继续转动再照准起始方向，得水平度盘读数 a'。这步观

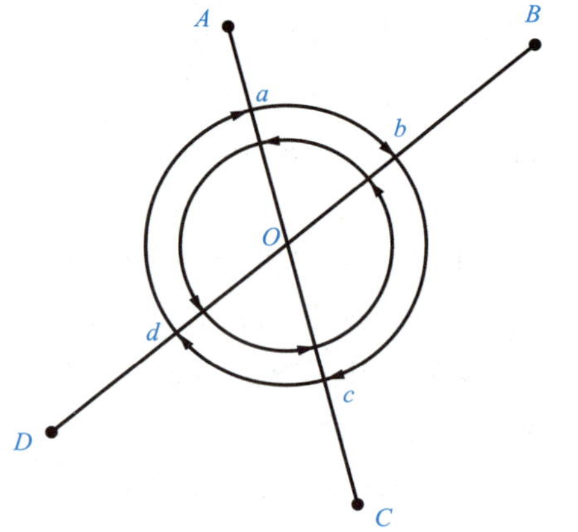

图 3-12 全圆方向观测法观测水平角

测称为归零，a' 与 a 之差称为半测回归零差。DJ_6 级光学经纬仪为24″。若归零差超限，则说明在观测过程中，仪器度盘位置有变动，此半测回应该重测。测量规范要求的限差如表3-2所示。

表3-2　方向观测法水平角观测限差

项目	仪器类型	
	DJ_2	DJ_6
半测回归零差	8″	18″
一测回 $2c$ 变动范围	13″	36″
各测回同一归零方向值互差	9″	24″
光学测微器两次重合差	3″	

以上观测过程为全圆方向观测法的上半测回。

3）以盘右位置按逆时针方向依次照准 A、D、C、B、A，并分别读取水平度盘读数。以上为下半测回，其半测回归零差不应超过限差规定。

每次读数都应按规定格式记入表3-3中。

表3-3　水平角观测手簿（全圆方向观测法）

仪器型号：________　日期：________年________月________日　学号：________　姓名：________

测回	测站	目标	水平度盘读数 盘左	水平度盘读数 盘右	$2c$=盘左−(盘右±180°)	平均读数=1/2[盘左+(盘右±180°)]	归零后之方向值	各测回归零方向值之平均值	略图及角值
			° ′ ″	° ′ ″	″	° ′ ″	° ′ ″	° ′ ″	
1	O					(0 00 36)			
		A	0 00 30	180 00 42	−12	0 00 36	0 00 00	0 00 00	
		B	94 11 12	274 11 18	−6	94 10 39	94 10 03	94 10 21	
		C	168 18 12	348 18 24	−12	168 18 18	168 17 42	168 17 40	
		D	228 40 06	48 40 06	0	228 40 06	228 39 30	228 39 30	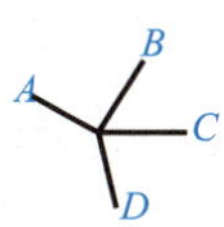
		A	0 00 30	180 00 42	−12	0 00 36			
2	O					(90 02 36)			
		A	90 02 30	270 02 42	−12	90 02 36	0 00 00		
		B	184 13 12	4 13 18	−6	184 13 15	94 10 39		
		C	258 20 12	78 20 18	−6	258 20 15	168 17 39		
		D	318 42 00	138 42 12	−12	318 42 06	228 39 30		
		A	90 02 36	270 02 36	0	90 02 36			

上半测回和下半测回合起来称为一测回。当精度要求较高时，可观测 n 个测回，为了消除度盘刻划不均匀误差，每测回也要按 $180°/n$ 的差值变换度盘的起始位置。

（2）全圆方向观测法的计算与限差

1）计算两倍照准误差 $2c$ 值：两倍照准误差是同一台仪器观测同一方向盘左、盘右读数之差，简称 $2c$ 值。它是由视准轴不垂直于横轴引起的观测误差，计算公式为

$$2c=\text{盘左读数}-(\text{盘右读数}\pm180°)$$

对于 DJ_6 级光学经纬仪，$2c$ 值只作为参考，不作为限差规定。如果其变动范围不大，则说明仪器是稳定的，不需要校正，取盘左、盘右读数的平均值即可消除视准轴误差的影响。

2）一测回内各方向平均读数的计算：

同一方向的平均读数=[盘左读数+(盘右读数±180°)]/2

起始方向有两个平均读数，应再取其平均值，将计算出的结果填入同一栏的括号内，如第一测回中的（0° 00′36″）。

3）一测回归零方向值的计算：将各个方向（包括起始方向）的平均读数减去起始方向的平均读数，即得各个方向的归零方向值。显然，起始方向归零后的值为 0° 00′00″。

4）各测回平均方向值的计算：每一测回各个方向都有一个归零方向值，当各测回同一方向的归零方向值之差不大于 24″（针对 DJ_6 级经纬仪）时，可取其平均值作为该方向的最后结果。

5）水平角值的计算：将右方向值减去左方向值即为该两方向的夹角。

3.3.2 竖直角的观测方法

1. 竖盘的构造

DJ_6 级光学经纬仪竖盘构造示意图如图 3-13 所示，主要包括竖盘、竖盘指标、竖盘指标水准管和竖盘指标水准管微动螺旋。竖盘固定在横轴的一侧，随望远镜在竖直面内同时上、下转动；竖盘读数指标不随望远镜转动，它与竖盘指标水准管连接在一个微动架上，转动竖盘指标水准管微动螺旋，可使竖盘读数指标在竖直面内做微小移动。当竖盘指标水准管气泡居中时，指标应处于竖直位置，即在正确位置。一个校正好的竖盘，当望远镜视准轴水平、指标水准管气泡居中时，读数窗上指标所指的读数应是 90° 或 270°，此读数即为视线水平时的竖盘读数。一些新型的经纬仪安装了自动归零装置来代替水准管，测定竖直角时，放开阻尼器钮，待摆稳定后，直接进行读数，可提高观测速度和精度。

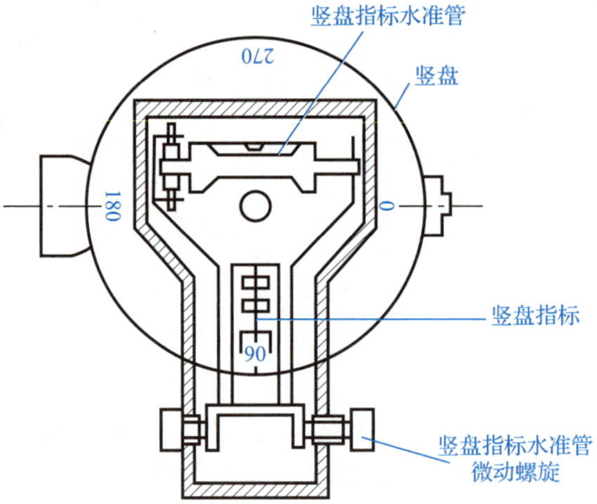

图 3-13　竖盘结构示意图

竖盘的刻划注记形式很多，常见的光学经纬仪竖盘都为全圆式刻划，如图 3-14 所示，可分为顺时针和逆时针两种注记，盘左位置视线水平时，竖盘读数均为 90°；盘右位置水平视线时，竖盘读数均为 270°。多数 DJ_6 级光学经纬仪采用的是顺时针注记的竖盘，如图 3-14（a）所示。

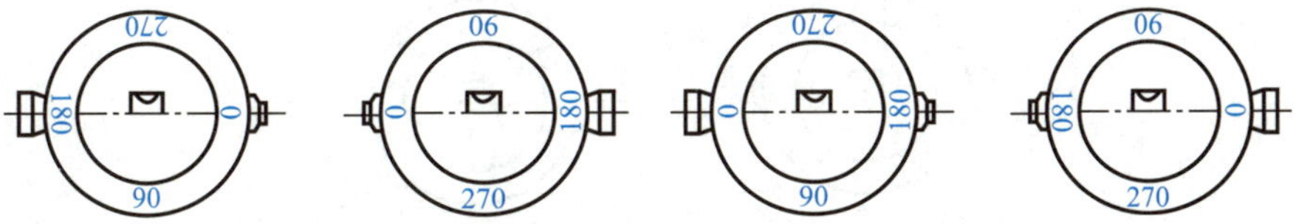

（a）　　　　　　　　（b）

图 3-14　竖盘注记的形式

2. 竖直角的观测方法与计算

（1）竖直角的观测方法

1）在测站 O 点上安置经纬仪，以盘左位置用望远镜的十字丝中横丝瞄准目标上的某一点 P。

2）转动竖盘指标水准管微动螺旋，使气泡居中，读取竖盘读数 L。

3）倒转望远镜，以盘右位置瞄准目标上 P 点。调节竖盘指标水准管气泡居中，读取竖盘读数 R。竖直角观测手簿如表 3-4 所示。

表 3-4　竖直角观测手簿

仪器型号：________　日期：________年________月________日　学号：________　姓名：________

测站	目标	竖盘位置	竖盘读数			半测回竖直角			指标差	一测回竖直角			备注
			°	′	″	°	′	″	″	°	′	″	
O	A	左	82	30	36	7	29	24	+15	7	29	39	盘左时竖盘注记 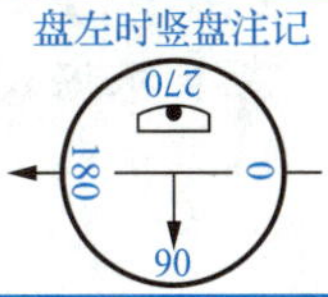
		右	277	29	54	7	29	54					
	B	左	98	06	24	−8	06	24	+6	−8	06	18	
		右	261	53	48	−8	06	12					

（2）竖直角的计算

计算竖直角的公式，是由两个方向读数（即倾斜视线方向读数与水平视线方向读数）之差来确定的。问题在于应由哪个读数减哪个读数，以及其中视线水平时的读数是多少，这就应由竖盘注记形式确定。判定时，只需对所用仪器以盘左位置先将望远镜大致放平，看一下读数；然后将望远镜逐渐向上仰，再观察读数是增加还是减少，即可确定其计算公式。

当望远镜上倾竖盘读数减小时：

竖角=视线水平时的读数-瞄准目标时的读数

当望远镜上倾竖盘读数增加时：

竖角=瞄准目标时的读数-视线水平时的读数

计算结果为“+”，表示是仰角；结果为“-”，表示是俯角。

现以 DJ_6 级光学经纬仪中最常见的竖盘注记形式（图 3-15）来说明竖直角的计算方法。

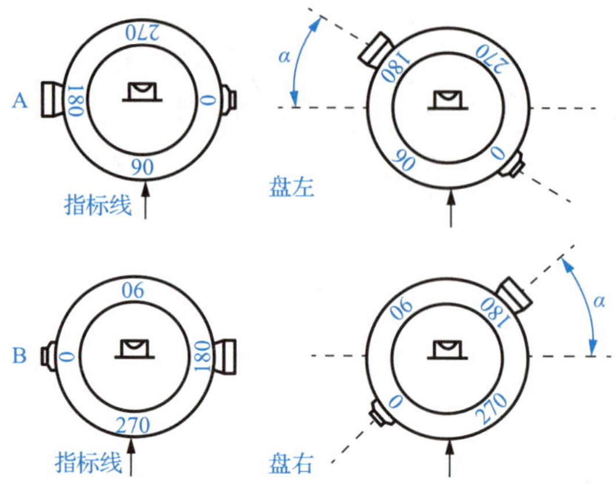

图 3-15　竖直角计算示意图

由图 3-15 可知，在盘左位置，视线水平时的读数为 90°，当望远镜上倾时，读数减小；在盘右位置，视线水平时的读数为 270°，当望远镜上倾时，读数增加。若以 L 表示盘左时瞄准目标时的读数，R 表示盘右时瞄准目标时的读数，则竖直角的计算公式为

$$\alpha_L = 90° - L$$

$$\alpha_R = R - 270°$$

最后，取盘左、盘右的竖直角平均值作为观测结果，即

$$\alpha = (\alpha_L + \alpha_R)/2 = (R - L)/2 - 90° \tag{3-3}$$

【例 3-1】　求表 3-4 中 OA、OB 的竖直角。

解：根据式（3-3）可得

$$\alpha_{OA} = (R - L)/2 - 90° = (277°29'54'' - 82°30'36'')/2 - 90°$$
$$= +7°29'39''$$

$$\alpha_{OB} = (R - L)/2 - 90° = (261°53'48'' - 98°06'24'')/2 - 90°$$
$$= -8°06'18''$$

3. 竖盘指标差

当望远镜的视准轴水平，竖盘指标水准管气泡居中时，竖盘指标所指的读数应为 90° 或 270°，否则，其差值即称为竖盘指标差，以 x 表示，如图 3-16 所示。它是由于竖盘指标水准管与竖盘读数指标的关系不正确等因素引起的。

竖盘指标差有正、负之分，当指标偏移方向与竖盘注记方向一致时，会使竖盘读数中增大一个 x 值，即 x 为正；反之，当指标偏移方向与竖盘注记方向相反时，则会使竖盘读数中减小一个 x 值，故 x 为负。

图 3-16 中，指标偏移方向和竖盘注记方向一致，x 为正值，那么在盘左和盘右读数中都将增大一个 x 值。因此，若用盘左读数计算正确的竖直角 α，则有

$$\alpha = (90 + x) - L = \alpha_L + x$$

若用盘右读数计算竖直角，则为

$$\alpha = R - (270 + x) = \alpha_R - x$$

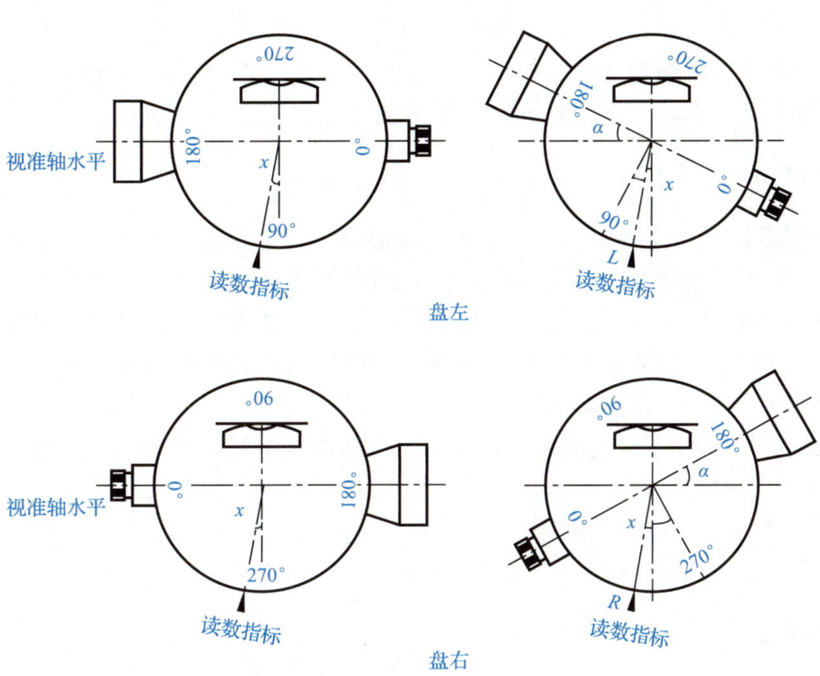

图 3-16　竖盘指标差

由以上公式得

$$\alpha=(\alpha_L+\alpha_R)/2=(R-L)/2-90^\circ$$

上式说明利用盘左、盘右两次读数求算竖直角，可以消除竖盘指标差对竖直角的影响。

$$x=(\alpha_R-\alpha_L)/2=(L+R)/2-180^\circ$$

由表 3-4 中的观测数据与相关公式，可求出 OA、OB 方向的竖盘指标差分别为 +15″ 和 +6″。

在测量竖直角时，虽然利用盘左、盘右两次观测能消除指标差的影响，但求出指标差的大小可以检查观测成果的质量。使用同一仪器在同一测站上观测不同的目标时，在某段时间内其指标差应为固定值，但由于观测误差、仪器误差和外界条件的影响，实际测定的指标差数值总是在不断变化，对于 DJ_6 级光学经纬仪该变化不应超过 25″。

3.4 角度测量的误差分析及注意事项

3.4.1　角度测量的误差分析

角度测量的误差主要来源于仪器误差、人为操作误差及外界条件的影响等方面。认真分析这些误差，找出消除或减小误差的方法，从而提高观测精度。

由于竖直角主要用于三角高程测量和视距测量，在测量竖直角时，只要严格按照操作规程作业，采用测回法消除竖盘指标差对竖直角的影响，测得的竖直角值即能满足对高程和水平距离的求算。因此，下面只分析水平角的测量误差。

1. 仪器误差

1）仪器制造加工不完善所引起的误差，如照准部偏心误差、度盘分划误差等。经纬仪照准部旋转中心应与水平度盘中心重合，如果两者不重合，即存在照准部偏心差。在水平角测量中，此项误差影响可通过盘左、盘右观测取平均值的方法加以消除。水平度盘分划误差的影响一般较小，当测量精度要求较高时，可采用各测回间变换水平度盘位置的方法进行观测，以减弱这一项误差影响。

2）仪器校正不完善所引起的误差。例如，望远镜视准轴不严格垂直于横轴、横轴不严格垂直于竖轴所引起的误差，可以采用盘左、盘右观测取平均值的方法来消除；而竖轴不垂直于水准管轴所引起的误差则不能通过盘左、盘右观测取平均值或其他观测方法来消除。因此，必须认真做好仪器此项检验、校正。

2. 观测误差

（1）对中误差

仪器对中不准确，使仪器中心偏离测站中心的位移称为偏心距，偏心距将使所观测的水平角值不是大就是小。经研究已经知道，对中引起的水平角观测误差与偏心距成正比，并与测站到观测点的距离成反比。因此，在进行水平角观测时，仪器的对中误差不应超出相应规范规定的范围，特别对于短边的角度进行观测时，更应该精确对中。

（2）整平误差

若仪器未能精确整平或在观测过程中气泡不再居中，竖轴就会偏离铅垂位置。整平误差不能用观测方法来消除，此项误差的影响与观测目标时视线竖直角的大小有关，当观测目标与仪器视线大致同高时，影响较小；当观测目标时，视线竖直角较大，则整平误差的影响明显增大，此时，应特别注意认真整平仪器。当发现水准管气泡偏离零点超过一格以上时，应重新整平仪器、重新观测。

1）目标偏心误差。由于测点上的标杆倾斜而使照准目标偏离测点中心所产生的偏心差称为目标偏心误差。目标偏心是由于目标点的标志倾斜引起的。观测点上一般都竖立标杆，当标杆倾斜而又被瞄准其顶部时，标杆越长，瞄准点越高，则产生的方向值误差越大；边长短时，误差的影响更大。为了减少目标偏心对水平角观测的影响，观测时，标杆要准确而竖直地立在测点上，且尽量瞄准标杆的底部。

2）瞄准误差。引起误差的因素有很多，如望远镜孔径的大小、分辨率、放大率、十字丝的粗细与清晰度等，人眼的分辨能力，目标的形状、大小、颜色、亮度和背景，以及周围的环境，空气透明度，大气的湍流、温度等，其中与望远镜放大率的关系最大。经计算，DJ_6级光学经纬仪的瞄准误差为±2″～±2.4″，观测时应注意消除视差，调清十字丝。

3）读数误差。读数误差与读数设备、照明情况和观测者的经验有关。一般来说，主要取决于读数设备。对于6″级光学经纬仪，估读误差不超过分划值的1/10，即不超过±6″。如果照明情况不佳，读数显微镜存在视差，以及读数不熟练，那么估读误差还会增大。

3. 外界条件的影响

影响角度测量的外界因素有很多。例如，大风、松土会影响仪器的稳定；地面辐射热会影响大气稳定而引起物像的跳动；空气的透明度会影响照准的精度；温度的变化会影响仪器的正常状态，等等。这些因素都会在不同程度上影响测角的精度，要想完全避免这些影响是不现实的，但观测者可采取适当的措施并选择有利的观测条件和时间，将外界因素的影响降到最低，从而保证角度测量的精度。

3.4.2 角度测量的注意事项

在使用经纬仪进行角度测量时，往往会由于观测者的粗心大意而产生错误，如仪器没有正确对中或整平、望远镜瞄准目标不正确、度盘读数读错、记录记错和拧错制动螺旋等，因此，角度测量时必须注意以下几点：

1）仪器安置的高度要合适，三脚架要踩牢，仪器与三脚架连接要牢固；观测时不要手扶或碰动三脚架；转动照准部和使用各种螺旋时，用力要轻。

2）对中、整平要准确，测角精度要求越高或边长越短的，对中要求越严格；如观测的目标之间高低相差较大，则更应注意仪器的整平。

3）在观测水平角过程中，若同一测回内发现照准部水准管气泡偏离居中位置，则不允许重新调整水准管使气泡居中；若气泡偏离中央超过一格，则需重新整平仪器，重新观测。

4）观测竖直角时，每次读数之前，必须使竖盘指标水准管气泡居中或使自动归零开关置于“ON”位置。

5）标杆要直立于测点上，尽可能用十字丝交点瞄准标杆或测钎的基部；观测竖直角时，宜用十字丝中丝切于目标的指定部位。

6）不要把水平度盘和竖盘读数弄混淆；记录要清楚，并当场计算校核；若误差超限，则应查明原因并重新观测。

7）观测水平角时，同一个测回里不能转动度盘变换手轮或按水平度盘复测扳钮。

3.5 平面控制测量

为了限制误差传递和误差积累，提高测量精度，无论是测定还是测设，必须遵循“先整体后局部，先控制后碎部，由高级到低级”的原则来组织实施。测量工作的基本程序也就分为控制测量和碎部测量两步。控制测量分为平面控制测量和高程控制测量。测定控制点平面位置 (x, y) 的工作，称为平面控制测量。测定控制点高程（H）的工作，称为高程控制测量。

1. 建立平面控制网的方法

平面控制测量的任务是用精密仪器和采用精密方法测量控制点间的角度、距离要素，根据已知点的平面坐标、方位角，计算出各控制点的坐标。

建立平面控制网的方法有导线测量、三角测量、三边测量、全球定位系统（global positioning system，GPS）测量等。随着电磁波测距技术的发展，导线测量已是平面控制测量的主要方法。

（1）导线测量

将各控制点组成连续的折线或多边形，如图 3-17（a）、（b）所示，这种图形构成的控制网称为导线网，也称导线，转折点（控制点）称为导线点。测量相邻导线边之间的水平角与导线边长，根据起算点的平面坐标和起算边方位角，计算各导线点的坐标，这项工作称为导线测量。

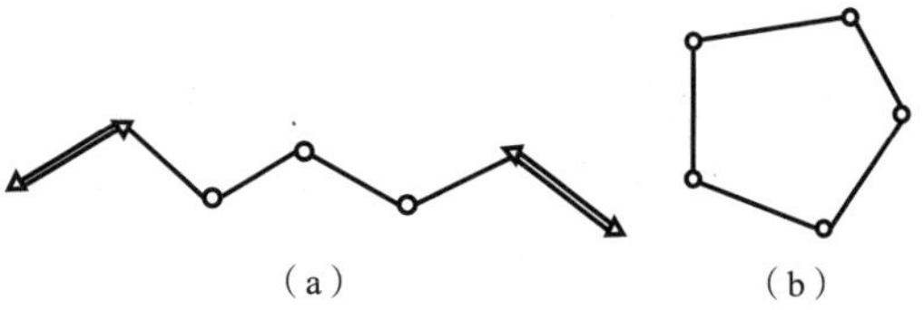

图 3-17　导线测量

（2）三角测量

将各控制点组成互相连接的一系列三角形，如图 3-18 所示，这种图形构成的控制网称为三角锁，是三角网的一种类型。所有三角形的顶点称为三角点。测量三角形的一条边和全部三角形的内角，根据起算点的坐标与起算边的方位角，按正弦定律推算全部边长与方位角，从而计算出各点的坐标，这项工作称为三角测量。

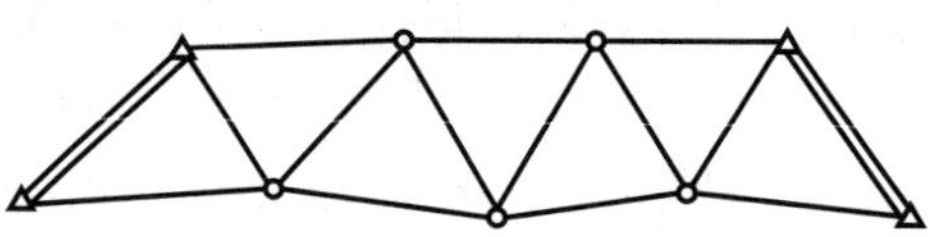

图 3-18　三角锁

（3）三边测量

三边测量指使用全站仪或光电测距仪，采取测边方式来测定各三角形顶点水平位置的方法。三边测量是建立平面控制网的方法之一，其优点是较好地控制了边长方面的误差、提高了工作效率等。三边测量只是测量边长，对于测边单三角形，无校核条件。

（4）GPS 测量

GPS 是具有在海、陆、空进行全方位实时三维导航与定位能力的新一代卫星导航与定位系统。GPS 凭借全天候、高精度、自动化和高效率等显著特点，成功应用于工程控制测量，如南京大胜关长江大桥、秦岭大兴山隧道等大型工程。

GPS 控制测量控制点是在一组控制点上安置 GPS 卫星地面接收机接收 GPS 卫星信号，解算求得控制点到相应卫星的距离，通过一系列数据处理取得控制点的坐标。

2. 国家平面控制网

为各种测绘工作在全国范围内建立的基本控制网，称为国家平面控制网。国家平面控制网的布设原则是分级布网、逐级控制。国家平面控制网按其精度由高级到低级分为一、二、三、四共 4 个等级。一等三角锁是在全国范围内沿经线和纬线方向布设的，是国家平面控制网的骨干，是作为低级三角网的坚强基础，也为研究地球形状和大小提供资料。二等三角网是布设在一等三角锁环内，形成国家平面控制网的全面基础。三、四等三角网是以二等三角网为基础进一步加密，用插点或插网形式布设的。

3. 小区域控制网

小区域控制网主要指面积在 $10km^2$ 以内的小范围为大比例尺测图和工程建设而建立的控制网。测区范围内若有国家控制点或相应等级的控制点应尽可能联测，以便获取起算数据和方位。无条件联测时，可建立测区独立控制网。

在地形测量中，为满足地形测图精度的要求所布设的平面控制网，称为地形平面控制网。地形平面控制网分为首级控制网和图根控制网。测区最高精度的控制网称为首级控制网。直接用于测图的控制网称为图根控制网，控制点称为图根点。

首级平面控制的等级选择，要根据测区面积大小、测图比例尺等方面考虑。一般情况下可采用一、二、三级导线作为首级控制网，在首级控制网的基础上建立图根控制网。当测区面积较小时，可以直接建立图根控制网。

图根控制点的密度取决于测图比例尺和地形的复杂程度，在平坦开阔地区不低于表 3-5 的规定。地形复杂的地区、山区参照表 3-5 的规定可适当增加图根点的密度。

表 3-5　图根点的密度

测图比例尺	1∶500	1∶1000	1∶2000
图根点密度（点/km^2）	150	50	15

3.6 导线测量

3.6.1　导线布设形式

导线测量目前是建立平面控制网的主要形式，导线布设的基本形式有闭合导线、附合导线和支导线 3 种。

1．闭合导线

从一高级控制点（起始点）开始，经过各个导线点，最后又回到原来起始点，形成闭合多边形，这种导线称为闭合导线，如图 3-19 所示。

闭合导线有着严密的几何条件，构成对观测成果的校核作用，常用于面积开阔的局部地区控制。

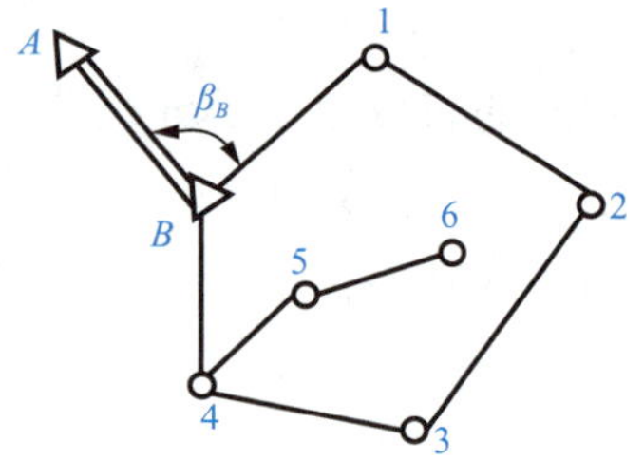

图 3-19　闭合导线、支导线

2．附合导线

从一高级控制点（起始点）开始，经过各个导线点，附合到另一高级控制点（终点），形成连续折线，这种导线称为附合导线，如图 3-20 所示。附合导线由本身的已知条件构成对观测成果的校核作用，常用于带状地区的地区控制。

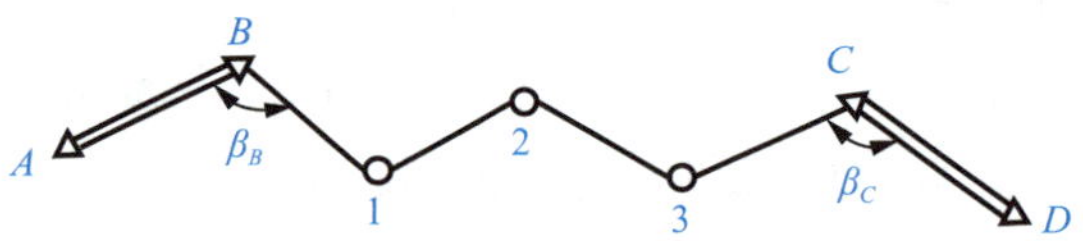

图 3-20　附合导线

3．支导线

从一高级控制点（起始点）开始，既不附合到另一个控制点，又不闭合到原来起始点，这种导线称为支导线。由于支导线无校核条件，不易发现错误，一般不宜采用。常在导线点不能满足局部测图时，增设支导线，如图 3-19 中的 5、6 点。

3.6.2　导线测量的主要技术要求

用导线测量方法建立小区域平面控制网时，导线分为一、二、三级导线和图根导线，表 3-6、表 3-7 所示分别为 GB 50026—2020《工程测量标准》对图根导线和各等级导线测量的主要技术要求。

表 3-6　图根导线测量的主要技术要求

导线长度/m	相对闭合差	测角中误差/（″）		方位角闭合差/（″）	
		首级控制	加密控制	首级控制	加密控制
≤aM	≤1/(2000a)	20	30	$40\sqrt{n}$	$60\sqrt{n}$

注：1．a 为比例系数，取值宜为 1，当采用 1∶500、1∶1000 比例尺测图时，a 值可在 1～2 之间选用。

2．M 为测图比例尺的分母。但对于工矿区现状图测量，不论测图比例尺大小，M 均应取值为 500。

3．施测困难地区的导线相对闭合差，不应大于 1/(1000a)。

4．n 为测站数。

表 3-7 各等级导线测量的主要技术要求（摘自 GB 50026—2020）

等级	导线长度/km	平均边长/km	测角中误差/（″）	测距中误差/mm	测距相对中误差	测回数		方位角闭合差	导线全长相对闭合差
						2″级仪器	6″级仪器		
一级	4	0.5	5	15	≤1/30000	2	4	$10\sqrt{n}$	≤1/15000
二级	2.4	0.25	8	15	≤1/14000	1	3	$16\sqrt{n}$	≤1/10000
三级	1.2	0.1	12	15	≤1/7000	1	2	$24\sqrt{n}$	≤1/5000

注：n 为测站数。

3.6.3 导线测量的外业工作

1. 踏勘选点

选点就是在测区内选定控制点的位置。选点之前应收集测区已有地形图和高一级控制点的成果资料。根据测图要求，确定导线的等级、形式、布置方案。在地形图上拟定导线初步布设方案，再到实地踏勘，最后选定导线点的位置。若测区范围内无可供参考的地形图，通过踏勘，可根据测区范围、地形条件直接在实地拟定导线布设方案，选定导线的位置。

导线点点位的选择必须注意以下方面：

1）为了方便测角，相邻导线点间要通视良好，视线远离障碍物，保证成像清晰。

2）采用光电测距仪测边长时，导线边应远离强电磁场和发热体，避免干扰，测线上不应有树枝、电线等障碍物。四等级以上的测线，应离开地面或障碍物 1.3m 以上。

3）导线点应埋在地面坚实、不易被破坏处，一般应埋设标石。

4）导线点要有一定的密度，以便控制整个测区。

5）导线边长要大致相等，不能过于悬殊。

导线点埋设后，要在桩上用红油漆写明点名、编号，并用红油漆在固定地物上画一箭头指向导线点并绘制“点之记”，以便寻找导线点，如图 3-21 所示。

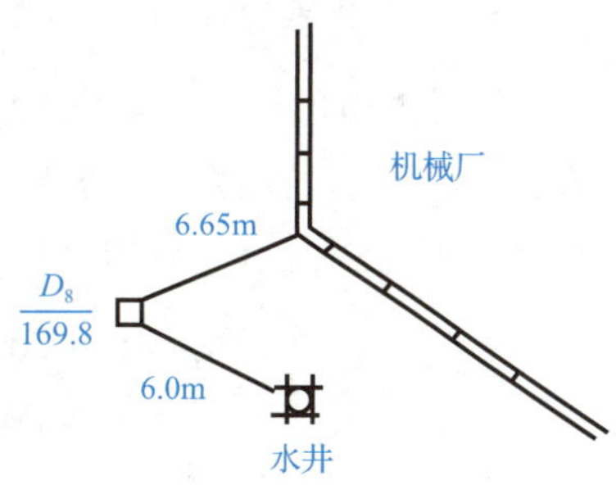

图 3-21 点之记

2. 边长测量

导线边长是指相邻导线点间的水平距离。导线边长的测量可使用光电测距仪和普通钢卷尺。使用光电测距仪测量边长的导线又称光电测距导线，使用光电测距仪测量边长是目前最常用的边长测量方法。使用普通钢卷尺量距时，必须使用经国家测绘机构鉴定的钢卷尺，并对丈量长度进行尺长改正、温度改正和倾斜改正。

3. 角度测量

导线水平角的测量主要指导线转折角的测量。导线水平角的观测，对于附合导线，按导线前进方向可观测左角或右角；对于闭合导线，一般是观测多边形内角；支导线无校核条件，要求既观测左角，也观测右角，以便进行校核。导线水平角的观测方法一般采用测回法和方向观测法。

4. 导线定向

导线与高级控制点连接角的测量称为导线定向。其目的是获得起始方位角和坐标起算数据，并使导线精度得到可靠的校核。如图 3-20 所示，β_B、β_C 为连接角。若测区无高级控制点联测，则可假定起始点的坐标，用罗盘仪测定起始边的方位角。

3.7 导线测量内业计算

导线计算的目的是计算出导线点的坐标，以及计算导线测量的精度并判断其是否满足要求。首先要查实起算点的坐标、起始边的方位角，校核外业观测资料，确保外业资料计算正确、合格。

3.7.1 坐标正算与坐标反算

1. 坐标正算

已知 A 点的坐标，AB 边的方位角，A、B 两点间的水平距离，计算待定点 B 的坐标，称为坐标正算。如图 3-22 所示，点的坐标可由下式计算：

$$\begin{cases} x_B = x_A + \Delta x_{AB} \\ y_B = y_A + \Delta y_{AB} \end{cases} \tag{3-4}$$

式中，Δx_{AB}、Δy_{AB} 为两导线点坐标之差，称为坐标增量，即

$$\begin{cases} \Delta x_{AB} = x_B - x_A = d_{AB}\cos\alpha_{AB} \\ \Delta y_{AB} = y_B - y_A = d_{AB}\sin\alpha_{AB} \end{cases} \tag{3-5}$$

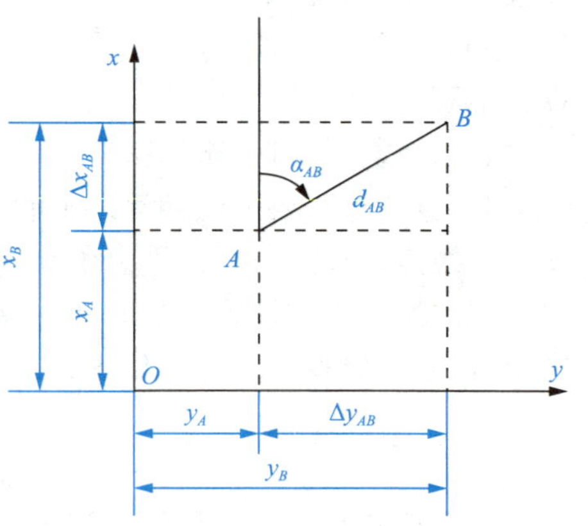

图 3-22 坐标正反算

【例 3-2】 已知 A 点的坐标，$x_A = 10000\text{m}$，$y_A = 10000\text{m}$，方位角 $\alpha_{AB} = 45°18'36''$，A、B 两点间的水平距离 $d_{AB} = 2000.400\text{m}$，试计算 B 点的坐标。

解：

$$x_B = x_A + d_{AB}\cos\alpha_{AB} = 10000 + 2000.400 \times \cos 45°18'36'' \approx 11406.823\ (\text{m})$$

$$y_B = y_A + d_{AB}\sin\alpha_{AB} = 10000 + 2000.400 \times \sin 45°18'36'' \approx 11422.129\ (\text{m})$$

2. 坐标反算

已知 A、B 两点的坐标，计算 A、B 两点间的水平距离与坐标方位角，称为坐标反算。由图 3-22 可知，可由下式计算水平距离与坐标方位角：

$$d_{AB}=\sqrt{\Delta x_{AB}^2+\Delta y_{AB}^2} \tag{3-6}$$

$$\alpha_{AB}=\arctan\frac{y_B-y_A}{x_B-x_A}=\arctan\frac{\Delta y_{AB}}{\Delta x_{AB}} \tag{3-7}$$

式中，反正切函数的值域是−90°～+90°，而坐标方位角为 0°～360°，因此可根据 Δy、Δx 的正负号所在象限，将反正切角值换算为坐标方位角。

【例 3-3】　已知 $x_A=232.528\text{m}$，$y_A=620.436\text{m}$，$x_B=227.860\text{m}$，$y_B=611.598\text{m}$，试计算坐标方位角 α_{AB} 和水平距离 d_{AB}。

$$\begin{aligned}d_{AB}&=\sqrt{\Delta x_{AB}^2+\Delta y_{AB}^2}=\sqrt{(227.860-232.528)^2+(611.598-620.436)^2}\\&=\sqrt{99.900468}\approx 9.995\,(\text{m})\end{aligned}$$

$$\begin{aligned}\alpha_{AB}&=\arctan\frac{y_B-y_A}{x_B-x_A}=\arctan\frac{611.598-620.436}{227.860-232.528}=\arctan\frac{-8.838}{-4.668}\\&\approx 62°09'29''+180°=242°09'29''\end{aligned}$$

小贴士

一直线有两个方向，存在两个方位角，式中 y_B-y_A、x_B-x_A 的计算是过 A 点坐标纵轴至直线 AB 的坐标方位角。若所求坐标方位角为 α_{BA}，则应为 A 点坐标减 B 点坐标。

坐标正算与反算，可以利用普通科学电子计算器的极坐标和直角坐标相互转换功能计算。普通科学电子计算器的类型比较多，操作方法不尽相同，下面介绍其中的一种方法。

【例 3-4】　坐标反算。已知 $x_A=2365.16\text{m}$，$y_A=1181.77\text{m}$，$x_B=1771.03\text{m}$，$y_B=1719.24\text{m}$，试计算坐标方位角 α_{AB} 和水平距离 d_{AB}。

解：键入 $1771.03-2365.16$，按等号键[=]，得到纵坐标增量，按储存键[$x\to M$]；键入 $1719.24-1181.77$，按等号键[=]，得到横坐标增量，按[b]键输入，按[RM]键显示横坐标增量，按[a]键输入，按第二功能键[2ndF]，再按[a]键，屏显为水平距离 d_{AB}，再按[b]键，屏显为方位角 α_{AB}。

【例 3-5】　坐标正算。已知坐标方位角 $\alpha_{AB}=294°42'51''$，$d_{AB}=200.40\text{m}$，试计算纵坐标增量 Δx_{AB} 和横坐标增量 Δy_{AB}。

解：键入 294.4251，按[DEG]键转换为以度为单位，按[b]键输入；键入 200.40，按[a]键输入，按第二功能键[2ndF]，按[b]键屏显 Δx_{AB}，按[b]键屏显 Δy_{AB}。

3.7.2 附合导线的坐标计算

1. 坐标方位角的计算及角度闭合差的计算与调整

(1) 联测边坐标方位角的计算（坐标反算）

用式（3-8）计算起始边与终边的坐标方位角。

(2) 导线各边坐标方位角的计算

如图 3-23 所示，已知坐标方位角 α_{AB}，观测右角 β_i，则各边方位角为

$$\alpha_{12}=\alpha_{AB}+180^\circ-\beta_1$$

$$\alpha_{23}=\alpha_{12}+180^\circ-\beta_2=\alpha_{AB}+180^\circ+180^\circ-\beta_1-\beta_2$$

……

$$\alpha'_{CD}=\alpha_{AB}+n\times180^\circ-\sum_1^n\beta_{右} \tag{3-8}$$

式中，n——右角个数，包括两个连接角；

α'_{CD}——按观测角值推算 CD 边的方位角；

$\sum_1^n\beta_{右}$——右角之和。

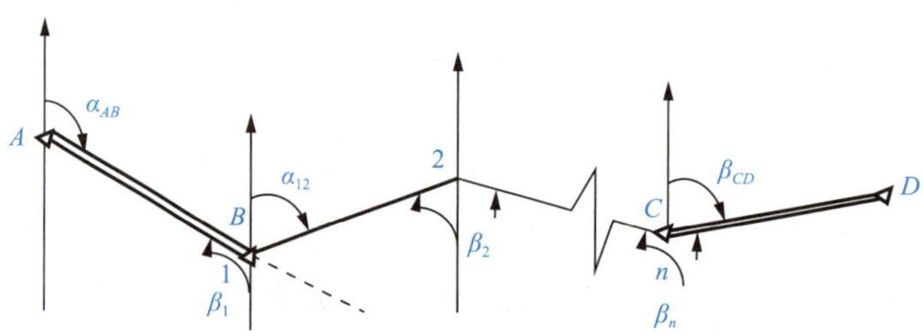

图 3-23 附合导线坐标计算

从式（3-8）可知，按导线右角推算坐标方位角时，导线前一边的坐标方位角等于后一边的坐标方位角加 180° 再减去两相邻边所夹右角 $\beta_{右}$，即

$$\alpha_{前}=\alpha_{后}+180^\circ-\beta_{右} \tag{3-9}$$

式中，$\alpha_{后}$——后方边方位角；

$\alpha_{前}$——前方边方位角。

若导线转折角为左角，则采用式（3-8）计算各边方位角，推算终边方位角 α'_{CD}，即

$$\alpha_{前}=\alpha_{后}-180^\circ+\beta_{左}$$

$$\alpha'_{CD}=\alpha_{AB}+\sum_1^n\beta_{左}-n\times180^\circ \tag{3-10}$$

由计算所得到的坐标方位角的结果，若出现负值，则加 360°；若大于 360°，则减去 360°。

(3) 角度闭合差的计算与调整

理论上，根据观测角值推算出的终边方位角 α'_{CD} 等于终边已知方位角 α_{CD}，由于观测角值中不可避免含有误差，它们之间的差值，称为附合导线的角度闭合差，用 f_β 表示，即

$$f_\beta = \alpha'_{CD} - \alpha_{CD} \tag{3-11}$$

角度闭合差的容许误差如表3-6所示。角度闭合差在容许范围内，说明导线角度测量的精度是合格的。这样就可以将角度闭合差进行调整，以满足终边方位角α'_{CD}等于终边已知方位角α_{CD}，使角度闭合差等于零。

角度闭合差的调整原则：当观测导线右角时，角度闭合差f_β以相同符号平均分配于各个观测右角上；当观测导线左角时，角度闭合差f_β以相反符号平均分配于各个观测左角上。每个角的改正值按下式计算：

$$v_\beta = \pm\frac{f_\beta}{n} \quad （右角取“+”，左角取“-”） \tag{3-12}$$

改正后的角值为

$$\beta_{改} = \beta_{测} + v_\beta \tag{3-13}$$

式中，$\beta_{测}$——观测的角值。

2. 坐标增量闭合差的计算与调整

坐标增量即两点的坐标之差。理论上，如图3-24所示，附合导线各边坐标增量的代数和应等于起点和终点已知坐标之差，即

$$\begin{cases}\sum \Delta x_{理} = x_{终} - x_{起} \\ \sum \Delta y_{理} = y_{终} - y_{起}\end{cases} \tag{3-14}$$

但是由于量边误差和角度虽经过调整，但仍存在残余误差的影响，故推算出来的坐标增量总和往往不等于已知两端点的坐标差，这个不符值称为附合导线坐标增量闭合差。

如图3-24所示，增量闭合差的存在使附合导线在终点CC'不能闭合，从而产生了f_x和f_y纵坐标和横坐标增量闭合差，即

$$\begin{cases}f_x = \sum \Delta x_{测} - (x_{终} - x_{起}) \\ f_y = \sum \Delta y_{测} - (y_{终} - x_{起})\end{cases} \tag{3-15}$$

CC'的距离f，称为导线全长闭合差，则

$$f = \sqrt{f_x^2 + f_y^2} \tag{3-16}$$

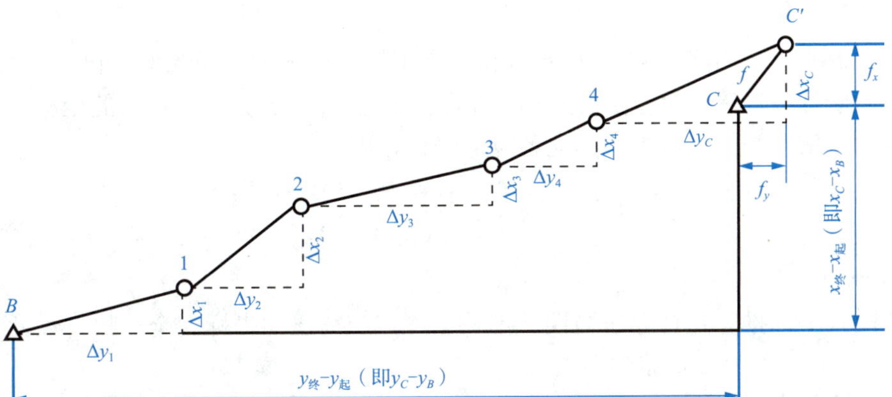

图3-24 坐标增量闭合差计算

导线越长，导线全长闭合差也越大，因此衡量导线精度不能只看导线全长闭合差的大小，而应考虑导线总长度，需要采用导线全长闭合差 f 与导线全长 $\sum d$ 之比值来衡量，即导线全长相对闭合差，用 K 表示：

$$K=\frac{f}{\sum d}=\frac{1}{\sum d/f} \tag{3-17}$$

式中，$\sum d$ ——导线边总长度；

K——导线测量的精度，通常化为分子为 1，分母为整数的形式表示。

导线全长相对闭合差如表 3-7 所示。当 K 大于容许闭合差时，测量结果不合格，应进行外业工作和内业计算检查；当 K 小于容许闭合差时，测量成果合格，将坐标增量闭合差 f_x、f_y 调整到各增量中。坐标增量闭合差的调整原则：以相反符号，将坐标增量闭合差按边长成正比例地分配到各坐标增量中，将因计算凑整残余的不符值分配到长边的坐标增量上，使调整后的坐标增量代数和等于已知两端点的坐标差。设纵坐标增量改正数为 v_{xi}，横坐标增量改正数为 v_{yi}，则边长 d_i 的坐标增量改正数按下式计算：

$$\begin{cases} v_{xi}=-\dfrac{f_x}{\sum d}\times d_i \\ v_{yi}=-\dfrac{f_y}{\sum d}\times d_i \end{cases} \tag{3-18}$$

坐标增量改正数之和必须满足下式的要求：

$$\begin{cases} \sum v_{xi}=-f_x \\ \sum v_{yi}=-f_y \end{cases} \tag{3-19}$$

也就是说，将闭合差必须分配完，使改正后的坐标增量满足理论要求。

改正后的坐标增量等于各边坐标增量计算值加相应的改正数，改正后的坐标增量代数和应等于两已知点的坐标差，以此作为校核，即

$$\begin{cases} \sum \Delta x_{改}=x_{终}-x_{起} \\ \sum \Delta y_{改}=y_{终}-y_{起} \end{cases} \tag{3-20}$$

3. 导线点的坐标计算

如图 3-23 所示，附合导线的起始点和终点坐标是已知的，用起始点已知坐标加上 $B1$ 边改正后的坐标增量等于第一点的坐标，用第一点坐标加上 12 边改正后的坐标增量等于第二点的坐标，依此类推，可求出其他各点的坐标，即

$$\begin{cases} x_1=x_B+\Delta x_{改B1},\ y_1=y_B+\Delta y_{改B1} \\ x_2=x_1+\Delta x_{改12},\ y_2=y_1+\Delta y_{改12} \\ \quad\cdots\cdots \end{cases} \tag{3-21}$$

为了检查坐标推算是否存在错误，推算至终点应与已知坐标完全一致，以此作为计算校核。

【例 3-6】 某一级附合导线外业成果如图 3-25 所示，已知点坐标数据如表 3-8 所示，试计算各点坐标并检验其是否满足精度要求。

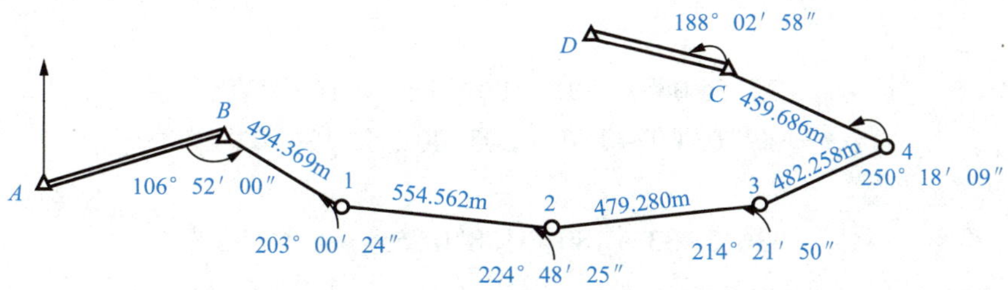

图 3-25　附合导线外业成果

表 3-8　已知点坐标数据　　（单位：m）

点名	已知坐标		点名	已知坐标	
	x	y		x	y
A	52686.681	33744.191	C	52882.598	35574.768
B	52808.333	34229.166	D	53309.042	35313.721

解： 1）绘制导线草图，如图 3-25 所示。

2）坐标反算。

$$\alpha_{AB} = \arctan\frac{y_B - y_A}{x_B - x_A} \approx 75°55'06''$$

$$\alpha_{CD} = \arctan\frac{-261.047}{426.444} \approx 328°31'38''$$

3）角度闭合差计算。

$$\begin{aligned}\alpha'_{CD} &= \alpha_{AB} + n\times180° - \sum\beta_{右}\\ &= 75°55'06'' + 6\times180° - 1187°23'46''\\ &= 328°31'20''\end{aligned}$$

$$f_\beta = \alpha'_{CD} - \alpha_{CD} = 328°31'20'' - 328°31'38 = -18''$$

4）角度闭合差限差。按一级导线：

$$f_{\beta限} = \pm10\sqrt{n} = \pm10\sqrt{6} \approx \pm24.49''$$

$|-18''| < |\pm24.49''|$，因此合格。

5）改正后的角值。

$$v_\beta = +f_\beta / n = -3''$$

$$\beta_{改} = \beta_{测} + v_\beta$$

例：

$$\beta_B = 106°52'00''—3'' = 106°51'57''$$

$$\beta_1 = 203°00'24'' - 3'' = 203°00'21''$$

$$\cdots\cdots$$

$$\beta_C = 188°02'58'' - 3'' = 188°02'55''$$

6）推算方位角。

$$\alpha_{前} = \alpha_{后} + 180° - \beta_{右}$$

例：

$$\alpha_{B1}=75°55'06''+180°-106°51'57''=149°03'09''$$

$$\alpha_{12}=149°03'09''+180°-203°00'21''=126°02'48''$$

……

$$\alpha'_{CD}=336°34'33''+180°-188°02'55''=328°31'38''$$

7）坐标增量闭合差计算。将表 3-9 中第 6、7 栏各坐标增量纵向相加，得

$$\sum\Delta x_{测}=74.123\text{m}$$

$$\sum\Delta y_{测}=1345.560\text{m}$$

$$\sum\Delta x_{理}=x_{终}-x_{起}=74.265\text{m}$$

$$\sum\Delta y_{理}=y_{终}-x_{起}=1345.602\text{m}$$

$$f_x=74.123-74.265=-0.142\ (\text{m})$$

$$f_y=1345.560-1345.602=-0.042\ (\text{m})$$

8）精度计算。

$$f=\sqrt{f_x^2+f_y^2}\approx 0.15\ (\text{m})$$

$$K=\frac{f}{\sum d}=\frac{1}{\sum d/f}=\frac{1}{2470.155/0.15}\approx\frac{1}{16468}<\frac{1}{15000}$$

9）坐标增量闭合差分配。

例：Δx_{12}、Δy_{12} 的改正数计算。

$$v_{xi}=-\frac{f_x}{\sum d}\times d_i=+\frac{0.142}{2470.155}\times 494.369\approx 0.028\ (\text{m})$$

$$v_{yi}=-\frac{f_y}{\sum d}\times d_i=+\frac{0.042}{2470.155}\times 494.369\approx 0.008\ (\text{m})$$

校核：

$$\sum v_{xi}=-f_x=0.142\ (\text{m})$$

$$\sum v_{yi}=-f_y=0.042\ (\text{m})$$

10）改正后的坐标增量。

例：12 边的增量为

$$\Delta x_{改}=-423.990+0.028=-423.962\ (\text{m})$$

$$\Delta y_{改}=254.230+0.008=254.238\ (\text{m})$$

11）各导线点坐标推算。

例：第一点的坐标为

$$x_1=52808.333-423.962=52384.371\ (\text{m})$$

$$y_1=34229.166+254.238=34483.404\ (\text{m})$$

逐点推算至终点 C，结果应与 C 点的已知坐标相等，以此作为校核。

附合导线的坐标计算如表 3-9 所示。

表 3-9　附合导线的坐标计算

测点	角度观测值 (° ′ ″)	改正后的角值 (° ′ ″)	方位角 (° ′ ″)	边长	坐标增量 Δx	坐标增量 Δy	改正后的坐标增量 Δx	改正后的坐标增量 Δy	坐标 x	坐标 y
1	2	3	4	5	6	7	8	9	10	11
A	右角								52686.681	33744.191
			75 55 06							
B	−3 106 52 00	106 51 57							52808.333	34229.166
			149 03 09	494.369	+28 −423.990	+9 254.230	−423.962	254.238		
1	−3 203 00 24	203 00 21							52384.371	34483.404
			126 02 48	554.562	+32 −326.329	+9 448.384	−326.297	448.393		
2	−3 224 48 25	224 48 22							52058.074	34931.798
			81 14 26	479.280	+28 72.988	+8 473.690	73.016	473.698		
3	−3 214 21 50	214 21 47							52131.090	35405.496
			46 52 39	482.258	+28 329.652	+8 351.997	329.680	352.005		
4	−3 250 18 09	250 18 06							52460.770	35757.501
			336 34 33	459.686	+26 421.802	+8 −182.741	421.828	−182.733		
C	−3 188 02 58	188 02 55							52882.598	35574.768
			328 31 38							
D									53309.042	35313.721
Σ	1187 23 46	1187 23 28		2470.155	74.123	1345.560	74.265	1345.602		

辅助计算：

$\alpha'_{CD}=\alpha_{AB}+n\times180^\circ-\sum\beta_{右}=328^\circ31'20''$　　$f_x=\sum\Delta x_{测}-(x_{终}-x_{起})=-0.142\text{m}$

$f_\beta=\alpha'_{CD}-\alpha_{CD}=328^\circ31'20''-328^\circ31'38''=-18''$　　$f_y=\sum\Delta y_{测}-(y_{终}-x_{起})=-0.042\text{m}$

$f_{\beta限}=\pm10\sqrt{n}=\pm10\sqrt{6}\approx\pm24.49''>18''$　　$f=\sqrt{f_x^2+f_y^2}=0.15\text{m}$　　$K=\frac{f}{\sum d}=\frac{1}{\sum d/f}\approx\frac{1}{16468}<\frac{1}{15000}$

$|-18''|<|\pm24.49''|$，因此合格

3.7.3　闭合导线的坐标计算

闭合导线坐标计算的步骤与附合导线基本上是相同的，由于几何图形的不同，构成的检核条件不同，因此在计算角度闭合差、坐标增量闭合差及闭合差调整方面不同于附合导线，现将不同之处分述如下。

1. 角度闭合差的计算与调整

由几何原理可知，多边形内角之和的理论值应为

$$\sum\beta_{理}=(n-2)\times180^\circ \tag{3-22}$$

式中，n——多边形内角数。

由于观测角值中不可避免含有误差，实测的内角和 $\sum\beta_{测}$ 与理论上的内角和 $\sum\beta_{理}$ 之差称为闭合导线角度闭合差，以 f_β 表示，即

$$f_\beta=\sum\beta_{测}-\sum\beta_{理} \tag{3-23}$$

将闭合导线角度闭合差与限差进行比较，当 $f_\beta\leqslant f_{\beta限}$ 时，观测成果符合要求，可进行闭合差的调整。闭合导线角度闭合差的调整原则：角度闭合差以相反符号平均分配给每个内角，如果不能均分，那么闭合差的余数应分配给短边的夹角。

2. 各边方位角的计算

当闭合导线点编号为顺时针时，内角是右角，按右角公式推算方位角；当闭合导线点编号为逆时针时，内角是左角，按左角公式推算方位角。

3. 增量闭合差的计算与调整

如图 3-26 所示，闭合导线纵坐标增量之和与横坐标增量之和均等于零，即

$$\begin{cases}\sum \Delta x_{理}=0\\ \sum \Delta y_{理}=0\end{cases} \tag{3-24}$$

因为测量误差的存在，不能满足式（3-24）的要求，所以产生坐标增量闭合差，即

$$\begin{cases}f_x=\sum \Delta x_{测}-\sum \Delta x_{理}=\sum \Delta x_{测}\\ f_y=\sum \Delta y_{测}-\sum \Delta y_{理}=\sum \Delta y_{测}\end{cases} \tag{3-25}$$

坐标增量闭合差的调整与附合导线相同，坐标计算中应推算回已知点作为校核。

闭合导线的坐标计算如表 3-10 所示。

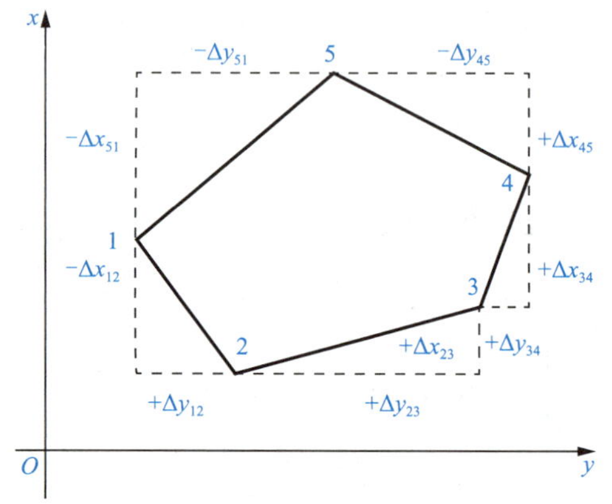

图 3-26　闭合导线坐标计算

表 3-10　闭合导线的坐标计算

测点	角度观测值 ° ′ ″	改正后的角值 ° ′ ″	方位角 ° ′ ″	边长	坐标增量 Δx	坐标增量 Δy	改正后的坐标增量 Δx	改正后的坐标增量 Δy	坐标 x	坐标 y
1	2	3	4	5	6	7	8	9	10	11
A	左角								301152.805	510653.195
			181 56 47	140.028	−4 −139.947	−14 −4.756	−139.951	−4.770		
B	+4 71 31 42	71 31 46							301012.854	510648.425
			73 28 33	159.109	−4 +45.254	−17 +152.538	+45.250	+152.521		
1	+4 204 13 57	204 14 01							301058.104	510800.946
			97 42 34	145.128	−4 −19.469	−15 +143.816	−19.473	+143.801		
2	+4 86 36 29	86 36 33							301038.631	510944.747
			4 19 07	164.357	−4 +163.890	−17 +12.377	+163.886	+12.360		
3	+4 91 08 46	91 08 50							301202.517	510957.107
			275 27 57	141.990	−4 +13.525	−15 −141.344	+13.521	−141.359		
4	+4 153 16 35	153 16 39							301216.038	510815.748
			248 44 36	174.400	−5 −63.228	−18 −162.535	−63.233	−162.553		
A	+4 113 12 07	113 12 11							301152.805	510653.195
			181 56 47							
B										
$\sum$	719 59 36	720 00 00		925.012	+0.025	+0.096	0.000	0.000		
辅助计算	$\sum \beta_{测}=719°59'36''$ 按三级导线 $f_{\beta限}=\pm 24\sqrt{n}=\pm 24\sqrt{6}\approx \pm 59''$，$\lvert\pm 59''\rvert>24''$，因此合格 $\sum \beta_{理}=720°$　　$f_\beta=-24''$ $v_\beta=+f_\beta/n=-4''$						$f_x=+0.025\text{m}$　　$f_y=+0.096\text{m}$ $f=\sqrt{f_x^2+f_y^2}\approx 0.099\text{m}$ $K=\frac{f}{\sum d}=\frac{1}{\sum d/f}\approx\frac{1}{9300}<\frac{1}{5000}$			

3.8 光电测距三角高程测量

三角高程测量是根据测站至观测目标点的水平距离或斜距及竖直角，运用三角学公式，计算获取两点间高差的方法。三角高程测量按所使用仪器分为经纬仪三角高程测量和光电测距三角高程测量。前者施测精度较低，主要用于地形测量时测图高程控制；后者根据实验数据证明可以替代四等水准测量。随着光电测距仪的发展和普及，光电测距三角高程测量已广泛用于实际生产。

3.8.1　三角高程测量的基本原理

以水平面代替大地水准面时，如图 3-27 所示，欲测 A、B 两点间的高差，首先将光电测距仪安置在 A 点，并进行对中、整平操作，用小钢尺量取仪器中心至桩顶的高度 i；接着在 B 点安置棱镜，并读取棱镜高度 v；最后测得竖直角 α_A，以及 A、B 间的水平距离 D_{AB}。由图 3-27 可得，三角高程测量计算高差的基本公式为

$$h_{AB} = D_{AB}\tan\alpha_A + i - v \tag{3-26}$$

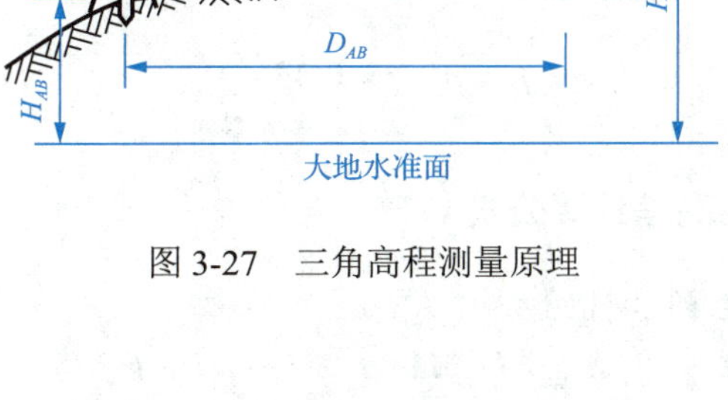

图 3-27　三角高程测量原理

3.8.2　球气差改正

在控制测量中，由于距离较长，故必须考虑地球曲率和大气折光对高差的影响，如图 3-28 所示。

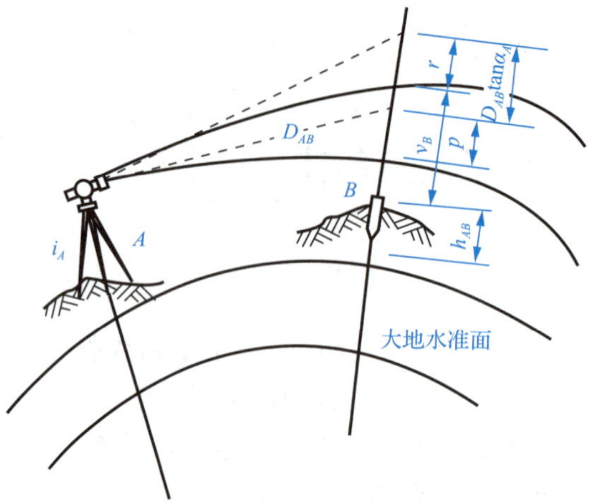

图 3-28　球气差改正

1. 地球曲率改正

以水平面代替椭球面时，地球曲率对高差有较大的影响，在水准测量中，采取前、后视距相等，消除其影响。三角高程测量是用计算影响值加以改正。地球曲率引起的高差误差 p，按下式计算：

$$p=\frac{D_{AB}^2}{2R} \tag{3-27}$$

式中，D_{AB}——两点间的水平距离；

R——地球半径，其值为 6371km。

2. 大气折光改正

一般情况下，视线通过密度不同的大气层时，会发生连续折射，形成向下弯曲的曲线。视线读数与理论位值读数产生一个差值，这就是大气光引起的高差误差 r，其按下式计算：

$$r=\frac{D_{AB}^2}{14R} \tag{3-28}$$

地球曲率误差和大气折光误差合并称为球气差，用 f 表示，有

$$f=p-r\approx 0.43\frac{D_{AB}^2}{R} \tag{3-29}$$

3.8.3　加球气差改正后的高差计算公式

由 A 点测至 B 点，高差的计算公式为

$$h_{AB}=D_{AB}\tan\alpha_A+i_A-v_B+f \tag{3-30}$$

如果进行双向观测，由 B 点测至 A 点，则计算公式为

$$h_{BA}=D_{BA}\tan\alpha_B+i_B-v_A+f \tag{3-31}$$

式中，D_{AB}、D_{BA}——两点间的水平距离；

α_A、α_B——竖直角；

i_A、i_B——仪器高；

v_B、v_A——觇标高。

光电测距三角高程测量是按斜距计算高差的，即

$$h_{AB}=S_{AB}\sin\alpha_A+i_A-v_B+f \tag{3-32}$$

式中，S_{AB}——A、B两点间的斜距。

3.8.4 三角高程测量的观测与计算

三角高程测量一般应采用对向观测，即由A点向B点观测，再由B点向A点观测，也称为往返测。取双向观测的平均值可以消除地球曲率和大气折光的影响。

将光电测距仪安置于测站上，用小钢尺量取仪器高i和觇标高v（若用对中杆，可直接设置高度）。用中丝照准，测定其斜距，用盘左、盘右观测竖直角。

仪器高度、觇标高，应用小钢尺丈量两次，其值精确至1mm。对于四等，当较差不大于2mm时，取其平均值。对于五等，当较差不大于4mm时，取其平均值。

光电测距三角高程测量应采用高一级的水准测量联测一定数量的控制点，作为高程起闭数据。四等应起迄于不低于三等水准的高程点上，五等应起迄于不低于四等水准的高程点上。其边长均不应超过1km，边数不应超过6条；当边长小于0.5km时，或单纯做高程控制时，边数可增加一倍。

三角高程的边长的测定，应采用不低于II级精度的测距仪。四等应采用往返各一测回；五等应采用一测回。视线竖直角不超过15°。

光电测距三角高程测量的技术要求如表3-11所示。

表3-11 光电测距三角高程测量的技术要求

等级	仪器	测回数	指标差较差/（″）	竖直角度较差/（″）	对向观测高差较差/mm	附合或环形闭合差/mm
		中丝法				
四等	2″级仪器	3	≤7	≤7	$40\sqrt{D}$	$20\sqrt{\sum D}$
五等	2″级仪器	2	≤10	≤10	$60\sqrt{D}$	$30\sqrt{\sum D}$

注：D为测距边的长度（km）。

使用全站仪进行三角高程测量时，直接选择大气折光系数值，然后输入仪器高和棱镜高，利用仪器高差测量模式观测。

3.8.5 光电测距三角高程测量的注意事项

1）水准点光电测距三角高程测量可与平面导线测量合并进行，并作为高程转点。距离和角度必须进行往返测量。

2）提高竖直角的观测精度在三角高程测量中尤为重要，增加竖直角的测回数可以提高测角精度。测回数要求如表3-11所示。

3）往返的间隔时间应尽可能缩短，使往返测的气象条件大致相同，这样才会有效地抵消大气折光的影响。

4）量距和测角应选择在较好的自然条件下观测，避免在大风、大雨、雨后初晴等折光影响较大的情况下观测。成像不清晰、不稳定时应停止观测。

项目实践 1　测回法观测水平角与竖直角

1. 实践准备

1）观测前的准备：在进行水平角测量前，必须对所使用的仪器和工具进行认真检验和校正，以确保测量的准确性。

2）野外测量过程中的注意事项：在野外测量过程中，经纬仪或全站仪应尽量安置在坚实的地面上，三脚架要安置稳固，以防仪器下沉。

3）每人要完成独立架设仪器、独立观测、独立计算。

4）根据教师给定的目标完成 1 个锐角、1 个钝角、1 个竖直角的观测。

2. 技术要求

1）仪器准备与校正：在使用经纬仪测角前，应进行仪器的检查和校正，确保仪器的准确性和稳定性。仪器的维护和操作应严格遵守相关规定，以避免误差的产生。

2）瞄准目标：瞄准目标时，必须消除十字丝视差，确保成像清晰，以提高瞄准的准确性。对于细的目标，宜用单丝照准，使单丝平分目标像；对于粗的目标，则宜用双丝照准，使目标像平分双丝，以提高照准的精度。

3）读数准确性：读数要准确，声音要清楚。随记、随算、随校核，手簿（表 3-12 和表 3-13）要逐项填记，字体要端正清楚，严禁涂改。

表 3-12　测回法观测水平角记录表

仪器型号：________　日期：________年________月________日　学号：________　姓名：________

<table>
<tr><th>测站</th><th>盘位</th><th>目标</th><th>方向值</th><th>半测回角</th><th>一测回角</th><th>2c 值</th><th>备注</th></tr>
<tr><td rowspan="4"></td><td rowspan="2">左</td><td></td><td></td><td rowspan="2"></td><td rowspan="4"></td><td rowspan="4"></td><td rowspan="4"></td></tr>
<tr><td></td><td></td></tr>
<tr><td rowspan="2">右</td><td></td><td></td><td rowspan="2"></td></tr>
<tr><td></td><td></td></tr>
<tr><td rowspan="4"></td><td rowspan="2">左</td><td></td><td></td><td rowspan="2"></td><td rowspan="4"></td><td rowspan="4"></td><td rowspan="4"></td></tr>
<tr><td></td><td></td></tr>
<tr><td rowspan="2">右</td><td></td><td></td><td rowspan="2"></td></tr>
<tr><td></td><td></td></tr>
<tr><td rowspan="4"></td><td rowspan="2">左</td><td></td><td></td><td rowspan="2"></td><td rowspan="4"></td><td rowspan="4"></td><td rowspan="4"></td></tr>
<tr><td></td><td></td></tr>
<tr><td rowspan="2">右</td><td></td><td></td><td rowspan="2"></td></tr>
<tr><td></td><td></td></tr>
</table>

表 3-13　竖直角观测记录表

测站	目标	盘位	竖盘读数	竖角	平均竖角	指标差

项目实践 2　图根导线测量

1. 实践准备

1）观测前的准备：对所使用的仪器和工具进行认真检验和校正，以确保测量的准确性。

2）野外测量过程中的注意事项：在野外测量过程中，全站仪应尽量安置在坚实的地面上，三脚架要安置稳固，以防仪器下沉。

3）每人要完成独立架设仪器、独立观测、独立计算。

2. 技术要求

1）在测站上安置全站仪，用钢卷尺量取仪器高，精确到毫米。

2）瞄准目标用单横丝或者双横丝切于中间位置。

3）读数、记录、计算时，角度精确至秒，求出水平角 β 。

4）边长采集平距并往返观测取平均值，精确到毫米。

5）导图略图标明北方向、观测角度的顺序、点的编号。

6）将图根导线测量结果记录在表 3-14 和表 3-15 中。

表 3-14　图根导线测量（外业）记录表

仪器型号：________　日期：________年________月________日　学号：________　姓名：________

图根导线示意图

角度测量部分						距离测量部分			
测站	盘位	目标	方向值	半测回角	一测回角	测段	往返观测值	平均距离/m	相对精度 1/M

注：M 为真值。

表 3-15　图根导线测量（内业计算）记录表

仪器型号：________　日期：________年________月________日　学号：________　姓名：________

点号	观测角 ° ′ ″	改正后角 ° ′ ″	坐标方位角 ° ′ ″	边长/m	坐标增量		改正后增量		坐标		点号
					Δx	Δy	Δx	Δy	x	y	
辅助计算	$f_\beta =$			$f_{\beta允} = \pm 40\sqrt{n}$				$\sum D =$			
	$f_x =$			$f_y =$		$f =$		$K = 1/\sum D = 1/$			

项目实践 3　光电测距三角高程测量

1. 实践准备

1）观测前的准备：对所使用的仪器和工具进行认真检验和校正，以确保测量的准确性。

2）野外测量过程中的注意事项：在野外测量过程中，全站仪应尽量安置在坚实的地面上，三脚架要安置稳固，以防仪器下沉。

3）每人要完成独立架设仪器、独立观测、独立计算。

2. 技术要求

1）在测站上安置全站仪，用钢卷尺量取仪器高，精确到毫米。

2）瞄准目标用单横丝或者双横丝切于中间位置。

3）读数、记录、计算时，角度精确至秒，求出竖直角 α 。

4）边长采集斜距，读数 4 次，分别记录在表 3-16 相应位置，并求平均值，精确到毫米。

表 3-16　光电测距三角高程测量记录计算表

仪器型号：________　日期：________年________月________日　学号：________　姓名：________

觇点	盘位	竖盘读数	半测回竖直角	一测回竖直角	指标差/（″）	觇标高
	左					
	右					
	左					
	右					

边长测量（测量斜距）									
由________到________					由________到________				
测量序号	读数 1	读数 2	读数 3	读数 4	测量序号	读数 1	读数 2	读数 3	读数 4
	m	m	m	m		m	m	m	m
测距中数：					测距中数：				
平距：					平距：				
仪器中心间的高差：					仪器中心间的高差：				
地面点间的高差：					地面点间的高差：				
细部点的高程：					细部点的高程：				

注：平距 $D=S\cdot\cos\alpha$ ；地面点间的高差 $h=h'+i-v$ ；仪器中心间的高差 $h'=S\cdot\sin\alpha$ ；细部点的高程 $H=H_0+h$ 。

直击工考

1. 简述水平角与竖直角的测量原理。

2. 经纬仪有哪几条主要轴线？它们之间应满足什么几何关系？如果这些关系不满足会产生什么后果？

3. 经纬仪测站安置工作的内容是什么？简述其目的和步骤。

4. 简述测回法观测水平角的操作步骤和限差要求。

5. 观测水平角时为何要用盘左、盘右观测？能否消除因竖轴倾斜引起的水平角测量误差？为什么？

6．控制测量的作用是什么？建立平面控制测量的方法有几种？

7．导线有哪几种布设形式？各适用于什么情况？导线选点应注意哪些问题？

8．导线计算的目的是什么？

9．闭合导线和附合导线的计算有哪些不同？

10．什么是坐标正算？什么是坐标反算？

视频及互联网资源

视频 1．水平角的概念

视频 2．对中整平

视频 3．测回法水平角观测

视频 4．全圆观测法观测水平角

项目4

林场工程施工放样

◎ 项目导读

林场进行树移栽及相关项目施工时，需要将设计图纸上的样本测放到地面上，这个过程称为施工放样。本项目重点介绍距离丈量的一般方法与钢尺精密量距方法，同时涵盖了全站仪的功能、罗盘仪的构造及磁方位角的测定。此外，还介绍了用于直线定向的标准方向线的种类与直线定向的表示方法，以及林场施工测量中基本要素的放样程序。

◎ 学习目标

知识目标

- 掌握距离测量、视距测量、直线定向的原理与操作技术要点。
- 掌握使用全站仪、罗盘仪等相关放样的原理。
- 掌握工程放样的基本工作和放样程序。

能力目标

- 能够完成给定仪器设备的距离测量、直线定向。
- 能够使用全站仪、罗盘仪进行平面点位施工放样。
- 能够使用罗盘仪进行磁方位角的测定。

素养目标

- 培养规范意识，严格按照技术操作规程作业。
- 养成团队协作、互帮互助的职业素养。

4.1 距离测量

距离是指地面上两点沿铅垂线方向在大地水准面上投影后所得到的两点间的弧长。因为大地水准面不规则，所以这个距离是难以测量的。在半径 10km 的范围之内，地球曲率对距离的影响很小，因此可以用水平面代替水准面。在这种情况下，地面上两点在水平面上投影后的水平距离就称为距离。

距离测量的工作内容是量测两点间的水平距离，常用的方法有钢尺量距、视距测量、电磁波测距和 GNSS 测量等。

钢尺量距是用钢卷尺沿地面直接丈量距离；视距测量是利用经纬仪或水准仪望远镜中的视距丝及视距标尺根据几何光学原理进行测距；电磁波测距是通过仪器发射并接收电磁波，测量电磁波在待测距离上往返传播的时间来解算距离；GNSS 测量则是利用两台 GNSS 接收机接收空间轨道上 4 颗卫星发射的精密测距信号，通过距离空间交会的方法来解算两台 GNSS 接收机之间的距离。

4.1.1 距离测量的工具

钢尺量距，顾名思义，量距工具就是钢尺。

1. 钢尺

普通钢尺是一种由钢制成的带状尺，如图 4-1 所示。其宽度为 10～15mm，厚度约为 0.4mm，长度有 20m、30m、50m 等几种。钢尺的基本分划为厘米，并在每厘米、每分米及每米处印有数字注记。一般的钢尺在起点的 1dm 内有毫米分划，也有部分钢尺在整个长度内都有毫米分划。

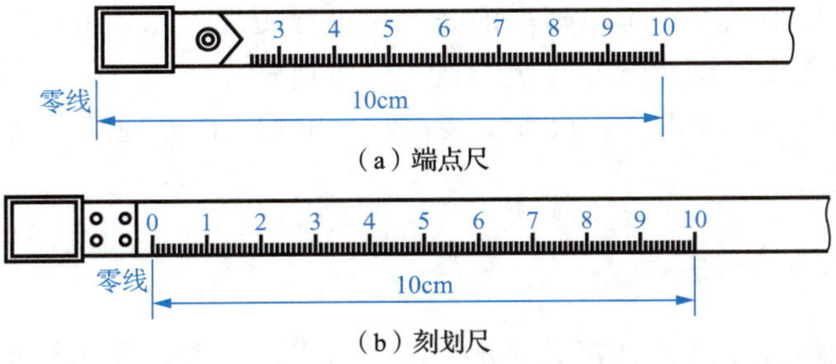

图 4-1　钢尺

根据零点位置的不同，钢尺有端点尺和刻划尺两种。端点尺指钢尺的零点从拉环的外沿开始，如图 4-1（a）所示；刻划尺是指在钢尺的前端有一条刻划线作为钢尺的零分划值，如图 4-1（b）所示。

钢尺常用于短距离测量，精度一般为 1/1000～1/5000。如果采用精密量距，精度能达到 1/10000。还有一种特殊的钢尺，称为铟瓦尺，即用铁镍合金做成的钢尺，形状不是带状，而是线状，长度为 24m。铟瓦尺由于受外界温度的影响很小，所以量距的精度很高，可达到 1/1000000。

2. 其他辅助工具

距离测量的其他辅助工具主要有测钎、标杆、垂球等，如图 4-2 所示。

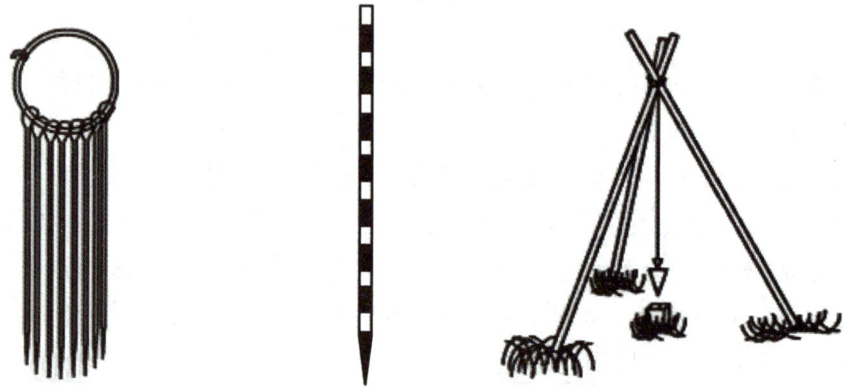

（a）测钎　　（b）标杆　　（c）垂球

图 4-2　辅助工具

测钎：由钢丝或粗铁丝制成，其长度为 30～40cm，一般以 11 根或 6 根为一组，套在铁环上。测钎用于标定所量尺段的起止点。通常在量距的过程中，两个目标点之间的距离会大于钢尺的最大长度，因此要分段进行量距，那么每一段就用测钎来标定。

标杆：也称花杆，一般由木材、玻璃或铝合金制成，直径为 3～4cm，长度为 2m 或 3m，其上用红白油漆交替漆成 20cm 的小段，杆底部装有铁尖，以便于插入地下或对准测点的中心，作为观测觇标使用。标杆用于直线定线，也就是用标杆定出一条直线来。

垂球：用于在不平坦地面丈量时将钢尺的端点垂直投影到地面。因为用钢尺量距量取的是水平距离，如果地面不平坦，则需抬平钢尺进行丈量，此时可用垂球来投点。

此外，弹簧秤用于对钢尺施加规定的拉力；温度计用于测定钢尺量距时的温度，以便对钢尺丈量的距离进行温度改正；尺夹安装在钢尺末端，以方便持尺员稳定钢尺。弹簧秤、温度计用于精密量距。

4.1.2　距离测量的一般方法

距离测量因其精度要求及地形条件的不同，可采用一般量距方法或精密量距方法，现介绍距离测量的一般方法。

距离测量的准备工作包括地面点位的标定与直线定线。

1. 地面点位的标定

测量要解决的根本问题是确定地面点的位置。在测量工作中，被测定的点通常称为测点，包括三角点、导线点、水准点等控制点。这些控制点往往需要保留一段时间，因此必须在地面上确定其位置，并设立相应的标志，以便在进行细部测量或其他测量时使用。

根据测点等级或保留时间的不同，其标志的形式也不尽相同，一般可分为永久性标志和临时性标志。临时性标志可用长 30～50cm 的木桩，将其下端削尖后打入地面，使桩头露出地面 3～5cm，在桩顶钉一小铁钉或刻一“+”字，以其交点精确标示点位，如图 4-3 所示。永久性标志（或半永久性标志）可采用水泥桩或石桩，并在其上设立相应标志，如图 4-4 所示。

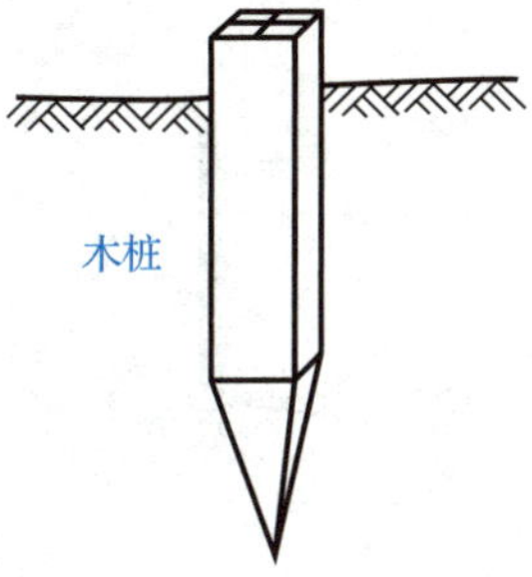

图 4-3　临时性标志

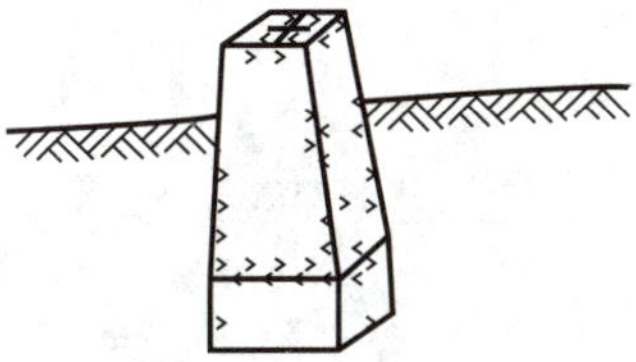

图 4-4　永久性标志

2. 直线定线

当地面两点之间的距离大于钢尺的一个尺段或地势起伏较大时，为便于量距工作的进行，需将距离分成若干尺段进行测量，这就需要在直线方向上插上一些标杆或测钎，在同一直线上定出若干点，这项工作被称为直线定线。根据精度要求的不同，可采用目估法定线或经纬仪定线。

（1）两点间目估法定线

若距离测量的精度要求不是很高，则可采用目估法定线。如图 4-5 所示，假设通视的 *A*、*B* 两点间的距离较长，现要测定 *A*、*B* 两点间的距离，则需在 *A*、*B* 两点之间标定 *C*、*D* 等点，使其在 *A*、*B* 两点的直线上。为使 *A*、*B*、*C*、*D* 等点在同一直线上，采用目估法定线，其操作步骤如下：

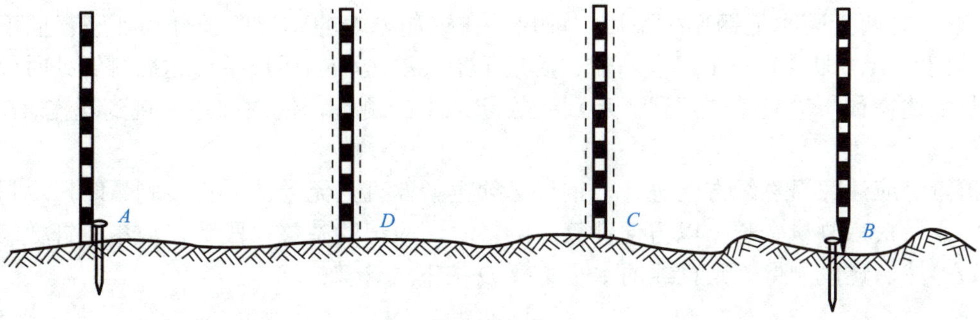

图 4-5　目估法定线

1）在 A、B 两点上竖立标杆，由一测量员站于 A 点标杆后 1～2m 处，由 A 端瞄向 B 端。

2）另一测量员手持标杆，处于 A、B 两点之间，按 A 点标杆后测量员的手势在该直线方向上左右移动，直到 A、B、C 三点处于同一直线上为止，将标杆直插入 C 点处。

3）以同样的方法继续确定出 D 点及其他各点的位置。

在图 4-5 中，若先定 C 点，再定 D 点，则称为走近定线法；若先定 D 点，再定 C 点，则称为走远定线法。直线定线一般采用走近定线法。

（2）经纬仪定线

当直线定线精度要求较高时，可用经纬仪定线。如图 4-6 所示，欲在 AB 直线上确定出 1、2、3 点的位置，可将经纬仪安置于 A 点，用望远镜照准 B 点，固定照准部制动螺旋，然后使望远镜向下俯视，将十字丝交点投测到木桩上，并钉小钉以确定出 1 点的位置。用同样的方法标定出 2、3 点的位置。

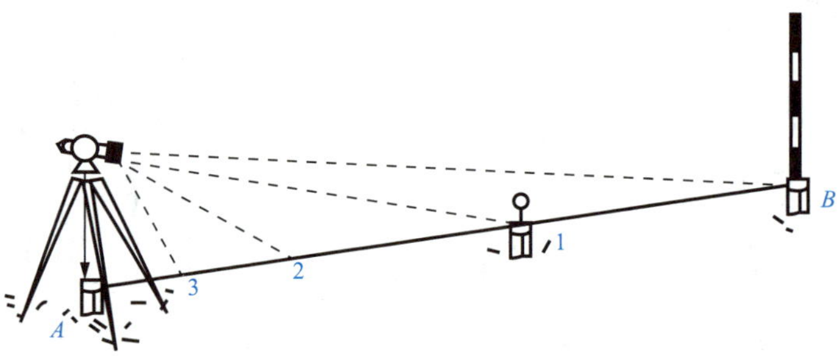

图 4-6 经纬仪定线

4.1.3 距离测量的实施

距离测量的一般方法是指当测量精度要求不高时所采用的量距方法。这种方法量距的精度能达到 1/1000～1/3000。根据地面的起伏状态，距离测量可分为平坦地面的距离测量和倾斜地面的距离测量两种形式。

1. 平坦地面的距离测量

测量工作一般由两人进行。当沿地面直接测量水平距离时，可先在地面上定出直线方向。测量时，后尺手持钢尺零点一端，前尺手持钢尺末端和一组测钎沿 A、B 方向前进，行至一尺段处停下，后尺手指挥前尺手将钢尺拉在 A、B 直线上，后尺手将钢尺的零点对准 A 点，当两人同时把钢尺拉紧后，前尺手在钢尺末端的整尺段长分划处竖直插下一根测钎得到 1 点，即量完一个尺段。前、后尺手抬尺前进，当后尺手到达插测钎处时停住，再重复上述操作，量完第二尺段。后尺手拔起地上的测钎，依次前进，直到量完 AB 直线的最后一段为止。

测量时应注意沿直线方向进行，钢尺必须拉紧伸直且无卷曲。直线测量时，尽量以整尺段测量，最后测量余长，以方便计算。测量时，应记清楚整尺段数，或用测钎数表示整尺段数。然后逐段测量，则直线的水平距离 D 按下式计算：

$$D = nl + q \tag{4-1}$$

式中，l——钢尺的一整尺段长；

n——整尺段数；

q——不足一整尺的零尺段长。

为了防止测量过程中发生错误并提高量距精度，需要进行往返测量。若合乎要求，则取往返平均数作为测量的最后结果，测量精度用相对误差 K 表示，即

$$K=\frac{\left|D_{往}-D_{返}\right|}{D_{平均}}=\frac{1}{D_{平均}/\left|D_{往}-D_{返}\right|} \tag{4-2}$$

2. 倾斜地面的距离测量

（1）平量法

如果地面高低起伏不平，则可将钢尺拉平丈量。丈量时由 A 点向 B 点进行，后尺手将尺的零端对准 A 点，前尺手将尺抬高，并且目估使尺子水平，用垂球尖将尺段的末端投于 AB 方向线的地面上，再插以测钎，依次测量 AB 的水平距离，如图 4-7 所示。

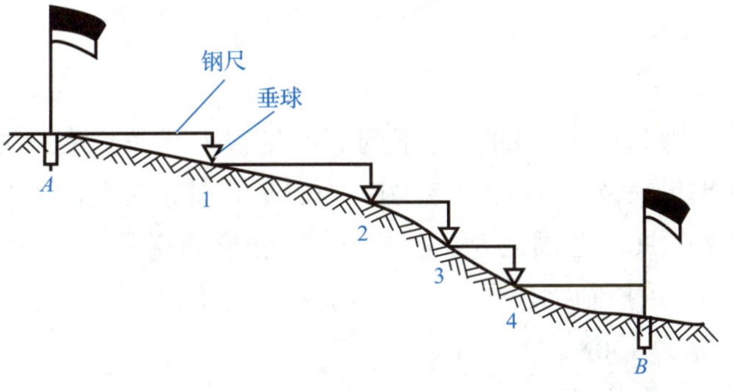

图 4-7　平量法

（2）斜量法

如图 4-8 所示，当倾斜地面的坡度比较均匀时，可沿斜面直接测量出 AB 的倾斜距离 S，并测出地面倾斜角 α 或 A、B 两点间的高差 h，然后按下式计算 AB 的水平距离 D：

$$D=S\cos\alpha \tag{4-3}$$

或

$$D=\sqrt{S^2-h^2} \tag{4-4}$$

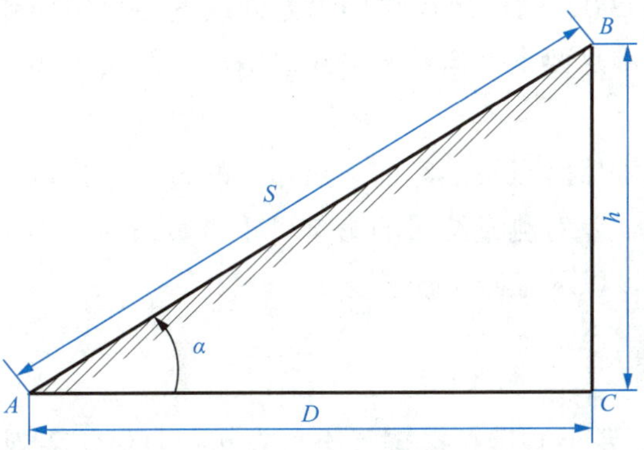

图 4-8　斜量法

4.1.4 距离测量的误差及注意事项

1. 钢尺量距的误差分析

影响钢尺量距精度的因素有很多，下面简要分析误差的主要来源。

（1）尺长误差

钢尺的名义长度与实际长度不符时，会产生尺长误差，且用该钢尺所量距离越长，误差累计越大。因此，新购的钢尺必须进行检定，以求得尺长改正值。

（2）温度误差

使用钢尺测量时的温度与钢尺检定时的温度不同，将会产生温度误差。根据钢的线膨胀系数计算，温度每变化 1℃，当测量距离为 30m 时，误差为 0.4mm。对于一般量距，如果测量温度与标准温度之差不超过±8.5℃，则可忽略温度误差。但对于精密量距，必须进行温度改正。

（3）拉力误差

钢尺测量时的拉力与检定时的拉力不同而产生误差。拉力变化 68.6N，尺长将改变 1/10000。以 30m 的钢尺来说，当拉力改变 30～50N 时，引起的尺长误差将有 1～1.8mm。如果能保持拉力的变化在 30N 范围之内，则对于一般精度的测量工作是足够的。钢尺精密量距时，应使用弹簧秤，以控制钢尺在测量时所受拉力与检定时拉力相同，通常 30m 钢尺施力 100N，50m 钢尺施力 150N。

（4）钢尺倾斜和垂曲误差

量距时钢尺两端不水平或中间下垂成曲线，都会产生误差。因此，测量时必须注意保持尺子水平；整尺段悬空时，中间应有人托住钢尺；精密量距时须用水准仪测定两点的高差，以便进行高差改正。

（5）定线误差

由于定线不准确，所量得的距离是一组折线而产生的误差称为定线误差。测量 30m 的距离，若要求定线误差不大于 1/2000，则钢尺尺端偏离方向线的距离不应超过 0.47m；若要求定线误差不大于 1/10000，则钢尺尺端偏离方向线的距离不应超过 0.21m。在一般量距中，用标杆目估定线能满足要求，但精密量距时需用经纬仪定线。

（6）测量误差

测量时，插测钎或垂球落点不准，前、后尺手配合不好，以及读数不准等产生的误差均属于测量误差。这种误差对测量结果的影响可正可负，大小不定。因此，尺手在操作时应认真仔细、配合默契，以尽量减少误差。

2. 量距时的注意事项

1）伸展钢卷尺时，要小心慢拉；钢尺不可卷扭、打结。若发现钢尺有扭曲、打结情况，应细心解开，不能用力抖动，否则容易造成钢尺折断。

2）测量前，应辨认清钢尺的零端和末端。测量时，应逐渐用力拉平、拉直、拉紧钢尺，不能突然猛拉。在测量过程中，钢尺的拉力应始终保持检定时的拉力。

3）转移尺段时，前、后尺手应将钢尺抬高，不应使其在地面上拖拉摩擦，以免磨损尺面分划。钢尺伸展开后，不能让车辆从钢尺上通过，否则极易损坏钢尺。

4）测钎应对准钢尺的分划并插直。若插入土中有困难，则可在地面上标志一明显记号，并把测钎尖端对准记号。

5）单程测量完毕后，前、后尺手应检查各自手中的测钎数目，以避免加错或算错整尺段数。一测回测量完毕，应立即检查限差是否合乎要求。不合乎要求时，应重测。

6）测量工作结束后，要用软布擦干净尺上的泥和水；然后涂上机油，以防生锈。

4.2 全站仪与罗盘仪

在林场工程施工放样过程中经常用到的仪器和技术有水准仪、经纬仪、全站仪、罗盘仪、RTK 技术等。水准仪常用于高程放样，经纬仪常用于小区域可视范围内的边角放样，全站仪常用于进行平面点位放样，RTK 技术也可以用于平面点位放样。具体 RTK 技术的放样及数据采集功能，将在项目 5 中进行讲解。

4.2.1 全站仪

全站仪是由电子测角、光电测距、微型机及其软件组合而成的智能型光电测量仪器。从结构上来看，全站仪可以被看作电子经纬仪、光电测距仪和电子记录装置的结合体。

全站仪的主要品牌有 NTS、Topcon、SOKKIA、Pentax、Nikon、Leica、Zeiss、Trimle。

全站仪的主要技术指标有测角精度、测距精度和测程。目前测角精度最高为0.5″，如 Leica 的 TC2003；测距精度最高为$1mm\times(1+10^{-6})$。

此外，全站仪的重要技术指标还有内存大小，电池使用时间，倾斜补偿的范围和类型，是否有免棱镜功能、自动调焦功能，仪器内置的软件丰富程度，仪器是否可升级，防水、防尘性能等。在此主要介绍南方测绘公司生产的 NTS 全站仪。

1. NTS 全站仪的结构

NTS 全站仪的结构如图 4-9 所示。

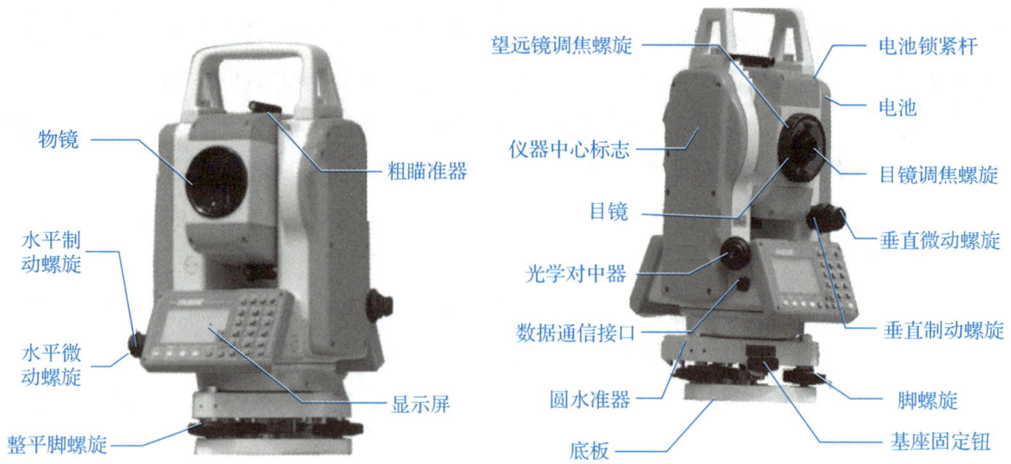

图 4-9　NTS 全站仪的组成

2. NTS 全站仪的按键功能与信息显示

NTS 全站仪的按键功能与信息显示如图 4-10、表 4-1 和表 4-2 所示。

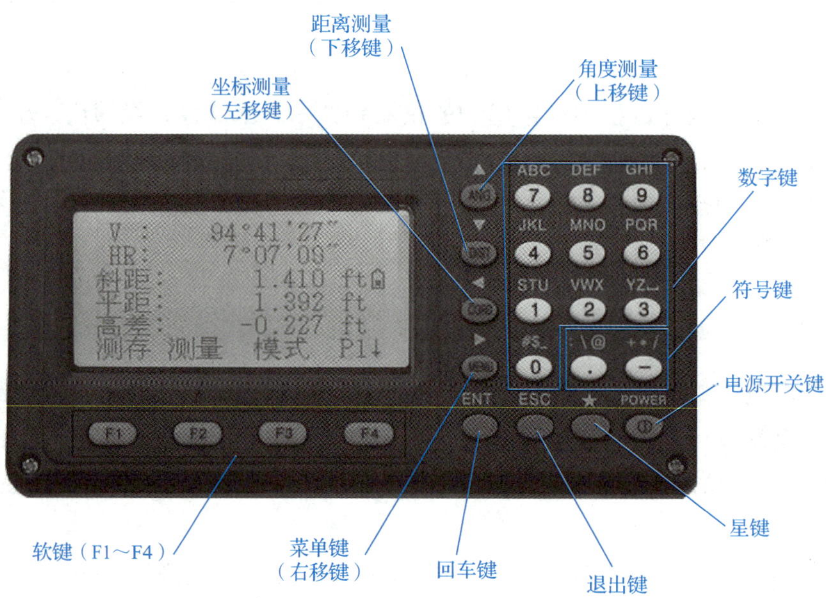

图 4-10　NTS 全站仪的键盘功能与信息显示

表 4-1　按键名称及功能

按键	名称	功能
ANG	角度测量键	进入角度测量模式（▲光标上移或向上选取选择项）
DIST	距离测量键	进入距离测量模式（▼光标下移或向下选取选择项）
CORD	坐标测量键	进入坐标测量模式（◀光标左移）
MENU	菜单键	进入菜单模式（▶光标右移）
ENT	回车键	确认数据输入或存入该行数据并换行
ESC	退出键	取消前一操作，返回到前一个显示屏或前一个模式

续表

按键	名称	功能
POWER	电源开关键	控制电源的开/关
F1～F4	软键	功能参见所显示的信息
0～9	数字键	输入数字和字母或选取菜单项
• 、-	符号键	输入符号、小数点、正负号
★	星键	用于仪器若干常用功能的操作

表 4-2　显示符号及含义

显示符号	含义
V	竖直角（坡度显示）
HR	水平角（右角）
HL	水平角（左角）
HD	水平距离
VK	高差
SD	斜距
N	北向坐标
E	东向坐标
Z	高程
*	EDM（electronic distance measurement，电子测距）正在进行
m	以米为单位
ft	以英尺为单位
fi	以英尺与英寸为单位

3. 测量模式

（1）角度测量模式

角度测量模式（3 个界面）如图 4-11 所示，各个界面中相应项的功能如表 4-3 所示。

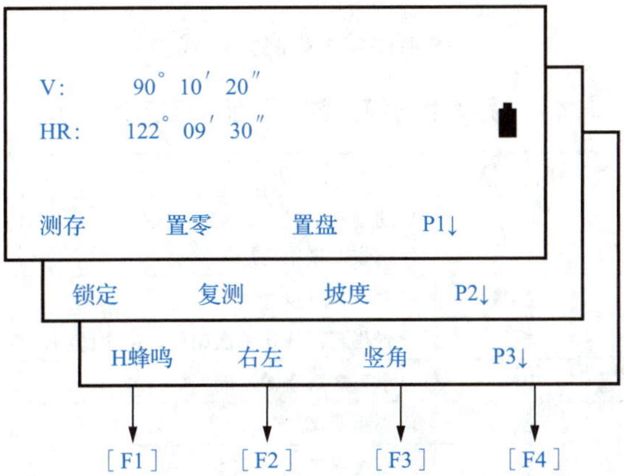

图 4-11　角度测量模式

表 4-3　角度测量模式各个界面中相应项的功能

页数	软键	显示符号	功能
第 1 页（P1）	F1	测存	启动角度测量，将测量数据记录到相对应的文件中（测量文件和坐标文件在数据采集功能中选定）
	F2	置零	水平角置零
	F3	置盘	通过键盘输入设置一个水平角
	F4	P1↓	显示第 2 页软键功能
第 2 页（P2）	F1	锁定	水平角读数锁定
	F2	复测	水平角重复测量
	F3	坡度	竖直角/百分比坡度的切换
	F4	P2↓	显示第 3 页软键功能
第 3 页（P3）	F1	H 蜂鸣	仪器转动至水平角 0°、90°、180°、270°时是否蜂鸣的设置
	F2	右左	水平角右角/左角的转换
	F3	竖角	竖直角显示格式（高度角/天顶距）的切换
	F4	P3↓	显示第 1 页软键功能

（2）距离测量模式

距离测量模式（2 个界面）如图 4-12 所示，各个界面中相应项的功能如表 4-4 所示。

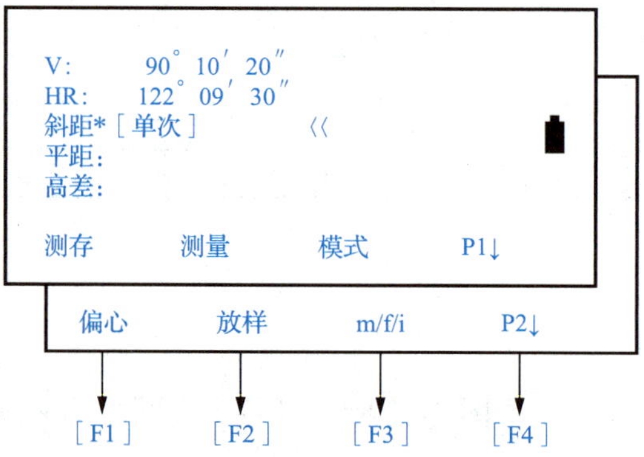

图 4-12　距离测量模式

表 4-4　距离测量模式各个界面中相应项的功能

页数	软键	显示符号	功能
第 1 页（P1）	F1	测存	启动距离测量，将测量数据记录到相对应的文件中（测量文件和坐标文件在数据采集功能中选定）
	F2	测量	启动距离测量
	F3	模式	设置测距模式（单次精测、*N* 次精测、重复精测、跟踪测量）的转换
	F4	P1↓	显示第 2 页软键功能
第 2 页（P2）	F1	偏心	偏心测量模式
	F2	放样	距离放样模式
	F3	m/f/i	设置距离单位：米、英尺、英尺・英寸
	F4	P2↓	显示第 1 页软键功能

（3）坐标测量模式

坐标测量模式（3 个界面）如图 4-13 所示，各个界面中相应项的功能如表 4-5 所示。

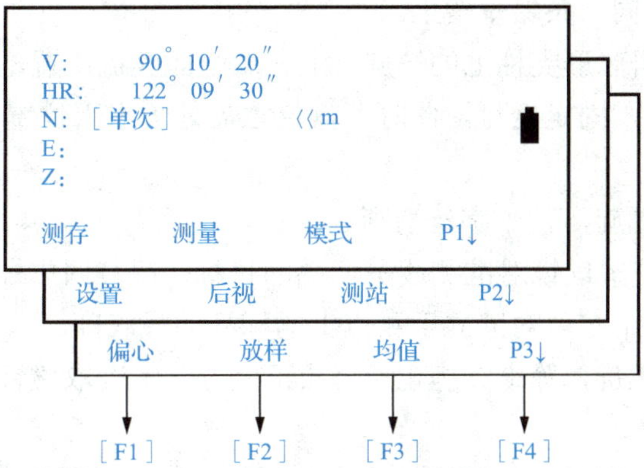

图 4-13　坐标测量模式

表 4-5　坐标测量模式各个界面中相应项的功能

页数	软键	显示符号	功能
第 1 页（P1）	F1	测存	启动坐标测量，将测量数据记录到相对应的文件中（测量文件和坐标文件在数据采集功能中选定）
	F2	测量	启动坐标测量
	F3	模式	设置测量模式（单次精测、*N* 次精测、重复精测、跟踪测量）的转换
	F4	P1↓	显示第 2 页软键功能
第 2 页（P2）	F1	设置	设置目标高和仪器高
	F2	后视	设置后视点的坐标
	F3	测站	设置测站点的坐标
	F4	P2↓	显示第 3 页软键功能
第 3 页（P3）	F1	偏心	偏心测量模式
	F2	放样	坐标放样模式
	F3	均值	设置 *N* 次精测的次数
	F4	P3↓	显示第 1 页软键功能

4.2.2　罗盘仪

罗盘仪主要用来测量直线的磁方位角，也可以粗略地测量水平角和竖直角，还可以进行视距测量。

1. 罗盘仪的结构

罗盘仪主要由刻度盘、望远镜和磁针 3 个部分组成，如图 4-14 所示。

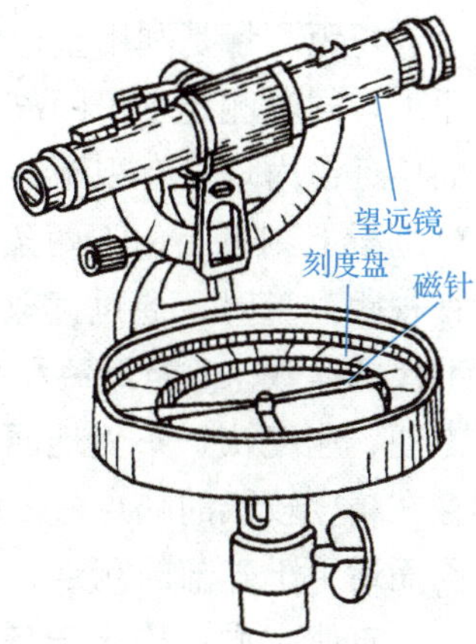

图 4-14　罗盘仪

2. 直线磁方位角的测量

1）将仪器搬到测线的一端，并在测线另一端插上标杆。

2）安置仪器。

① 对中。将仪器装于三脚架上，并挂上垂球，移动三脚架使垂球尖对准测站点，此时仪器中心与地面点处于同一条铅垂线上。

② 整平。松开仪器球形支柱上的螺旋，上、下俯仰度盘位置，使度盘上的两个水准气泡同时居中，旋紧螺旋，固定度盘，此时罗盘仪主盘处于水平位置。

3）瞄准读数。

① 转动目镜调焦螺旋，使十字丝清晰。

② 转动罗盘仪，使望远镜对准测线另一端的目标；调节调焦螺旋，使目标成像清晰稳定；再转动望远镜，使十字丝对准立于测点上的标杆的最底部。

③ 松开磁针制动螺旋，等磁针静止后，从正上方向下读取磁针指北端所指的读数，即得到测线的磁方位角。

④ 读数完毕，旋紧磁针制动螺旋，将磁针顶起，以防止磁针磨损。

3. 使用罗盘仪的注意事项

1）在磁铁矿区或离高压线、无线电天线、电视转播台等较近的地方不宜使用罗盘仪，因为有电磁干扰现象。

2）观测时，不要使铁器物体，如斧头、钢尺、测钎等接近仪器。

3）读数时，眼睛的视线方向与磁针应在同一竖直面内，以减小读数误差。

4）观测完毕，搬动仪器前应拧紧磁针制动螺旋，固定好磁针，以防损坏磁针。

4.3 视距测量与直线定向

视距测量是利用望远镜内的视距装置及视距尺（或水准尺），根据几何光学和三角测量原理，同时测定水平距离和高差的一种测量方法。在一般的测量仪器，如经纬仪、水准仪的望远镜内均设有视距装置。如图 4-15 所示，在十字丝分划板上刻有上、下两条对称的短线，称为视距丝。进行视距测量时，通过读取视距丝和中横丝在视距尺或水准尺的读数来进行距离和高差的计算。这种方法具有操作方便、速度快、不受地面起伏状况的限制等优点，但也存在精度较低的缺点，一般精度只能达到 1/200～1/300，因而适用于碎部的测定。

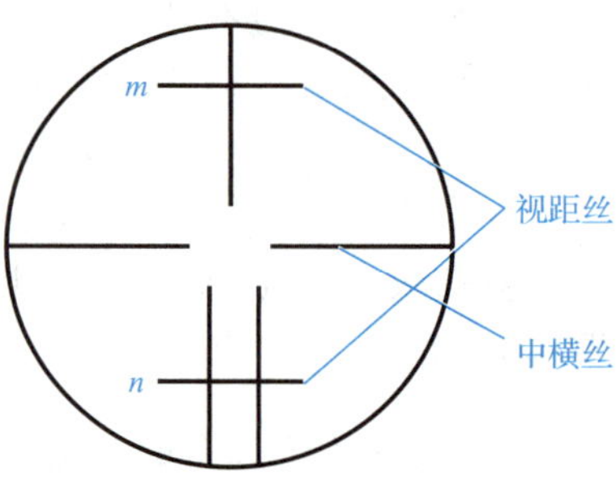

图 4-15　视距丝

直线定向：确定一条直线与标准方向之间的角度关系，称为直线定向。

4.3.1 视距测量的原理

1. 视线水平时的视距测量原理及计算公式

如图 4-16 所示，AB 为待测距离，在 A 点安置仪器，在 B 点竖立视距尺，设望远镜视线水平，瞄准 B 点的视距尺，此时视线与视距尺垂直。通过上、下两个视距丝 m、n 可以读取视距尺上 M、N 两点的读数，读数差值 l 称为尺间隔（或视距间隔）。设仪器中心到视距尺的平距为 D，望远镜物镜的焦距为 f，物镜焦点与视距尺的距离为 d，仪器中心到望远镜物镜的距离为 δ，则

$$D = d + f + \delta \tag{4-5}$$

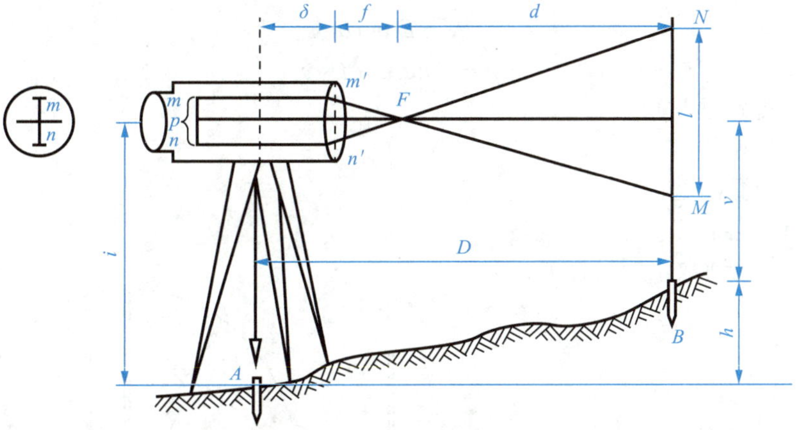

图 4-16 视线水平时的视距测量原理

由三角形相似（$\triangle FMN \sim \triangle Fm'n'$）可得

$$d = \frac{f}{p} l \tag{4-6}$$

式中，p——望远镜中上、下视距丝的间距。

故

$$D = \frac{f}{p} l + f + \delta \tag{4-7}$$

令 $K = \dfrac{f}{p}$，$C = f + \delta$，则有

$$D = Kl + C \tag{4-8}$$

式中，K——视距乘常数；

C——视距加常数。

在设计仪器时，通常使 $K = 100$，$C \approx 0$，因此视线水平时的视距计算公式为

$$D = 100l \tag{4-9}$$

由图 4-16 可知，两点间的高差 h 的计算公式为

$$h = i - v \tag{4-10}$$

式中，i——仪器高（视线高），是地面桩点至经纬仪横轴的距离；

v——中横丝在视距尺上的读数。

由此可知，当视线水平时，要测定两点间的距离和高差，只需得到上、中、下丝在视距尺上的读数和量得仪器高，即可计算出水平距离和高差。这种情况下，也可采用水准仪进行测定。

2. 视线倾斜时的视距测量原理及计算公式

在地面起伏较大的地区进行视距测量时，必须使视线倾斜才能读取视距间隔。由于视线不垂直于视距尺，故不能直接应用上述公式。

设想将目标尺以中丝读数 l 这一点为中心，转动一个 α 角，使目标尺与视准轴垂直，由图 4-17 可推算出视线倾斜时的视距测量计算公式：

$$D = Kl \cdot \cos^2 \alpha \tag{4-11}$$

$$h' = D\tan\alpha$$

$$h = D\tan\alpha + i - v \tag{4-12}$$

式中，K——视距乘常数；

α——竖直角；

h'——初算高差；

i——仪器高；

v——中丝读数，即目标高。

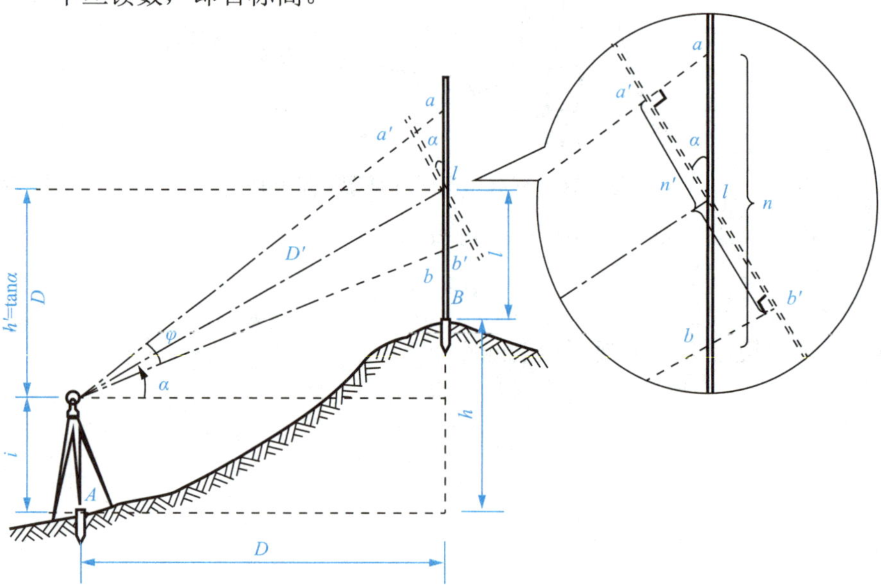

D'—倾斜距离；φ—视线夹角；n—尺面上读取的尺间隔；n'—换算后的与视线垂直的尺间隔

图 4-17 视线倾斜时的视距测量

4.3.2 视距测量的实施与计算

施测时，先安置仪器于 A 点，量出仪器高 i，转动照准部瞄准 B 点视距尺，分别读取上、下、中三丝的读数，计算视距间隔；再使竖盘指标水准管气泡居中（如为竖盘指标自动补偿装置的经纬仪，则无此项操作），读取竖盘读数，并计算竖直角。利用 4.3.1 节介绍的视距计算公式计算出水平距离和高差。

4.3.3　视距测量的误差及注意事项

视距测量的精度较低，在较好的条件下，视距测量所测平距的相对误差为 1/200～1/300。

1. 视距测量的误差

（1）读数误差

读数误差为视距丝在视距尺上读数的误差，与尺子最小分划的宽度、水平距离的远近和望远镜放大倍率等因素有关，因此读数误差的大小，视使用的仪器、作业条件而定。

（2）垂直折光影响

视距尺上不同部分的光线是通过不同密度的空气层到达望远镜的，越接近地面的光线受折光影响越显著。经验证明，当视线接近地面在视距尺上读数时，垂直折光引起的误差较大，并且这种误差与距离的二次方成比例地增加。

（3）视距尺倾斜所引起的误差

视距尺倾斜误差的影响与竖直角有关，尺身倾斜对视距精度的影响很大。

2. 注意事项

1）为减少垂直折光的影响，观测时应尽可能使视线离地面 1m 以上。

2）作业时，要将视距尺竖直，并尽量采用带水准器的视距尺。

3）要严格测定视距乘常数 K，K 值应在 100±0.1 之内，否则应加以改正。

4）视距尺一般应是厘米刻划的整体尺。如果使用塔尺，则应注意检查各节尺的接头是否准确。

5）要在成像稳定的情况下进行观测。

4.3.4　直线方向的表示方法

通常用方位角和象限角来表示直线的方向。

1. 坐标方位角

坐标方位角指从标准方向北端起，顺时针方向量到某直线的夹角，用 α 表示，角值范围为 0°～360°。根据标准方向的不同，坐标方位角又可分为真方位角、磁方位角和坐标方位角，如图 4-18 所示。

2. 正反坐标方位角

一条直线有正、反两个方向，通常以直线前进的方向为正方向。由图 4-19 可以看出，一条直线正、反方位角的数值相差 180°，即

$$\alpha_{正} = \alpha_{反} \pm 180^{\circ}$$

3. 象限角

测量上有时用象限角来确定直线的方向。象限角是由标准方向的北端或南端起量至某直线所夹的锐角，常用 R 表示，角值范围为 0°～90°。

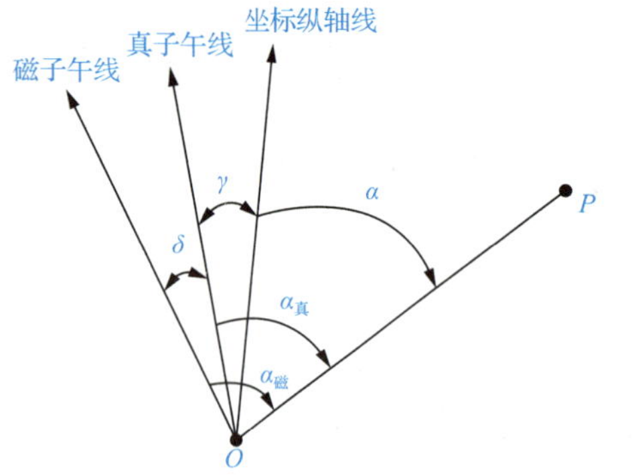

图 4-18　坐标方位角

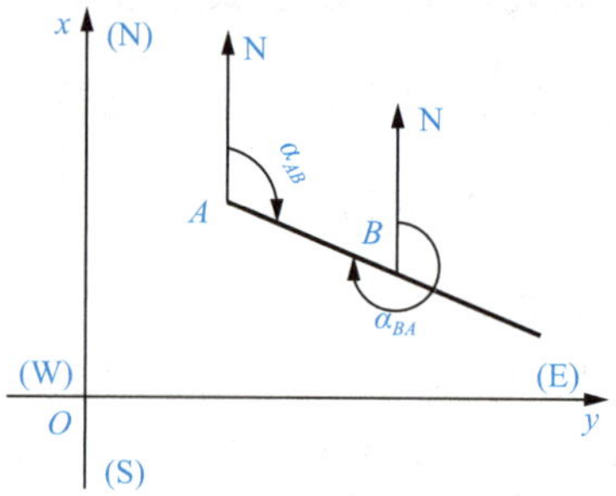

图 4-19　正、反坐标方位角

4. 坐标方位角和象限角的换算关系

坐标方位角和象限角均是表示直线方向的方法，它们之间既有区别又有联系。在实际测量中经常用到它们之间的互换，由图 4-20 可以推算出它们之间的互换关系，如表 4-6 所示。

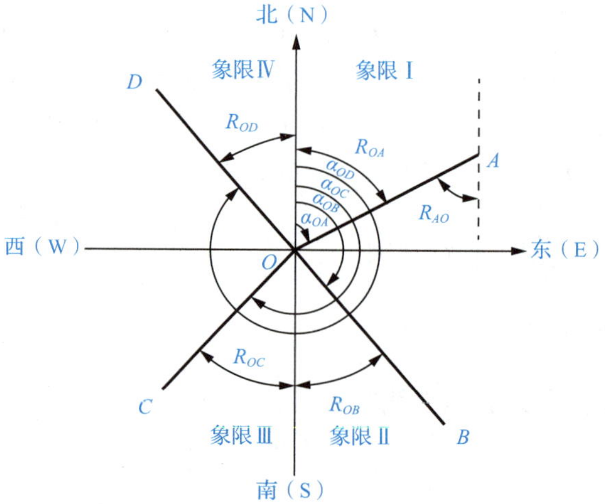

图 4-20　坐标方位角与象限角

表 4-6　坐标方位角和象限角的换算

直线方向	由坐标方位角 α 求象限角 R	由象限角 R 求坐标方位角 α
第Ⅰ象限（北东）	$R=\alpha$	$\alpha=R$
第Ⅱ象限（南东）	$R=180°-\alpha$	$\alpha=180°-R$
第Ⅲ象限（南西）	$R=\alpha-180°$	$\alpha=180°+R$
第Ⅳ象限（北西）	$R=360°-\alpha$	$\alpha=360°-R$

【例 4-1】　某直线 AB，已知正坐标方位角 $\alpha_{AB}=324°36'48''$，试求 α_{BA}、R_{AB}、R_{BA}。

解： $\alpha_{BA}=324°36'48''-180°=144°36'48''$

$R_{AB}=360°-324°36'48''=35°23'12''\text{NW}$

$R_{BA}=180°-144°36'48''=35°23'12''\text{SE}$

4.3.5　标准方向的种类及关系

1. 标准方向的种类

（1）真子午线方向（真北方向）

地球表面某点与地球旋转轴所构成的平面与地球表面的交线称为该点的真子午线，真子午线在该点的切线方向称为该点的真子午线方向。

（2）磁子午线方向（磁北方向）

地球表面某点与地球磁场南北极连线所构成的平面与地球表面的交线称为该点的磁子午线。磁子午线在该点的切线方向称为该点的磁子午线方向，一般是磁针在该点自由静止时所指的方向。

（3）坐标纵轴方向（坐标北或轴北）

由于地球上各点的子午线互相不平行，而是向两极收敛的，故为测量、计算工作的方便，常以平面直角坐标系的纵坐标轴为标准方向，即指高斯投影带中的中央子午线方向。在工程中常用坐标纵轴方向为标准方向，即指北方向。

2. 标准方向的关系

3 个标准方向（也称“三北”方向）之间的关系如图 4-21 所示。

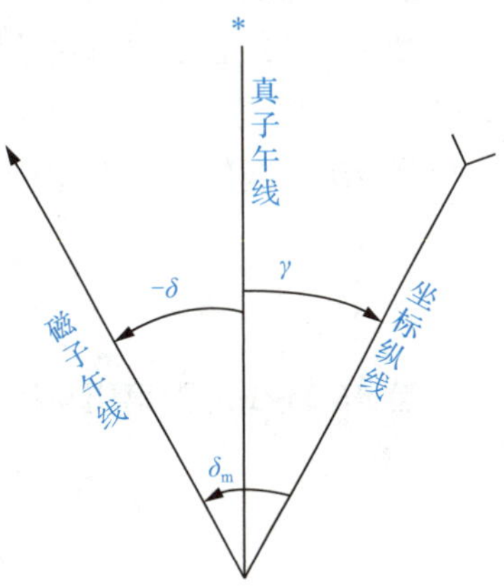

图 4-21　3 种标准方向之间的关系

（1）真、磁子午线的关系

由于地磁南北极与地球南北极并不重合，因此过地面上某点的真子午线方向与磁子午线方向通常是不重合的，两者之间的夹角称为磁偏角，用 δ 表示，如图 4-21 所示。磁针北端偏于真子午线以东为东偏，磁针北端偏于真子午线以西为西偏，东偏时取正值，西偏时取负值。地球上不同的地点，磁偏角是不同的，我国磁偏角的变化范围为+6°～−10°。

直线的真方位角与磁方位角之间可用下式进行换算：

$$\alpha_{真} = \alpha_{磁} + \delta$$

式中，$\alpha_{真}$——真方位角；

$\alpha_{磁}$——磁方位角；

δ——磁偏角。

（2）子午线收敛角

中央子午线在高斯投影面上是一条直线，并作为这个带的纵坐标轴，而其他子午线投影后均为曲线。真子午线与中央子午线之间的夹角称为子午线收敛角，用 γ 表示，γ 角有正有负。在中央子午线以东地区，各点的坐标轴线偏在真子午线的东边，γ 为正值；在中央子午线以西地区，γ 为负值。地面上某点的子午线收敛角 γ 可用下式计算：

$$\gamma = (L - L_0)\sin B$$

式中，L_0——中央子午线经度；

L、B——某点的经度、纬度。

4.3.6 距离、坐标方位角与坐标之间的关系

1. 距离与坐标的关系

当已知地面上 A、B 两点的坐标时，可以用坐标反算两点间的水平距离 D，其计算公式为

$$D=\sqrt{(x_A-x_B)^2+(y_A-y_B)^2} \tag{4-13}$$

2. 坐标方位角与坐标的关系

当已知地面上 A、B 两点的坐标时，可以用坐标反算方位角 α_{AB}，其计算公式为

$$\alpha_{AB}=\arctan\frac{y_B-y_A}{x_B-x_A} \tag{4-14}$$

按不同象限讨论如下：

当 AB 直线位于第Ⅰ象限时，即 $X_B-X_A>0$ 和 $Y_B-Y_A>0$，坐标方位角的计算公式与式（4-14）相同。

当 AB 直线位于第Ⅱ象限时，即 $X_B-X_A<0$ 和 $Y_B-Y_A>0$，坐标方位角的计算公式为

$$\alpha_{AB}=180°-\arctan\frac{y_B-y_A}{x_B-x_A}$$

当 AB 直线位于第Ⅲ象限时，即 $X_B-X_A<0$ 和 $Y_B-Y_A<0$，坐标方位角的计算公式为

$$\alpha_{AB}=\arctan\frac{y_B-y_A}{x_B-x_A}+180°$$

当 AB 直线位于第Ⅳ象限时，即 $X_B-X_A>0$ 和 $Y_B-Y_A<0$，坐标方位角的计算公式为

$$\alpha_{AB}=360°-\arctan\frac{y_B-y_A}{x_B-x_A}$$

4.4 林场施工场地基本要素放样

4.4.1 放样的基本工作

施工放样是林业测量的任务之一，其基本工作是水平角、水平距离和高程的放样。特征点的放样可采用全站仪、GNSS 等标定，确保测设精度。

4.4.2　基本要素放样的注意事项

对放样的结果必须实施校核，距离放样的相对误差一般不大于 1/2000，角度放样的限差不大于 ±40″，高程放样的限差不大于±10mm；若超限，则应查明原因并予以修正或重新放样。

在高程放样时，若待放样点的高程与已知水准点的高程存在较大高差，则可采用悬挂钢尺代替水准尺的方法进行高程放样。

4.4.3　基本要素放样

水平距离的放样：在地面上从线段的一个已知点出发，沿给定的方向量出已知的水平长度，并在地面上定出另一端点的位置。

水平角的放样：在角的顶点根据一已知方向标定出另一边的方向，使两方向间的水平夹角等于已知角值。

高程的放样：利用水准测量的方法，根据附近已知的水准点，将设计高程标定到地面上的过程。

【例 4-2】　根据表 4-7 所提供的数据，利用罗盘仪、水准仪、经纬仪、钢尺等仪器和工具将设计的四边形广场（图 4-22）放样到园林施工场地上。

表 4-7　四边形广场的基本数据

磁方位角	水平距离/m	水平角度	已知高程/m	设计高程/m
$\alpha_{AB}=96°00'00''$	$D_{AB}=85.561$	$\beta_A=75°33'18''$	$H_A=96.178$	
	$D_{BC}=52.805$	$\beta_B=83°05'43''$		$H_B=97.404$
	$D_{CD}=66.113$	$\beta_C=95°36'17''$		$H_C=99.084$
	$D_{DA}=52.584$	$\beta_D=105°44'42''$		$H_D=97.873$

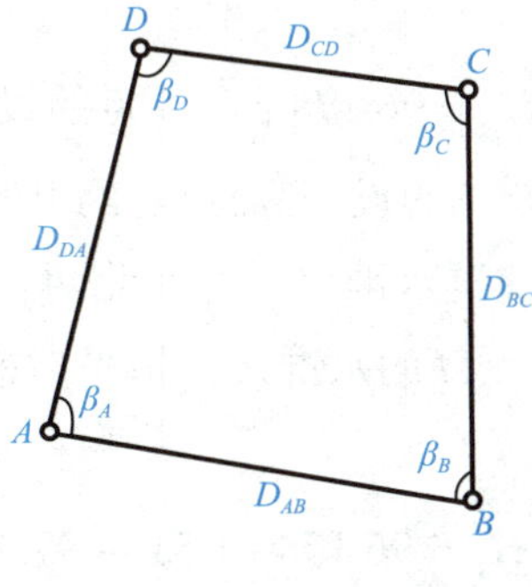

图 4-22　四边形广场示意图

1. 用罗盘仪和钢尺等进行磁方位角与水平距离放样

1）根据广场设计要求，首先在地面确定 A 点的位置并钉设木桩；安置罗盘仪于 A 点，对中、整平后，水平旋转仪器，当磁方位角读数为 $\alpha_{AB}=96°00'00''$ 时，罗盘仪物镜所指方向即为直线 AB 的方向。

2）根据罗盘仪所指方向，从 A 点开始，沿 AB 方向用钢尺测量距离，按照已知设计长度 $D_{AB}=85.561\text{m}$ 在地面定出 B' 点的位置。

3）返测一次 $B'A$ 的距离，并将结果与 85.561m 进行比较，若相对误差 $K\leqslant 1/2000$，则取往返测量结果的平均值 D' 作为 AB' 的长度。

4）调整端点 B' 到正确位置 B 点，并使 $\delta=D_{AB}-D'$，则 B 点到 A 点的正确水平距离 $D_{AB}=D'+\delta$，当 $\delta>0$ 时，B' 向外移动；反之，则向内移动。

5）同理，可对四边形广场的其他轮廓边进行边长放样。

2. 用经纬仪进行水平角放样

当 AB 的水平距离 D_{AB} 与磁方位角 α_{AB} 被放样后，以 B 点为角顶，按表 4-7 中水平角度 $\beta_B=83°05'43''$，用经纬仪进行水平角的放样，便可得到欲确定的方向线 BC 。

1）盘左放样。在 B 点安置经纬仪，在 A 点竖立一根标杆，对中、整平后，用盘左位置后视照准 A 点，调节水平度盘位置变换手轮，使水平度盘读数为 $0°00'00''$；然后顺时针转动照准部，使水平度盘读数为 $\beta_B=83°05'43''$，在此视线方向上用标杆标定一点 C' 。

2）盘右放样。松开照准部制动螺旋，用盘右位置后视 A 点，读取水平度盘读数为 x，顺时针转动照准部，使水平度盘读数为 $x+83°05'43''$，用同样的方法在地面上定出 C'' 点位置，并使 $BC'=BC''$。

3）确定水平角。连接 C' 与 C''，取 $C'C''$ 连线的中间位置 C，则 BC 即为放样角 β_B 的另一个方向边，$\angle ABC$ 即为放样角 β_B 。

4）同理，可对四边形广场的其他水平角进行放样。

5）沿 BC 方向，用水平距离放样的方法，便可确定出 C 点在地面上的正确位置。

3. 用水准仪进行高程放样

由表 4-7 可知，A 点的高程 $H_A=96.178\text{m}$，B 点的设计高程 $H_B=97.404\text{m}$，采用如下操作步骤，可根据 A 点的高程将 B 点的设计高程放样到地面上。

1）在 A、B 两点的中间位置安置水准仪，并在此两点分别竖立水准尺。

2）当仪器粗平后，瞄准后视点 A 的水准尺；精平后读出后视读数 a。设 $a=1.536\text{m}$，则前视点 B 点的读数应为

$$b=(H_A+a)-H_B=96.178+1.536-97.404=0.310\ (\text{m})$$

3）用水准仪照准前视点 B 处的水准尺，精平后，将水准尺沿着 B 点处木桩的侧面上下移动，当水准尺的读数刚好为 0.310m 时，紧靠水准尺底部在木桩侧面画一条线，该线即为 97.404m 高程的位置。

4）同理，可放出四边形广场 C、D 点的设计高程，并在地面标定出来。

4.5 使用全站仪平面点位放样

林场区域开挖工程的放样可以使用全站仪内置的放样程序进行施工放样。本节将学习全站仪平面点位放样的方法。

如图 4-23 所示，已知 S_2 和 S_3 两点在现场的位置和坐标，另知道放样点 1 的坐标。下面以南方测绘公司生产的 NTS-350 系列全站仪为例，说明用全站仪放样的具体操作步骤。

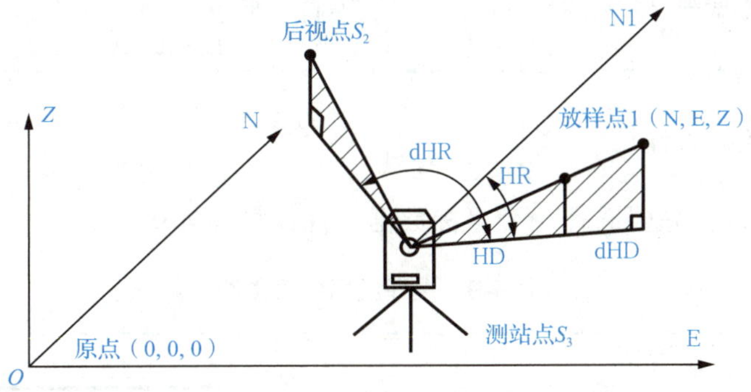

图 4-23　全站仪放样原理

1. 直接输入坐标数据

放样点或控制点的坐标数据可直接由键盘输入（表 4-8），并可存入内存中的一个文件内。

表 4-8　输入坐标数据

序号	操作过程	操作	显示
1	由主菜单 1/3 按 F3（存储管理）键	F3	存储管理　1/3 F1：文件状态 F2：查找 F3：文件维护　P↓
2	按 F4（P↓）键	F4	存储管理　2/3 F1：输入坐标 F2：删除坐标 F3：输入编码　P↓
3	按 F1（输入坐标）键	F1	选择文件 FN：________ 输入　调用　---　回车

续表

序号	操作过程	操作	显示
4	按 F1（输入）键，输入要设置的文件名，如“LX1225”；然后按 F4（ENT）键	F1 输入 PN F4	输入坐标数据 点号：________ 输入　调用　---　回车
5	按 F1（输入）键，输入点号 S_2；然后按 F4 键	F1 输入点号 F4	N:　51297.630 m E:　90878.136 m Z:　99.301 m 输入　---　---　回车
6	用同样的方法输入坐标数据，进入下一个点，输入显示屏点号自动加 1	F1 输入坐标 F4	输入坐标数据 点号：S_3 输入　调用　---　回车

2. 选择坐标数据文件

运行放样模式，首先要选择一个坐标数据文件，如表 4-9 所示。

表 4-9　选择坐标数据文件

序号	操作过程	操作	显示
1	由放样菜单 2/2 按 F1（选择文件）键	F1	放样　2/2 F1：选择文件 F2：新点 F3：格网因子　P↓ 选择文件 FN：________ 输入　调用　---　回车
2	按 F2（调用）键，显示坐标数据文件目录	F2	->CEEFEDATA　/C0322 @ LX1225　/C0052 ---　查找　---　回车
3	按[▲]或[▼]键可使文件表向上或向下滚动，选择所要的工作文件“LX1225”	[▲]或[▼]	CEEFEDATA　/C0322 ->@ LX1225　/C0052 SATADDATA　/C0080 ---　查找　---　回车
4	按 F4（回车）键，文件即被确认	F4	放样　1/ 2 F1：输入测站点 F2：输入后视点 F3：输入放样点　P↓

3. 设置测站点

利用内存中的坐标数据文件设置测站点，如表 4-10 所示。

表 4-10　设置测站点

序号	操作过程	操作	显示
1	由放样菜单 1/2 按 [F1]（输入测站点）键，即显示原有数据	[F1]	测站点 点号：________ 输入 调用 坐标 回车
2	按 [F1]（输入）键	[F1]	测站点 点号 = 回退 空格 数字 回车
3	输入点号 S_3，按 [F4]（ENT）键	输入点号 [F4]	N: 51239.427 m E: 90872.061 m Z: 98.111 m >OK ? --- ［是］ ［否］
4	按 [F3] 键（是）	是 [F3]	输入仪器高 仪高： 1.321 m 输入 --- --- 回车
5	用同样的方法输入仪器高，显示屏返回放样菜单 1/2	[F1] 输入仪高 1.500 [F4]	放样 1 / 2 F1：输入测站点 F2：输入后视点 F3：输入放样点 P↓

4. 设置后视点

利用内存中的坐标数据文件设置后视点，如表 4-11 所示。

表 4-11　设置后视点

序号	操作过程	操作	显示
1	由放样菜单 1/2 按 [F2]（输入后视点）键，即显示原有数据	[F2]	后视点 点号：________ 输入 调用 坐标 回车
2	按 [F1]（输入）键	[F1]	后视点 点号 = 回退 空格 数字 回车

续表

序号	操作过程	操作	显示
3	输入点号 S_2，按 F4（ENT）键	输入点号 F4	N：51297.630 m E：90878.136 m Z：99.301 m >OK ？ --- [是] [否]
4	按 F3 键（是）	是 F3	后视 H（B）=5° 57′31″ >照准 ？ --- [是] [否]
5	在实地瞄准 S_2 点上目标后按 F3 键（是），显示屏返回放样菜单 1/2	是 F3	放样 1 / 2 F1：输入测站点 F2：输入后视点 F3：输入放样点 P↓

5. 实施放样

实施放样如表 4-12 所示。

表 4-12 实施放样

序号	操作过程	操作	显示
1	由放样菜单 1/2 按 F3（放样）键	F3	放样 1 / 2 F1：输入测站点 F2：输入后视点 F3：输入放样点 P↓ 放样 点号：________ 输入 调用 坐标 回车
2	按 F1（输入）键，输入点号 1，按 F4（ENT）键	F1 输入点号 F4	N：51255.790 m E：90887.790 m Z：97.550 m >OK？ --- [是] [否]
3	按 F3 键（是）	是 F3	输入棱镜高 棱镜高：1.300m 输入 --- --- 回车
4	用同样的方法输入反射镜高 1.200m。当放样点设定后，仪器就进行放样元素的计算。 HR：放样点的水平角计算值。 HD：仪器到放样点的水平距离计算值	F1 输入镜高 F4	计算值 HR：43° 52′05″ HD：22.696 m 角度 距离 --- ---

续表

序号	操作过程	操作	显示
5	按[F1]角度键，转动照准部，当 dHR=0°00′00″时，即表明放样方向正确。 点号：放样点。 HR：实际测量的水平角。 dHR：对准放样点仪器应转动的水平角 =实际水平角-计算的水平角	[F1]	点号：　1 HR：　43° 52′05″ dHR：　0°00′00″ 距离　---　坐标　---
6	按[F1]（距离）键。 HD：实测的水平距离。 dHD：对准放样点高差的水平距离 =实测高差-计算高差	[F1]	HD*[r]　< m dHD:　m dZ:　m 模式　角度　坐标　继续 HD*　20.123 m dHD:　−2.573 m dZ:　−0.047m 模式　角度　坐标　继续
7	当显示值 dHR、dHD 和 dZ 均为 0 时，即表明放样点的测设已经完成		
8	按[F3]（坐标）键，即显示坐标值	[F3]	N:　51255.787 m E:　90887.792 m Z:　97.546 m 模式　角度　---　继续
9	按[F4]（继续）键，进入下一个放样点的测设	[F4]	放样 点号：________ 输入　调用　坐标　回车

项目实践 1　高 程 放 样

1. 实践准备

1）观测前的准备：对所使用的仪器和工具进行认真检验和校正，以确保测量的准确性。

2）野外测量过程中的注意事项：在野外测量过程中，全站仪应尽量安置在坚实的地面上，三脚架要安置稳固，以防仪器下沉。

3）每人要完成独立架设仪器、独立观测、独立放样。

2. 技术要求

1）水准仪读数估读至毫米位，必须是 4 位数。

2）放样采用两种方法，即直接读取前视法和桩顶高程法，分别放同一个高程数据样本，记录在表 4-13 中。

表 4-13　高程放样记录计算表

仪器型号：________　日期：________年________月________日　学号：________　姓名：________

方法一：直接读取前视法

测站	后视	前视	视线高	应有前视读数	放样高程

方法二：先测桩顶高程，再量相对高差法

测站	点名	属性	后视	前视	中间视	视线高	桩顶高程	高程	差数

项目实践 2　极坐标法放样平面点位

1. 实践准备

1）观测前的准备：对所使用的仪器和工具进行认真检验和校正，以确保测量的准确性。

2）野外测量过程中的注意事项：在野外测量过程中，应注意人员安全、仪器操作安全，选择适当的实践场地。

3）每人要完成 4 个点位的放样任务，独立架设仪器、独立观测。

2. 技术要求

1）利用给定的 GNSS 设备，完成放样。放样点用竹签进行标记，并采集放样坐标，计算相关数据，记录在表 4-14 中。

2）略图采用 2H 或 HB 铅笔进行绘制，并标明北方向、放样点号。

表 4-14　极坐标法放样平面点位记录表

仪器号：________　实训时间：________年____月____日　学号：________　姓名：________

已知数据	X	Y	H	测站至各点方位角	各方向与后视方向之夹角（极角）	极距
测站点				—	—	—
后视点					—	
待放样点 1						
待放样点 2						

续表

已知数据	X	Y	H	测站至各点方位角	各方向与后视方向之夹角（极角）	极距
待放样点 3						
待放样点 4						
放样略图						

直击工考

1．距离测量的方法主要有哪几种？

2．用钢尺丈量倾斜地面的距离有哪些方法？各适用于什么情况？

3．什么是直线定线？目估法定线通常是如何进行的？

4．用目估法定线，在距离 30m 处，标杆中心偏离直线 0.30m，由此产生的量距误差为多少？

5．用钢尺往、返测量了一段距离，其平均值为 184.26m，要求量距的相对误差为 1/5000，则往、返测量距离之差不能超过多少？

6．怎样衡量距离测量的精度？设测量了 AB、CD 两段距离：AB 的往测长度为 288.688m，返测长度为 288.661m；CD 的往测长度为 635.488m，返测长度为 635.498m，则哪一段的量距精度较高？

7．为什么要进行直线定向？怎样确定直线的方向？

8．什么是直线定向？在直线定向中有哪些标准方向线？它们之间存在什么关系？

项目5

林场大比例尺地形图测绘

◎ 项目导读

现代测绘技术和计算机技术的快速发展，促进了地形图测绘手段的持续变革。传统白纸手工测图已完全被数字测图所代替，而且数字测图模式趋向多元化、智能化，如全站仪测图、RTK 测图、地面三维激光扫描测图、移动测量系统测图、低空数字摄影测图和机载激光雷达扫描测图等模式。其中，全站仪测图和 RTK 测图在生产上使用广泛，也是其他数字测图模式的基础，配以南方 CASS、南方 SouthMap 和清华山维 EPSW 等成图软件，能方便快捷地完成小区域大比例尺地形图的成图工作，是本项目学习的重点。

◎ 学习目标

知识目标

- 掌握全站仪数字化测图外业数据采集的方法。
- 掌握 RTK 数字化测图外业数据采集的方法。
- 熟悉南方 CASS（SouthMap）成图的 3 个模块。

能力目标

- 能够用全站仪实施数字测图外业数据采集。
- 能够用 RTK 实施数字测图外业数据采集。
- 能够完成 CASS 成图（或 SouthMap 成图）。

素养目标

- 培养全局意识、宏观意识、团队意识。
- 养成细致、认真、刻苦、努力的职业素养。

5.1 利用全站仪采集外业数据

5.1.1　图根控制测量

1. 图根点数量和精度要求

数字化测图需有图根控制点，且有数量和精度要求。一般地区图根点的数量不宜少于表 5-1 中的规定；图根点相对于邻近等级控制点的点位中误差不应大于图上 0.1mm，高程中误差不应大于基本等高距的 1/10。以平坦地区 1∶500 地形图为例，其平面和高程中误差均不应大于 50mm。

表 5-1　一般地区图根点的数量

测图比例尺	图幅尺寸	图根点数量/个	
		全站仪测图	RTK 测图
1∶500	500mm×500mm	2	1
1∶1000	500mm×500mm	3	1～2
1∶2000	500mm×500mm	4	2
1∶5000	400mm×400mm	6	3

图根平面控制和高程控制测量可同时进行，也可分别施测。具体施测方法有 RTK 图根控制测量、图根导线测量、极坐标法图根点测量等。

2. RTK 图根控制测量

1）RTK 图根控制测量可采用单基站 RTK 测量模式，也可用网络 RTK 测量模式。

2）RTK 作业时，有效卫星数不宜少于 6 个，多星座系统有效卫星数不宜少于 7 个，空间位置精度因子（position dilution of precision，PDOP）值应小于 6，并应采用固定解成果。

3）RTK 图根控制点应进行两次独立测量（每次不小于两测回），坐标较差不应大于图上 0.1mm，符合要求后应取两次独立测量的平均值作为最终成果。

4）RTK 图根控制测量的主要技术要求应符合表 5-2 的规定。

表 5-2　RTK 图根控制测量的主要技术要求

等级	相邻点间距离/m	边长相对中误差	起算点等级	流动站到单基准站间距离/km	测回数
图根	≥100	≤1/4000	三级及以上	≤5	≥2

3. 图根导线测量

1）测角：宜采用6″级或更优的仪器一测回测定水平角。

2）测距：边长（平距）可采用全站仪单向施测。

3）附合次数：在等级点下加密图根控制，不宜超过2次附合。

4）支导线：困难地区可布设成支导线。1∶500测图中导线平均边长为100m，最多支3条边。

5）图根导线测量的主要技术要求不应超过表3-6的限差规定。

4. 极坐标法图根点测量

1）测角：宜采用6″级或更优的仪器一测回测定角度。

2）测距：距离可采用全站仪单向施测。

3）在等级控制点上独立测量时，可用全站仪直接测定图根点的坐标和高程。

4）最大边长：1∶500、1∶1000、1∶2000、1∶5000测图，最大边长分别为300m、500m、700m、1000m。

5. 图根补点

图根补点可采用RTK图根测量，也可采用有校核条件的测边交会、测角交会、边角交会或内外分点法，还可采用全站仪自由设站法补点。

6. 图根高程控制测量

图根高程控制测量可采用图根水准、电磁波测距三角高程和RTK图根高程测量方法。起算点的精度不应低于四等水准高程点。其中：

图根水准路线测量的闭合差应不大于$40\sqrt{L}$（L为水准路线总长度，单位为km）mm（平地）或$12\sqrt{n}$（n为测站数）mm（山地）。

图根电磁波测距三角高程测量的闭合差应不大于$\pm 40\sqrt{\sum D}$（D为水平距离，单位为km）mm。

RTK图根高程测量亦应两次独立观测，其高程较差不大于1/10的基本等高距。

5.1.2 全站仪测图之测站建立

1. 仪器设备准备

全站仪数字化测图外业数据采集的仪器设备主要有全站仪、三脚架、对中杆、支架、对讲机、小钢卷尺、道钉（钢钉）、记录板、草图纸（本）、记号笔、铅笔等。

全站仪品牌与型号众多，操作界面和内置程序略有差异，但工作流程基本一致。现以南方测绘公司生产的NTS系列全站仪为例介绍数字测图流程，图5-1所示为其数据采集菜单操作主流程。

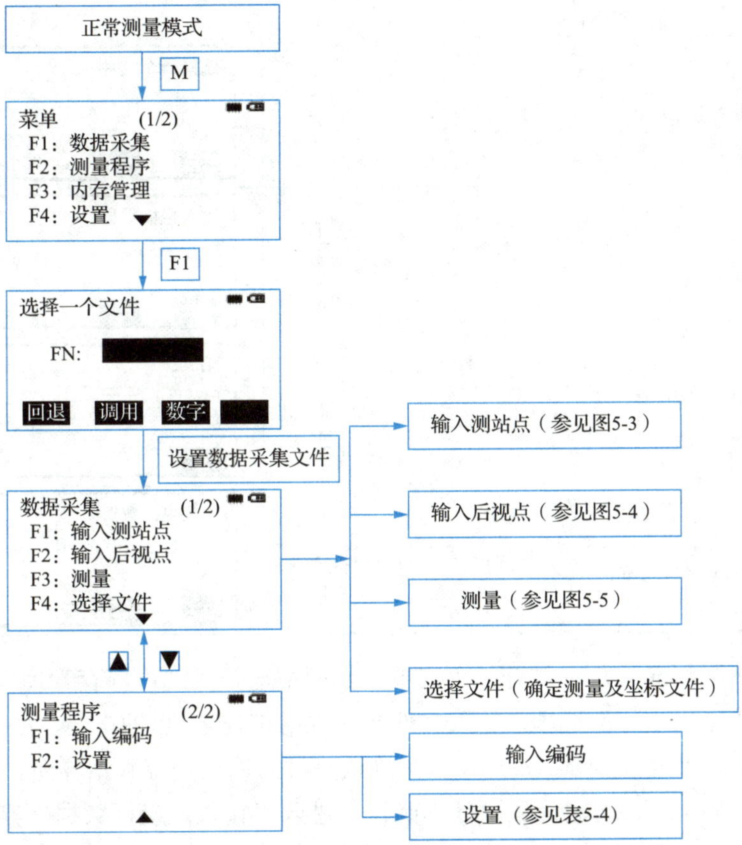

图 5-1　数据采集菜单操作主流程

2. 已知数据准备

全站仪数据采集应收集图根点分布略图和已知数据表，并宜事先在全站仪中建立已知数据坐标文件。若数据少，则可使用键盘输入（参见图 5-1 和表 5-3）；若数据多，则宜通过数据传输软件导入。

表 5-3　使用键盘输入数据

序号	操作过程	操作	显示
1	由主菜单 1/2 按 F3（内存管理）键	F3	内存管理　1/3 F1：内存状态 F2：数据查阅 F3：文件维护　P↓
2	按 F4（P↓）键	F4	内存管理　2/3 F1：输入坐标 F2：删除坐标 F3：输入编码　P↓

续表

序号	操作过程	操作	显示
3	按[F1]（输入坐标）键	[F1]	选择一个文件 FN: 输入 调用 回车
4	按[F1]（输入）键，输入要设置的文件名 按[F4]（回车）键*1	[F1] 输入 PN [F4]	输入坐标数据 点名: 输入 调用 回车
5	按[F1]（输入）键，输入点名 按[F4]键*1	[F1] 输入点名 [F4]	N: 12.322 m E: 34.286 m Z: 1.5772 m 输入 回车
6	用同样的方法输入坐标数据，进入下一个点，输入显示屏点号自动加 1	[F1] 输入坐标 [F4]	输入坐标数据 点名: SOUTH 100 输入 调用 回车

开机后，按菜单键 M，在打开的“菜单”界面中选择“F3：内存管理”选项，下翻一页，选择“F1：输入坐标”选项，输入文件名（宜用工程名+日期格式，如张三村 2022 年 7 月 15 日测图的文件名为 ZSC0715），回车确认，进入输入坐标数据界面。

输入点名（如 A1），忽略编码，回车确认，进入“输入：坐标数据”界面。

先输 N，即 *X*，回车确认。

后输 E，即 *Y*，回车确认。

再输 Z，即 *H*，回车确认。

此时自动进入下一个点的输入状态，同理输入点名和坐标值。

输入全部已知数据后，按 ESC 键，退回“菜单”主界面，重新进入“内存管理”界面，选择“F3：数据查询”选项，再选择“F2：坐标数据”选项，确定当前坐标文件，按顺序检查坐标输入是否有误。若无误，则退出并关机。

小贴士

密切关注 *X*、*Y* 是否输反。

3. 仪器安置

1）仪器安置规范：包括三脚架大小、高矮、方位（若为坡地，则应在上坡放一只脚，在下坡放两只脚）；正确使用制动、微动螺旋；双手取放全站仪；随手盖扣箱盖等。

2）仪器对中、整平精度：对中偏差不应大于 5mm，管气泡偏离不超过 1 格。

4. 气象改正设置

开机后按星键（★），再按F3（S/A）键，进入“气象改正设置”界面，如图5-2所示。

按F1（棱镜）键，输入棱镜常数，常为-30，回车确认。

按F3（温度）键，自动感应（或输入测区实际温度，回车确认），更新大气改正值。

按F4（气压）键，自动感应（或输入测区气压值，回车确认），更新大气改正值。

检查无误后，按ESC键，退回开机初始界面。

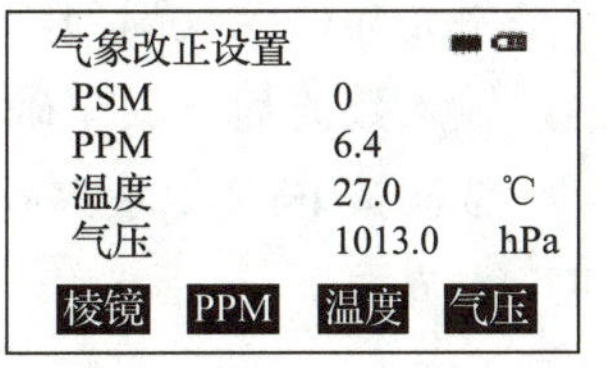

图5-2 “气象改正设置”界面

5. 测量文件名的确定

如图5-1所示，按菜单键M，在打开的“菜单”界面中选择“F1：数据采集”选项，然后输入或调用与已知数据坐标文件同名的测量文件名（ZSC0715），回车确认，进入“数据采集”主界面（1/2）。

小贴士

密切关注测量文件与坐标文件是否同名。

6. 数据采集参数设置

如图5-1所示，由“数据采集”主界面（1/2）下翻一页，按F2（设置）键，进入数据采集参数设置界面。参数含义如表5-4所示。

表5-4 数据采集参数含义

菜单	选择项目	含义
F1：测距模式	精测/跟踪	选择测距模式：精测/跟踪
F2：测量次数	单次/连续	选择测距次数：单次/连续测距
F3：存储设置	是/否	进行数据采集时，测量数据是否自动计算坐标数据并存入坐标文件
F4：数据采集设置	先输测点/先测量	选择数据采集中输入测点数据与测量的先后顺序

按F1（测距模式）键，选择“精测”选项，并回车确认。

按F2（测量次数）键，选择“单次”选项，并回车确认。

按F3（存储设置）键，建议初学者不要自动存储数据，选择“否”选项，并回车确认。

按F4（数据采集设置）键，建议初学者选择“先输测点”选项，并回车确认。

检查后，退回“数据采集”主界面（1/2）。

7. 输入测站点

如图5-1和图5-3所示，在“数据采集”主界面（1/2）中选择“F1：输入测站点”选项，再按 F3（测站）键，调用或直接输入点名，回车确认，即显示该点的三维坐标，检查无误后按 F4（是）键确认。

将光标移至仪高项，量取仪高（量至 1mm），按 F1（输入）键，输入数值后，回车确认。

依次按 F4（记录）和 F4（是）键确定记录，返回“数据采集”主界面。

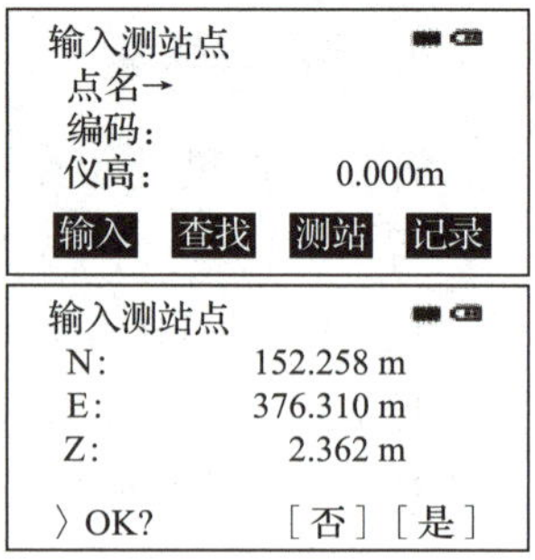

图 5-3　输入测站点

8. 输入后视点

定向常用以下两种方式：坐标定向和方位角定向。

（1）坐标定向

如图 5-1 和图 5-4 所示，在“数据采集”主界面（1/2）中选择“F2：输入后视点”选项，再按 F3（后视）键，调用或直接输入后视点名，回车确认，即显示该点的三维坐标，检查无误后，按 F4 键确认，显示后视方位角，提示照准后视点。

松制动螺旋，转照准部，调望远镜，适时制动，利用微动螺旋精确瞄准后视点底部，按 F4（是）键确定后视方向，返回“输入后视点”界面。

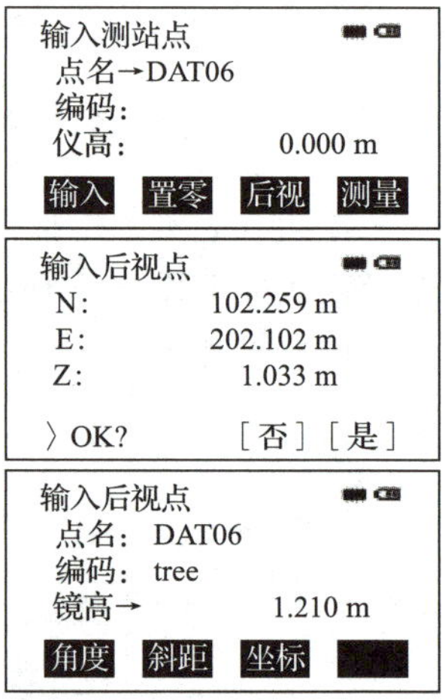

图 5-4　输入后视点

当后视点有棱镜时，宜将光标移至镜高项，按 F1（输入）键，输入镜高后回车确认。松垂直制动螺旋，上仰望远镜，瞄准棱镜，按 F4（测量）键，再按 F3（坐标）键，将后视点实测坐标记录在全站仪数据采集测站信息记录表中，并与已知坐标值比对，通常 X、Y、Z 的误差均在 50mm 以内时，可认为后视点正确，按 F4（记录）键，此时会提示是否重写后视点坐标数据，注意应按 F3（否）键不重写，即完成后视点测量数据记录，同时返回“数据采集”主界面。

当后视点没有棱镜时，可直接按 F4（测量）键，再按 F1（角度）键，完成后视点测量数据记录，同时返回“数据采集”主界面。

（2）方位角定向

如图 5-1 和图 5-4 所示，在“数据采集”主界面（1/2）中，选择“F2：输入后视点”选项，再按 F3（后视）键，依次按 F4（坐标）和 F4（角度）键，按“度.分秒”格式输入后视方位角，回车确认，显示后视方位角，提示照准后视点。

松制动螺旋，转照准部，调望远镜，适时制动，通过微动螺旋精确瞄准后视点底部，按 F4（是）键确定后视方向，返回输入后视点界面。

按 F1 键，输入后视点名，并回车确认，编码与镜高可忽略，直接回车。

按 F4（测量）键，再按 F1（角度）键，完成后视点测量数据记录，同时返回“数据采集”主界面。

小贴士

1. 后视定向需“测量”后才能生效!

2. 后视点的坐标数据不要重写！除非后视点原本无三维坐标。

3. 角度的键盘输入格式常为“度.分秒”。例如，30°28′09″ 的键盘输入格式为“30.2809”。

9. 测站检核

后视定向后，按规定必须对测站检核点（非后视点）进行测前坐标检查，并将检核点实测坐标记录在全站仪数据采集测站信息记录表中。

检核点平面位置较差不应大于图上 0.2mm，高程较差不应大于 1/5 的基本等高距。但实际工作中，常以 *X*、*Y*、*Z* 的坐标较差来衡量，三者均不宜大于 50mm。

如图 5-1 和图 5-5 所示，在“数据采集”主界面（1/2）中选择“F3：测量”选项，按 F1 键输入点名，回车确认。忽略编码，更改镜高，回车确认。

精确瞄准检核点，按 F3（测量）键，再按 F3（坐标）键，测出检核点的实测坐标，并与已知坐标值比对。若不超限，则完成测站检核，可按 ESC 键返回“数据采集”界面。

若仪器支持记录同名点数据，则可按 F4（记录）键，但不要重写。

至此，可正式开始数据采集。当然本站作业结束前要做测后检查。

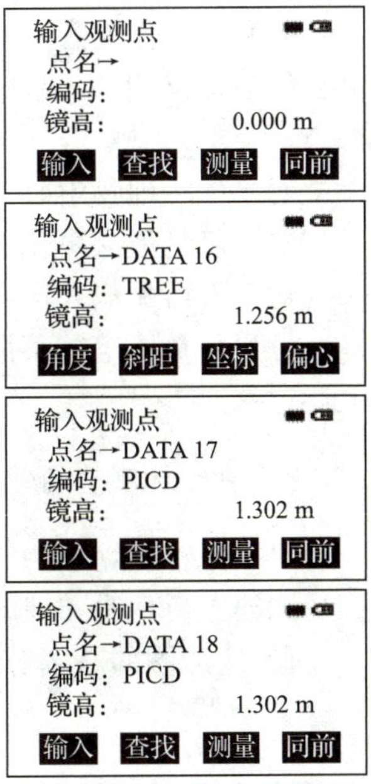

图 5-5　测站检核

小贴士

1. 测前检查尽量选用第 3 个已知点检查。

2. 测站点、后视点坐标输反或点位认反时，用后视点检查可能查不出错误。

3. 已知数据输入无误、建站过程无误，但测站检核就是通不过，则坐标文件中可能有不可见非法字符等，一般通过重建文件可解决。

5.1.3　全站仪测图之碎部点采集

数字化测图可按图幅施测，也可分区施测。

全站仪测图可分为草图法、编码法和内外业一体化的实时成图法。学校教学以草图法为主，生产上较普遍采用编码法。现以草图法为例介绍全站仪数字测图的碎部点采集工作。

1. 作业人员安排

全站仪草图法测图一般配置观测员 1 名，领尺员 1 名，跑尺员 1 名。领尺员负责画草图和内业成图，是小组的核心成员。

2. 草图法野外数据采集的步骤

当仪器设备和已知数据准备就绪，完成建站、定向并经检查确认无误后，即可进入野外数据采集模式。

跑尺员在领尺员的指挥下，按预定方案和路线跑尺（棱镜）。

观测员操作仪器，参见图 5-5，输入第一个立镜点的点名（可用顺序码）、修改镜高，瞄准目标后按键测量（常选择“坐标”模式），采集碎部点的三维坐标，随后依次测量其他碎部点。

对于柱状地物中心，可选用偏心测量模式。

对于可见但人员无法到达的测点，可选用免棱镜测量模式。

对于不可见但人员可到达的测点，可选用皮尺辅助量距进行定位。

领尺员负责绘制草图，待本站碎部点测量完毕，且测后经检查无误后方可迁站，重复上述过程。

3. 碎部点测量的跑尺技术要点

（1）数字线划图测绘的基本要求

测绘人员熟悉和理解数字线划图测绘的基本要求，可提高成图质量和速度。

1）地形图的基本等高距应按表 5-5 选取。

表 5-5　基本等高距　（单位：m）

地形类别	比例尺			
	1∶500	1∶1000	1∶2000	1∶5000
平坦地（$\alpha<2°$）	0.5	0.5	1	2
丘陵地（$2°\leqslant\alpha<6°$）	0.5	1	2	5
山地（$6°\leqslant\alpha<25°$）	1	1	2	5
高山地（$\alpha\geqslant 25°$）	1	2	2	5

注：同一测区同一比例尺宜采用相同的基本等高距。

2）图上地物点相对于邻近图根点的点位中误差不应超过表 5-6 的规定。

表 5-6　图上地物点相对于邻近图根点的点位中误差　（单位：mm）

区域类型	点位中误差
一般地区	0.8
城镇建筑物、工矿区	0.6

3）等高线插求点或数字高程格网点相对于邻近图根点的高程中误差不应超过表 5-7 的规定。

表 5-7　等高线插求点或数字高程格网点相对于邻近图根点的高程中误差　（单位：m）

地形类别	平坦地	丘陵地	山地	高山地
高程中误差	$h_d/3$	$h_d/2$	$2h_d/3$	h_d

注：h_d 为地形图的基本等高距。

4）工矿区细部坐标点的点位中误差和高程中误差不应超过表 5-8 的规定。

表 5-8　工矿区细部坐标点的点位中误差和高程中误差　（单位：mm）

地物类别	点位中误差	高程中误差
主要建（构）筑物	50	20
一般建（构）筑物	70	30

5）地形点的最大点位间距不应超过表 5-9 的规定。

表 5-9　地形点的最大点位间距　（单位：m）

比例尺	1∶500	1∶1000	1∶2000	1∶5000
最大点位间距	15	30	50	100

6）全站仪测图的最大测距长度不应超过表 5-10 的规定。

表 5-10　全站仪测图的最大测距长度　（单位：m）

比例尺	最大测距长度	
	地物点	地形点
1∶500	160	300
1∶1000	300	500
1∶2000	450	700
1∶5000	700	1000

（2）跑尺（棱镜）一般原则

在地形测量中，立尺点和跑尺线路的选择是否合理，直接影响地形图质量和测图效率。因此，测图开始前，绘图员和跑尺员应先在测站上研究立尺的位置和跑尺方案。

地性线明显时，宜沿地性线跑尺；山地也可沿等高线跑尺。

碎部点测量应测定地物、地貌的特征点，在不同实体交界点上立尺可以提高测图效率。

（3）地物点测绘

面状、线状地物的地物点应选在轮廓线方向变化之处。如果地物形状不规则，那么凹凸长度在图上大于 0.4mm 时应表达。例如，1∶500 测图，实地凹凸大于 0.2m 时需实测。

另外，GB 50026—2020《工程测量标准》第 5.4.2 条第 2 款规定：当建（构）筑物轮廓凸凹部分在 1∶500 比例尺图上小于 1mm 或在其他比例尺图上小于 0.5mm 时，可用直线连接。

点状地物的地物点应选其几何中心。

1）测量控制点测绘。测量控制点是测绘地形图和工程测量施工放样的主要依据，在图上应精确表示。各等级平面控制点、导线点、图根点、水准点，应以展点或测点，并按图式规定符号表示。

2）居民地及设施测绘。

① 建（构）筑物：首选外墙房角和楼层高低变化点为地形点。少量特征点全站仪无法实测时，注意长边实测，短边可量距绘图或隔点绘图。

② 建筑物上突出的悬空部分：测其最外围的投影位置，主要的支柱也要实测。

③ 地下建（构）筑物：可只测其出入口、地面通风口位置和高程。

④ 永久性门墩支柱：其图上大于 1mm 的，依比例尺实测；小于 1mm 的，测其中心位置。

⑤ 台阶和室外楼梯：图上不足 3 级的台阶不表示；图上宽度大于 1mm 的室外楼梯应表示，螺旋式室外楼梯测其投影线，支柱不表示。

⑥ 亭：依比例尺表示时，可实测底座轮廓，用实线表示；也可测亭顶轮廓，用虚线表示。

⑦ 宣传橱窗、电子屏：图上按真实方向表示。单柱实测中心，双、多柱实测两端。

⑧ 围墙：图上长度大于 3mm，高度大于 1m 的需实测。围墙图上宽度不大于 0.5mm 的，不依比例尺表示；大于 0.5mm 的，依比例尺表示。

⑨ 栅栏、栏杆、篱笆、铁丝网：图上长度大于 5mm，高度大于 1m 的需实测。

⑩ 活树篱笆：图上长度大于 8mm 的应表示。其与街道边线重合时，只表示篱笆符号。

⑪ 旗杆、碑、柱、墩、塑像等独立物：应测出其中心位置。

3）交通及附属设施测绘。

① 铁路：实测轨道、电杆、铁塔位置，并测注轨面高程，曲线段应测内轨面。

② 公路：测出行车道宽度和路肩宽度，实测铺面材料变化点，实测路堤路堑边界，适当测注坡顶、坡脚高程。

③ 街道：实测车行道、过街天桥、过街地道的出入口、分隔带、环岛、街心花园、人行道与绿化带等边界线。

④ 机耕路（大路）：实测边线，依比例尺表示。

⑤ 乡村路：图上宽度大于 0.7mm 的，依比例尺实测；小于 0.7mm 的，不依比例尺表示。

⑥ 内部道路：图上宽度大于 1mm 的，依比例尺实测；小于 1mm 的，不依比例尺表示。

⑦ 人行道：人行道的宽度依比例尺表示。图上宽度小于 0.5mm 的，不表示。与房屋、垣栅的间距小于图上 0.3mm 时，人行道边线可省略。

⑧ 桥梁：实测桥头、桥身和桥墩位置，并测注桥面高程。桥宽度在图上小于 1mm 时，用半依比例尺符号表示。

⑨ 道路交叉口应测注高程。

4）管线测绘。

① 电杆、铁塔等：实测中心位置，并绘出线路方向。

② 架空的、地面上的、有管堤的管道均应实测，并注明传输物质。架空管道的支架按实际位置表示。

③ 检修井（盖）、雨箅子、污水箅子、消火栓、阀门、电线箱、路灯等均应实测中心位置，并以相应符号表示。

5）水系测绘。

① 水涯线：河流、溪流、湖泊、山塘、水库等水涯线按测图时的水位测定。于起点、终点、转弯或转折处立尺打点。当水涯线与陡坎线在图上的投影距离小于1mm时，以陡坎线符号表示。水涯线遇桥梁等架空地物应断开。

② 沟渠：于起点、终点、转弯、转折、分支处立尺打点。图上宽度小于1mm（在1∶2000地形图上小于0.5mm）的用单线表示，并测注渠顶、渠底高程。

③ 涵洞：实测洞口两端内底位置，当图上口径小于1mm时，用半依比例尺符号表示。

④ 堤坝：应测注顶部及坡脚高程。

⑤ 池塘：应测注塘顶边及塘底高程。

⑥ 泉、井：应测注泉的出水口与井台高程。

6）植被和土质测绘。

① 面状植被和土质：转弯或转折处立尺打点，实测外围轮廓线，范围线内配置相应符号。同地段生长有多种植物，植被符号可配合使用，但不要超过3种（连同土质符号）。若地面较平坦（如水田）不能绘等高线，则应适当测注高程。

② 线状植被：行树两端的树木实测表示，中间配置符号；图上长度大于10mm的狭长灌木林、图上长度大于4mm的狭长竹林的测法与之类同。

③ 点状植被：有良好方位意义或著名的单棵树，实测其中心位置，用相应独立树符号表示；小面积竹林、竹丛或独立灌木丛的测法与之类同。

④ 田埂：在转弯、转折、交叉处立尺打点。田埂图上长度小于10mm的可取舍，图上宽度大于1mm的双线依比例尺表示。

7）境界测绘。

① 境界包括国界、省界、地级界、县界、乡界、村界、其他界线等。

② 境界线的转角处不应有间断，应实测转角点并展绘。

③ 各级界桩、界标均要准确测绘，若为石碑，则用纪念碑符号表示。

④ 当两级以上境界重合时，按高一级境界表示。

⑤ 国内境界线若有行政隶属不明确的，用未定界符号表示。

（4）地貌测绘

1）陡坎：坡度在70°以上的天然形成或人工修成的陡峻地段，可细分为天然土质和天然石质，人工未加固和人工已加固。于起点、终点、转弯、转折、分叉处立尺打点。图上长度大于5mm，且比高大于0.5m（2m等高距图幅大于1m）时要表示；当比高大于1个基本等高距时，适当量注比高。当坡面有明显坎脚线时，可用地类界表示其坎脚线。

2）斜坡：坡度在70°以下的天然形成或人工修筑的坡面地段，可细分为天然未加固、人工未加固和已加固。于起点、终点、转弯、转折、分叉处立尺打点。图上长度大于5mm，且比高大于 1m（2m 等高距图幅大于 1m）时要表示；当比高大于 1 个基本等高距时，适当量注比高。斜坡在图上的投影宽度小于 2mm 时，以陡坎符号表示。当坡面有明显坎脚线时，可用地类界表示其坎脚线。

3）梯田坎：于起点、终点、转弯、转折、分叉处立尺打点。图上长度大于 5mm，且比高大于 0.5m（2m 等高距图幅大于 1m）时要表示；当比高大于 1 个基本等高距时，适当量注比高。梯田坎坡顶与坡脚间的投影宽度在图上大于 2mm 时，应依比例尺表示，并需适当标注比高或注出坎上、坎下高程。

4）石垄、岸垄、土垄：于起点、终点、转弯、转折、分叉处立尺打点。图上长度大于 5mm，且比高大于 0.5m（2m 等高距图幅大于 1m）时要表示；当比高大于 1 个基本等高距时，适当量注比高。

5）独立石：地面上长期存在的具有方位意义的较大独立石块。能依比例尺表示的，应表示其轮廓线，其内配置符号。独立石应标注比高。

6）等高线测绘：地貌特征点包括山的最高点、洼地的最低点、谷口点、鞍部最低点、地面坡度和方向的变换点等。将相邻特征点连线，可得山脊线、山谷线等地性线，进而构成地貌骨架。

选好地貌特征点后，依次在其上立尺打点。具体跑尺方案可选上下沿地性线跑、水平沿等高线跑，或两者结合跑等。

关于等高线测绘地形点最大点位间距的要求，详见表 5-10。例如，1∶500 测图为 15m（图上 3cm）。

（5）土石方测量

土石方测量与等高线测绘大体一致，但存在差异。前者测点密度较大，坎顶、坎脚均应实测三维坐标，且宜上下对称分布。

4. 草图绘制

（1）绘图前的准备

在草图法大比例尺数字测图中，内业成图主要依赖野外草图，其点号、点间关系和测点属性均需正确表达。开测前，准备好绘图工具和纸张，若有测区旧地形图或航片放大的影像图，可知主要地物、地貌间的位置及比例关系，以此为工作底图可极大地提高工作效率。

（2）绘草图的方法

进入测区，领尺员（绘图员）结合已有图纸资料或踏勘信息，快速了解测站周围地物、地貌的分布情况，确定实地北方向，并与小组成员共同拟定跑尺方案。

根据测区大小和图面负荷情况，初步拟定草图绘制分区分块方案。

根据草图纸绘制范围，提前将主要地物、地貌的轮廓线按一定比例绘于草图。

紧跟碎部点测量进度，逐一将点号、属性和特定量测值，标写在相应轮廓线旁，线上对应位置加画黑点，以示空间位置，直至本站测完画完。

小贴士

1. 遇测站起始点、逢“10”点、重要特征点和本站结束点，绘图员与观测员应及时对号。

2. 地物、地貌的属性尽量用符号表示。

3. 同一地物、地貌的连续点号，可只标写起点、曲直变换点、交叉点和终点。

4. 点状地物、高程点、错误点、废点等，可分类集中标注在草图纸空白处。

5. 草图纸应画北方向标志。

6. 草图纸应注明对应数据文件名、测站和支站等信息。

7. 草图纸应注明绘制时间、地点、绘图者姓名。

5.1.4 全站仪测图之数据存储、传输、转换及检查与备份

1. 数据存储

（1）存储介质

全站仪存储介质有内存、SD卡、U盘等，测前应选定存储介质，建议选择“内存”。

SD卡格式、种类繁多，不同仪器适配不同的SD卡。对NTS-332R6全站仪而言，其SD卡适配Windows下的FAT（即FAT16）格式，若使用FAT32、NTFS、exFAT等格式SD卡，仪器将提示格式化到FAT16。

（2）存储文件

全站仪测图采集到的相关数据，分别存储在“测量数据文件”和“坐标数据文件”中。

其中，被采集的数据必定会存在“测量数据文件”中，包括测站点、后视点信息，测点觇高，测存的角度值、坐标值、偏心数据等。

但测存的坐标值或由边角数据转换而来的坐标值，未必会自动存在“坐标数据文件”中（会挤占内存），通常需要测前人工设置。不过由于内存技术的快速发展，包括NTS-332R6在内的多数全站仪，现已没有此设置。

数据采集时，若输入或选用的测量数据文件名，在“坐标数据文件”中找不到同名者，仪器将自动生成一个与其同名的“坐标数据文件”，用以存放坐标数据。

为保证先前输入的已知坐标点能被“测量数据文件”调用，两者务必同名。

（3）数据丢失的原因

数据采集时，若未退至主菜单显示屏或角度测量模式，又或者未按“记录”键，直接关机、拆卸电池或电量不足，都有可能造成存储数据丢失。另外，内存不足也会造成数据丢失。

2. 数据传输

全站仪与计算机之间的数据传送主要有“数据传输”“文件操作”“蓝牙”3种方式，前两种较普及。

早期的全站仪需用 9 针插孔或 USB 数据线将全站仪与计算机相连，通过“数据传输”方式实现导出和导入。此方式需正确设置通信参数，操作较为烦琐，在此不予细说。

当前，包括 NTS-332R6 在内的多数全站仪支持 SD 卡或 U 盘，可通过文件操作（图 5-6）实现“SD 卡→内存”和“内存→SD 卡”，进而实现数据的快捷交换。

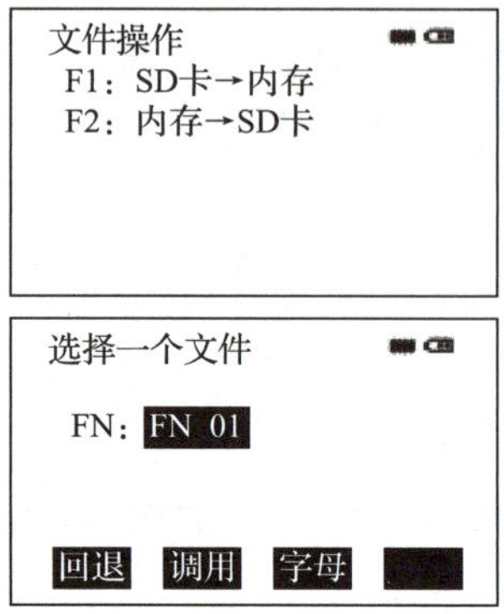

图 5-6　文件操作

如前所述，不同仪器适配不同格式的 SD 卡，在操作中，若仪器提示 SD 卡需格式化，则建议中断本次的文件操作，选用或新建临时文件完成 SD 卡的格式化操作，避免不可预知的数据丢失。

3．数据转换

不同仪器，数据格式不尽相同，不同成图软件对数据格式的要求也不尽相同，故数据时常需要转换。数据转换软件较多，现以 NTS-332R6 全站仪为例介绍如下：

NTS-332R6 全站仪的测量数据文件的扩展名为“*.raw”，坐标数据文件的扩展名为“*.pts”。而 CASS 和 SouthMap 成图软件，则要求用“*.dat”格式数据。为此可将存有“*.pts”格式内存数据的 SD 卡插入读卡器，再通过 USB 端口与计算机相连。

如图 5-7 所示，开启专用数据传输软件 NTS-TRANSFER_V1.7.exe，选择“USB 操作”选项，在弹出的下拉菜单中选择“打开内存格式文件→打开*.pts(坐标数据文件)”选项，选定目标文件，即可打开。再选择“转换”选项，在弹出的下拉菜单中选择“NTS-310/350 坐标数据→CASS 坐标”选项，则可完成数据转换，可得“*.dat”格式文件。

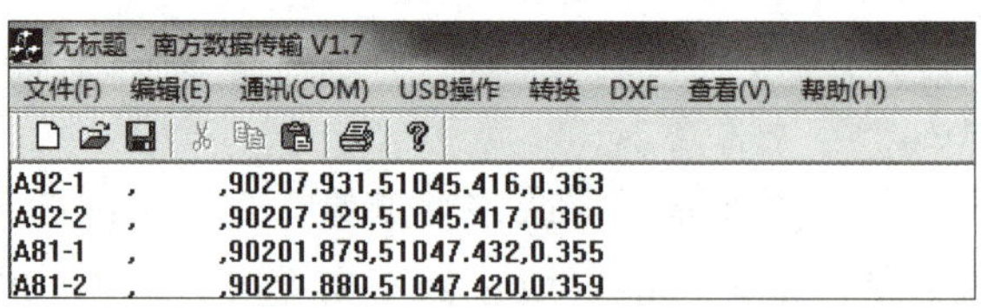

图 5-7　数据传输软件界面

4．数据检查与备份

每日观测完成后，宜将全站仪采集的数据转存至计算机，并应进行检查处理，删除或标注作废数据、重测超限数据、补测错漏数据，最终生成原始数据文件并备份。

视频及互联网资源

视频 1．已知点建站　视频 2．测站高程　视频 3．点到直线建站　视频 4．后方交会

视频 5．后视检查　视频 6．点测量　视频 7．对边测量　视频 8．距离偏心

视频 9．平面偏心　视频 10．线与角点测量　视频 11．悬高测量　视频 12．圆柱中心点

5.2 利用 RTK 采集外业数据

5.2.1　认识 RTK

1．RTK 基本概念

RTK 是 real time kinematic 的编写，即实时动态。RTK 测量基于载波相位测量技术，并通过差分技术消除或减弱基准站和流动站间的共有误差，结合数据传输系统，实时显示流动站的定位结果，有效提高工作效率，是 GNSS 定位测量技术的一个重大突破。其在数字地形测量、工程施工放样等领域得到了广泛应用。图 5-8 所示为 GNSS 接收机及手簿。

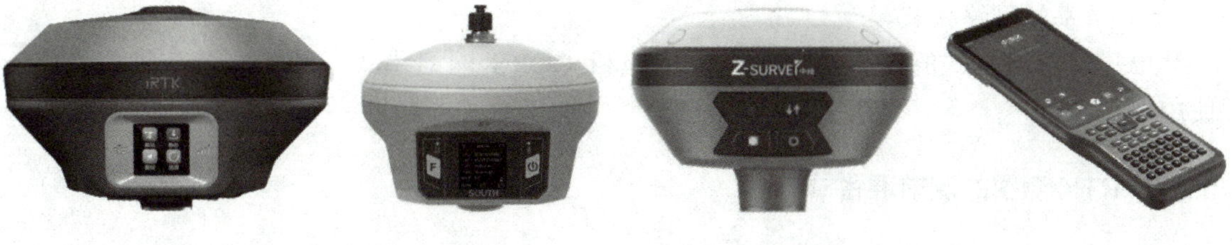

图 5-8　GNSS 接收机及手簿

2. RTK 定位测量的基本原理

1）在基准站安置一台 GNSS 接收机，另一台或几台接收机置于载体（称为流动站）上，基准站和流动站同时接收同一组 GNSS 卫星发射的信号。

2）基准站将所获得的观测值与已知位置信息进行比较，得到 GNSS 差分改正值，并将这个改正值通过无线电数据链电台及时传递给流动站。

3）流动站通过无线电，接收基准站发射来的信息，将载波相位观测值实时进行差分处理，得到基准站和流动站间的坐标差（Δx、Δy、Δz）。

4）上述坐标差加上基准站坐标，即为当前流动站测点在 GNSS 坐标基准下的坐标。

5）通过坐标转换，得到当前测点在目标坐标系下的平面坐标 (x, y) 和高程 h，以及相应的精度。

3. RTK 测量的模式

（1）RTK 测量模式分类

因基准站样式和数据链通信方式不同，RTK 测量模式可分为电台模式、CORS（continuously operating reference station system，连续运行基准站系统）网络模式和单基站网络模式等。不同测量模式就仪器设备操作而言，有差异但更有相通之处，但在应用场景、作业半径、可靠性等方面区别较明显。

（2）RTK 测量各模式优劣分析

1）电台模式（内置电台、外接电台）。

优势：架设基准站即可测量，不受网络覆盖范围的影响，各测量时段信号较稳定。

劣势：电台的传输距离有限，作业半径仅为 0～15km；电台功率较小，易受干扰；电台模式配件多，携带不便；必须用一台 GNSS 接收机作为基站，降低了作业效率。

2）CORS 网络模式。

优势：无须架设基准站，即可实现单机作业；全国大范围已覆盖连续运行基准站，可随时观测，使用方便；使用固定可靠的通信方式，减少了噪声干扰；只需当地坐标参数，无须每次找已知控制点；基于 CORS 网络，部分 GNSS 接收机可直接测得 CGCS2000 坐标。

目前，国家各级测绘主管部门可提供 CORS 账号，同时中国移动、千寻位置、华测导航、广州中海达等企业也可提供全国 CORS 账号服务。

劣势：在手机网络信号差的情况下，容易导致延迟，甚至无法使用；在未覆盖区域无法使用（如部分海域、山区、沙漠等）；必须接入手机 4G/Wi-Fi/手机热点等网络才能使用。

3）单基站网络模式。

单基站网络模式的优劣性介于电台模式和 CORS 网络模式之间，测绘院校仍在广泛使用。

5.2.2 RTK 测图的测前准备

不同 RTK 测量模式，除基准站架设与设置存在差异外，其余操作基本一致，现以中海达 RTK 的 CORS 网络模式为例，介绍 RTK 数字化测图外业数据采集过程。

1. 测区资料收集与分析

全面收集测区已有图纸和影像资料，以及重要文本。熟悉测区概况与测况，进而规划分区作业。此外，已有图纸与影像可作为外业工作底图。

全面收集测区控制点成果。RTK 数字化测图同样需要控制点，应全面收集测区及外围等级控制点和图根点资料，并做好检核工作，检核点的点位中误差不应大于图上 0.1mm，高程中误差不应大于基本等高距的 1/10。

全面收集测区卫星定位测量资料及连续运行基准站系统的覆盖情况。

全面收集测区的平面基准和高程基准的参数，包括参考椭球参数、中央子午线经度、纵横坐标的加常数、投影面高程、平均高程异常等。

全面收集转换参数，包括卫星导航系统的地心坐标框架与测区地方坐标系之间的转换参数，以及相应参考椭球的大地高基准与测区的地方高程基准之间的转换参数。

及时开展卫星预报工作。选择 PDOP 小于 6 的时间窗口，编制预报表（最长预报时间不宜超过 20 天）。

使用网络 RTK 前，应到相应的 CORS 服务中心进行登记注册，并应获得系统服务的授权。

2. 流动站仪器准备

检查设备是否齐全。设备包括 GNSS 接收机、电池、接收机天线、手簿、对中杆、钢卷尺、草图纸（本）、内存（或 PC 卡）、流量卡等，必要时还需准备支架或三脚架。

检查设备是否正常。利用配套软件在计算机上对接收机进行必要的设置与更新，查看设备注册码是否到期，并开机检查是否存在异常现象。若一切正常，则可开始作业。

3. 作业人员分工

作业人员合理分工。RTK 草图法测图一般配置领尺（绘图）员 1 名，跑尺员 1 名，按手簿人员 1 名。若手簿固定在对中杆上，那么跑尺员和按手簿人员可合二为一。

5.2.3 RTK 测图的作业流程

1. 建立项目

（1）打开软件

将手簿开机，打开中海达 Hi-Survey 测量软件（道路版 ROAD 或电力版 Elec），其主界面如图 5-9 所示。

（2）输入新建项目名

在图 5-9 中，单击“项目”→“项目信息”图标，显示最近项目的基本情况，如图 5-10 所示。

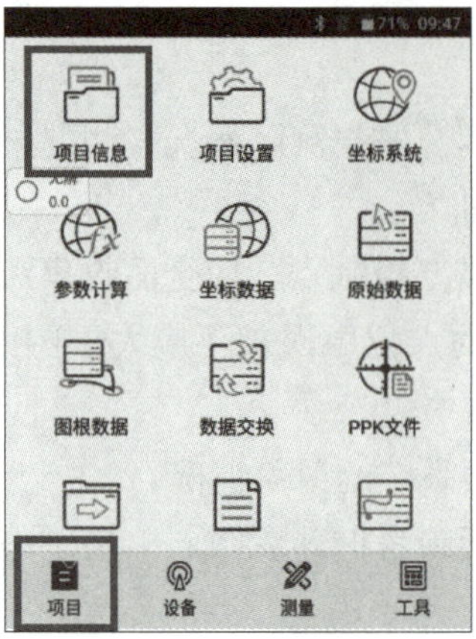

图 5-9　中海达 Hi-Survey 测量软件主界面

图 5-10　项目的基本情况

1）新建项目测量。在“项目名”文本框中输入新的项目名称（必填），单击“确定”按钮，自动跳转至新项目其他设置处。

小贴士

处于文字输入状态，按“Fn”物理键，可切换输入法（数字、字母、拼音等）。

2）同一项目续测。若遇测量临时中断，如更换电池，重新开机后可跳过本步操作，直接进入 RTK“点测量”状态。

3）历史项目续测。若测量中断较久，后续已操作过其他文件，则可打开对应历史项目，直接进入 RTK“点测量”状态。

（3）选择图例

在弹出的模板列表中，选择一个适合当前项目的图例，如“CASS”，也可以直接单击“跳过”按钮，如图 5-11 所示，进入坐标系统设置。

（4）设置项目——坐标系统

1）设置路径。

① 新项目名确定后，自动跳转至新项目“系统”设置界面，单击“坐标系统”图标，进入“投影”和“基准面”参数设置界面。

② 单击主界面中的“项目设置”图标，进入“系统”及后续设置界面。

③ 单击主界面中的“坐标系统”图标，直接进入“投影”和“基准面”参数设置界面。

④ 单击“项目设置”→“系统”→“项目坐标参数”→“坐标系统管理”图标，长按系统列表中的坐标系统，单击“编辑”按钮即可进入该界面。

2）投影参数设置（图 5-12）。

① 投影：国内大比例尺测图，通常选择“高斯三度带”选项。

② 中央子午线：正确输入测区中央子午线的经度。

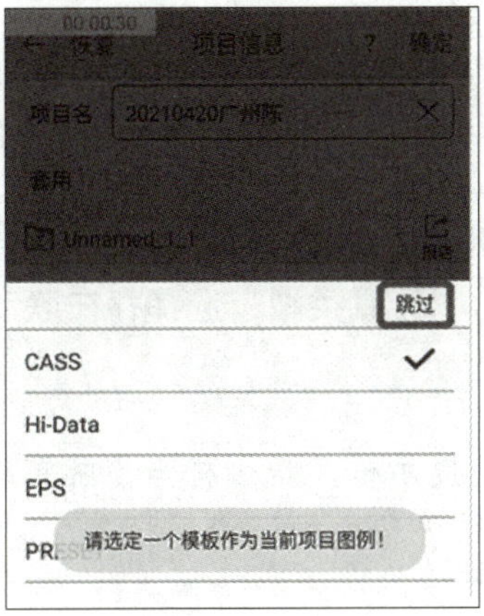

图 5-11　选择图例

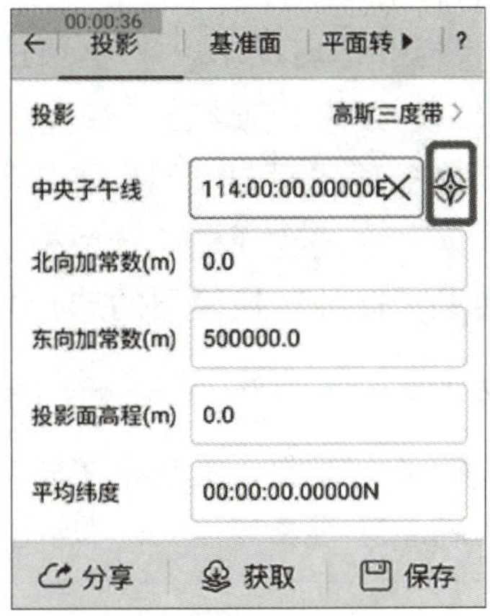

图 5-12　投影参数设置

小贴士

1. 连接主机时，可通过文本框后方的“获取”图标进行自动获取匹配。

2. 浙江横跨 3 个高斯三度带，绝大部行政区的中央子午线为东经 120°，浙西、浙东则分涉 117° 和 123° 中央子午线。

3. 线形工程可能涉及任意带投影。

4. 地方坐标系的中央子午线未必为能被 3 整除的标准值。

③ 北向加常数：通常为 0。

④ 东向加常数：通常为 500000m（即 500km）。

⑤ 投影面高程：输入测区平均高程。

⑥ 平均纬度：输入测区平均纬度。

⑦ 投影比例尺因子：通常为 1。

⑧ 加带号：通常不开启。

⑨ X 正方向（北向）：应开启（北半球测量坐标系）。

⑩ Y 正方向（东向）：应开启（北半球测量坐标系）。

3）基准面参数设置（图 5-13）。

① 源椭球：通常选择“WGS84”，不过当前主流 RTK 大多支持国家 CGCS2000。顾及基准站不同端口发送不同椭球的差分信号，建议源椭球选择与后续端口绑定的椭球保持一致。另外，也有部分 RTK 无须设定源椭球（大概率由差分信号自动判读源椭球）。

② 源椭球长半轴 a（m）：根据所选源椭球自动输入。

③ 源椭球扁率 $1/f$：根据所选源椭球自动输入。

④ 目标椭球：根据测区坐标系统正确选择，如 CGCS2000、北京 54、西安 80 等。

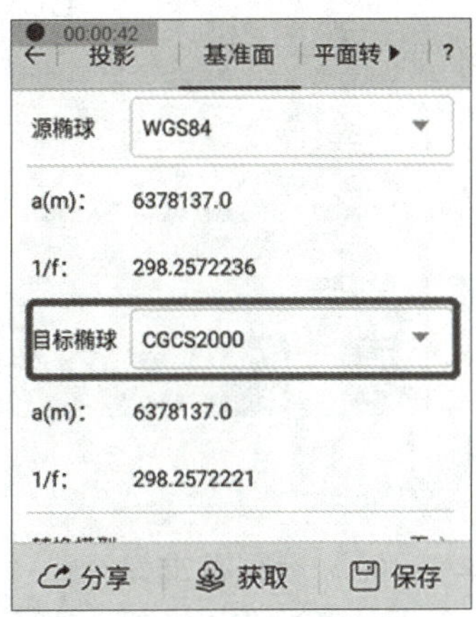

图 5-13　基准面参数设置

⑤ 目标椭球长半轴 a（m）：根据所选目标椭球自动输入。

⑥ 目标椭球扁率 $1/f$：根据所选目标椭球自动输入。

⑦ 转换模型（椭球转换）：转换模型有“无”“布尔莎七参数”“莫洛登斯基三参数”“一步法”“多项式回归模型”等选项。生产上应根据已知控制点的个数、精度等级及空间分布等因素，合理选择椭球转换模型，其中小区域 RTK 测图可选“无”。

事实上，此处转换模型的选择与后续参数计算中的“计算类型”选择存在联动关系。

小贴士

所有参数设置完成后，单击“保存”按钮，弹出提示框“是否将当前配置覆盖到坐标系统管理列表”，单击“确定”按钮，完成坐标系统参数的设置。

2. 设备连接与设置

（1）设备连接

此操作特指手簿与 GNSS 接收机间的连接。连接方式有 NFC（near field communication，近场通信）、蓝牙、网络、WiFi、NMEA（National Marine Electronics Association，国家航海电子协会）通用设备（蓝牙）等，可应用于不同场景。其中，NFC 虽为首推项，但很多设备尚无此功能，实际工作中蓝牙连接反而最为普及。

如图 5-14 所示，依次进行以下操作：单击手簿主界面中的“设备”→“设备连接”图标，在弹出的“设备连接”界面中，设置“方式”为“蓝牙”，单击“连接”按钮，弹出“蓝牙连接”界面并搜索设备，在弹出的配对提示界面中选中对应的主机机身号，单击“配对”按钮，仪器自检。

连接成功后，可查看主机对应的工作模式、固件版本信息、过期时间等信息。

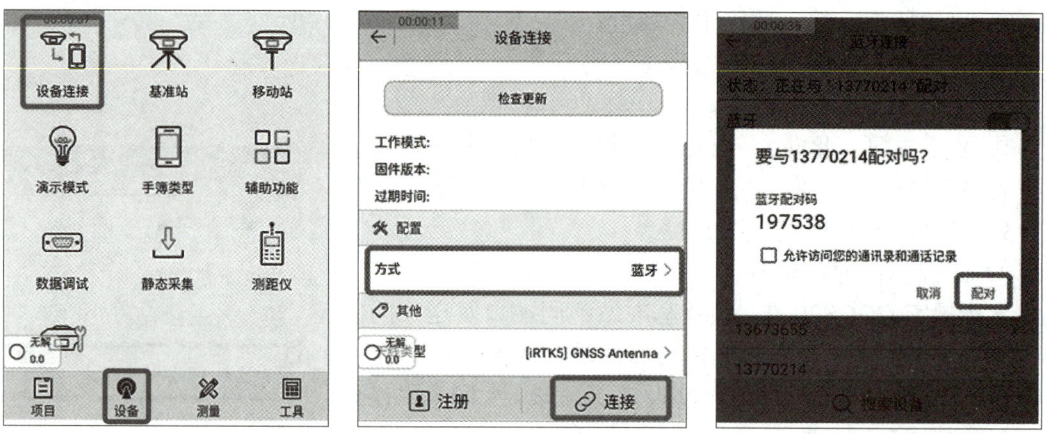

图 5-14　手簿与 GNSS 接收机的连接

（2）设置基准站

RTK 测量若在 CORS 网络模式下，则无须设置基准站。

RTK 测量若在电台模式下，则须设置基准站。

（3）设置移动站

1）确认移动站的联网方式。

在 CORS 网络模式下，移动站的联网方式有以下 3 种。

① 手机卡（SIM 卡）插到主机卡槽，数据链选择“内置网络”选项。

② 手机卡（SIM 卡）插入手簿背后的卡槽，数据链选择“手簿差分”选项。

③ 主机与手簿均不插卡，让手簿连接手机热点联网，数据链仍选择“手簿差分”选项。

因手机热点联网无须专配手机卡，故在教学和生产中被广泛使用。下面以此为案例介绍移动站的设置过程。

2）打开手机热点。

如图 5-15 所示，进入手机控制中心，打开“个人热点”，并长按“个人热点”图标，在弹出的界面中查看网络名称、密码和最大连接数等配置信息。

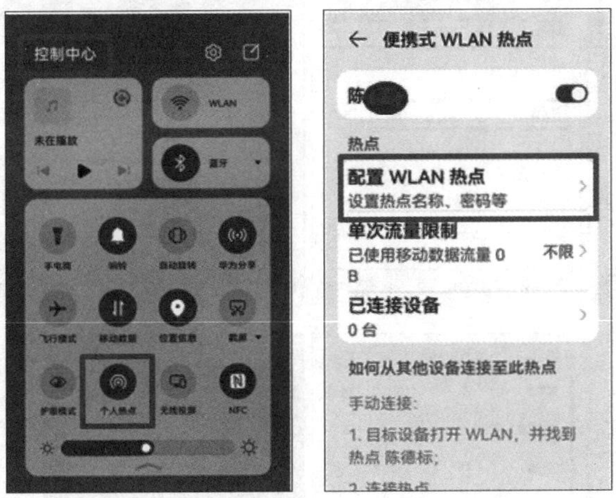

图 5-15　打开手机热点

3）打开手簿 WLAN 并连接到手机热点。

如图 5-16 所示，在手簿开机界面中，按物理菜单键，或单击“应用”图标，然后找到“系统设置”图标；单击“系统设置”图标，打开 WLAN，单击进入查找对应热点；进入后输入密码（仅首次需要），最后单击“连接”按钮，连接成功后手簿顶部会出现热点图标并常亮。

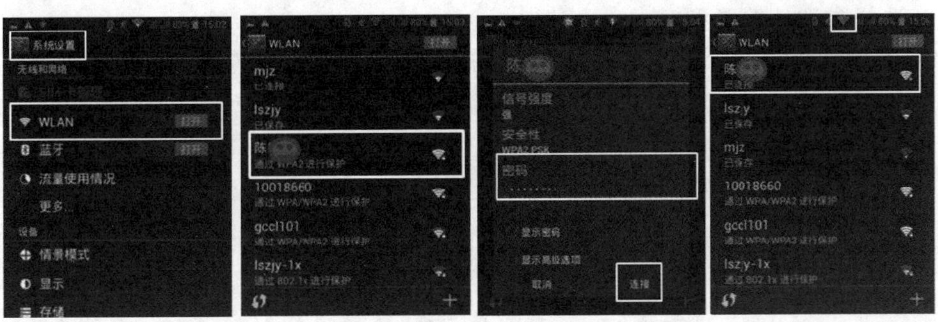

图 5-16　连接手机热点

4）设置移动站的具体步骤（图 5-17）。

① 配置移动站数据链。单击软件主界面中的“设备“→“移动站”图标，在弹出的“设置移动站”界面中设置数据链为“手簿差分”，服务器为“CORS”，输入“IP”和“端口”（注意对应椭球），也可通过服务器栏的“选择”功能，从预置的服务器列表中进行快速选择及补充修改。单击“源节点”文本框后方的“设置”按钮，在弹出的“CORS 连接参数”界面中获取源节点，根据接收机自身的性能，合理选择差分源节点。最后，输入 CORS 账号的“用户名”和“密码”。

② 保存设站模板。完成移动站的手簿差分配置后，为了便于后续复用，建议将其保存为模板。单击“保存”按钮进行设站模板的保存。

③ 完成移动站数据链的设置。保存设站模板后，单击“设置”按钮完成移动站数据链的设置。此时，移动站主机差分信号灯一秒一闪。若在室外，手簿将显示“固定”。

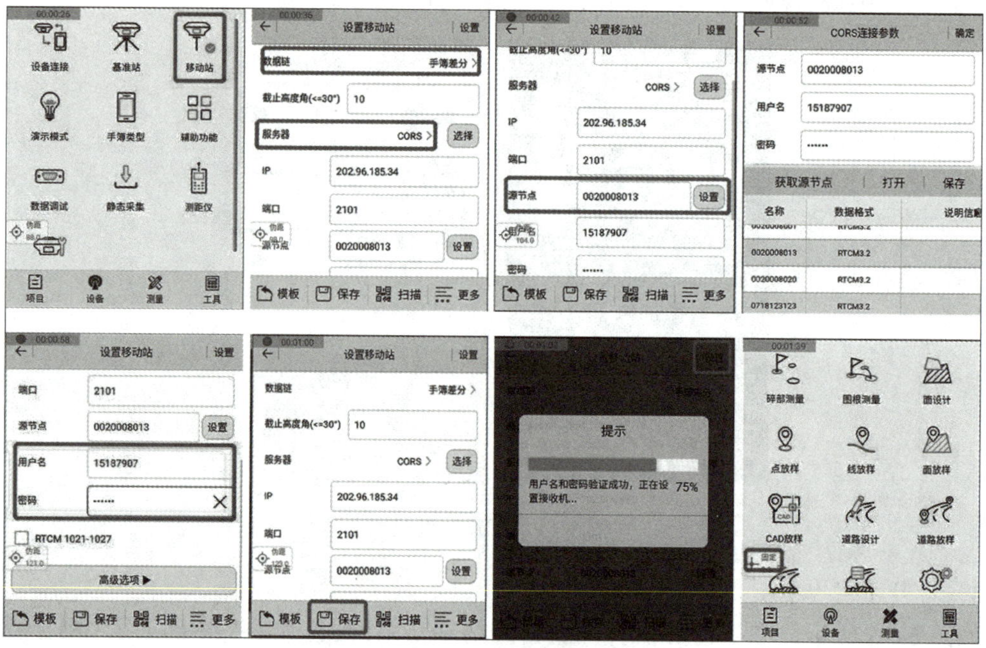

图 5-17　设置移动站

3. 参数计算

（1）选择参数计算类型

RTK 测图涉及的坐标转换形式多样，包括椭球（基准面）转换、平面转换、高程拟合和项目坐标参数等，它们各自适用于不同场景，具体情况详见表 5-11。

表 5-11　参数计算类型

序号	参数分类	计算类型	已知点个数	适用范围
1	椭球转换	三参数	≥1	适用于小区域测量。其计算空间向量 3 个平移量，用于 WGS84 向国家坐标系转换，或国家坐标系间转换
2		七参数	≥3	适用于大中区域测量。其计算空间向量 3 个平移量、3 个旋转量和 1 个尺度，用于不同椭球间的坐标系转换

续表

序号	参数分类	计算类型	已知点个数	适用范围
3	平面转换	四参数	≥2	适用于小区域测量。其计算平面向量 2 个平移量、1 个旋转量和 1 个尺度，用于平面坐标系的转换
4	高程拟合	固定差改正	≥1	适用于小区域测量。接收机测到的高程加上固定常数作为使用高程，常数可正或负
5		平面拟合	≥3	适用于小区域测量。对应于多个水准点处的高程异常，生成一个最佳的拟合平面
6		曲面拟合	≥6	适用于中等区域测量。对应于多个水准点处的高程异常，生成一个最佳的拟合抛物面。曲面拟合对起算数据要求比较高
7		带状拟合	≥3	适用于线形工程测量
8	项目坐标参数	点平移	=1	适用于小区域测量。其计算两坐标系统之间的平面平移参数、高程平移参数，可用于去除原始 *X* 坐标百位千位值、*Y* 坐标百位值，或平移其他特定常数
9	项目坐标参数	点校验或基站校正	=1	用于计算两坐标系统之间的大地坐标平移参数。适用于基站发生变化时进行校正，也适用于只有一个控制点（旋转角必须很小）的测区。注意：3 个平移参数值均不宜大于 120m

如图 5-18 所示，单击“参数计算”图标，在弹出的“参数计算”界面中，通过“计算类型”选项可查看设备支持的计算类型。

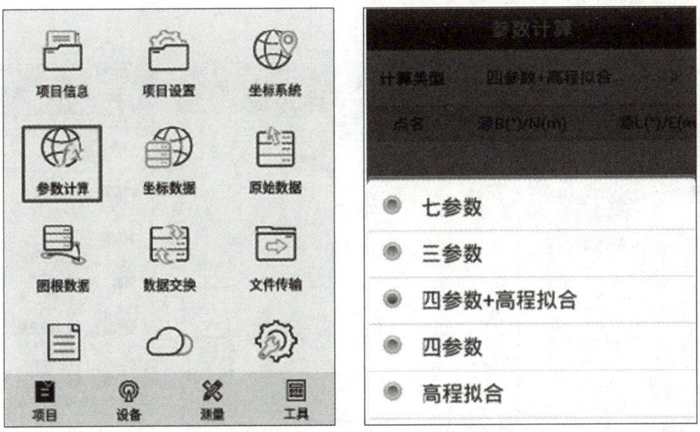

图 5-18　选择参数计算类型

生产中最常见的计算类型为“四参数+高程拟合”。求参时，应选用测区外围边界、距离较远的已知控制点，至少选用 2 个点，提倡选用 3～4 个点，以此提高精度和可靠性。

（2）参数点对准备（四参数计算）

1）将已知点坐标输入“控制点”点库。

如图 5-19 所示，单击“项目”→“坐标数据”图标，在弹出的界面中选择“控制点”选项卡，单击“添加”按钮，在弹出的“添加控制点”界面中逐一输入已知点坐标。

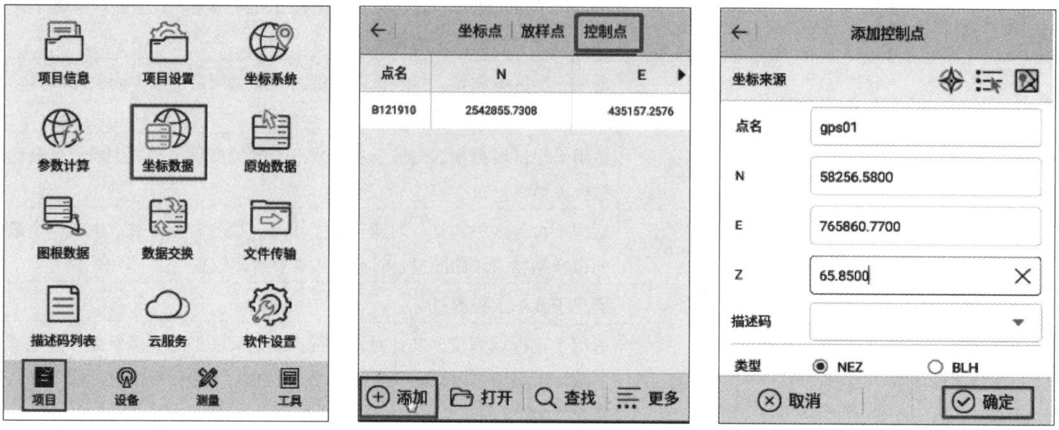

图 5-19　输入已知点坐标

2）采集对应已知点的实时坐标数据。

如图 5-20 所示，单击“测量”→“碎部测量”图标，弹出“碎部测量”界面，采集已知点的实时坐标数据（固定解，且宜平滑采集），并保存至“坐标点”点库中，必要时按控制点（图根测量）方式采集。

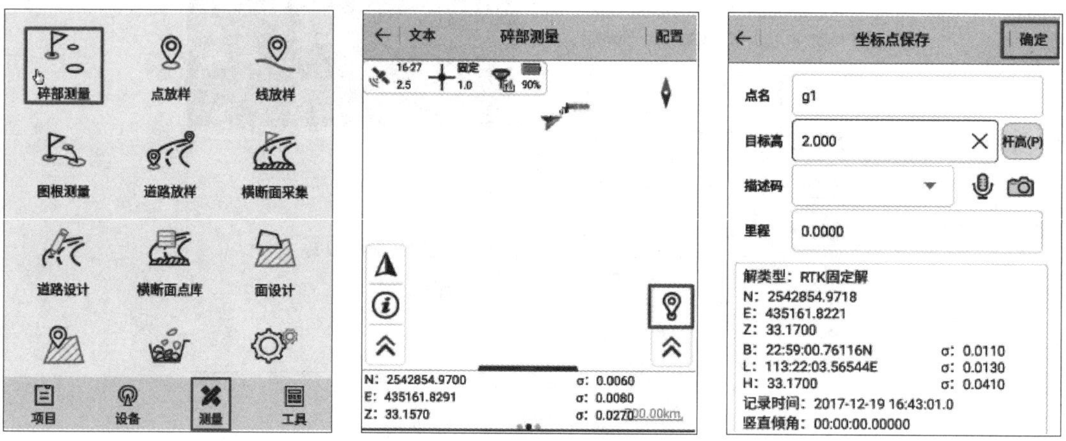

图 5-20　采集已知点的实时坐标

（3）参数点对坐标的添加

1）源点的添加。如图 5-21 所示，进入“参数计算”界面后，单击“添加”按钮进行点对坐标信息的添加。源点选择刚刚采集的坐标点实时数据。建议选中“BLH”单选按钮，单击“列表”按钮，在弹出的界面中选择点添加，此时会输入原始数据的经纬度。若选中“NEZ”单选按钮，则会输入“坐标点”点库中的平面坐标和高程。

图 5-21　源点的添加

2）目标点的添加。如图 5-22 所示，对于目标点的平面坐标与高程，通常从“控制点”点库列表中选点调入，如 gps1（务必与源点位置采集的坐标对应），选中平面和高程，检查无误后，单击“保存”按钮，即可完成 1 组参数点对的输入。

图 5-22　目标点的添加

同理输入第 2 组，且至少输入 2 组。

（4）计算并应用

如图 5-23 所示，确认参数计算类型（四参数+高程拟合.固定差改正）及参与计算的参数点对，单击“计算”按钮，开始计算转换参数，注意查看结果。

关注“尺度(*K*)”，其值应接近于 1。就测图而言，理应达到 3 个“9”或 3 个“0”。

关注“旋转”，其值通常接近于 0 或 360。若为 180 左右，则大概率是点对信息输反了。

检查无误后，单击“应用”按钮，即可将参数应用到坐标系统。此时，仪器将提示“正在更新坐标点库……”。

图 5-23 计算转换参数

小贴士

1. 这里使用原始数据中的经纬度（源经纬度和大地高）和刚才所求的参数，计算更新全部 RTK 采集到的坐标点，包括碎部点、图根点，当然也包括求解参数用的碎部点。

2. 二次求参，若源点调用“坐标点”点库中的 N、E、Z 数值（已是一次参数转换的结果），则将导致重大错误。

“坐标点”点库更新完成后，可进入项目主界面中的“坐标系统”，查看“平面转换”和“高程拟合”的参数应用情况。

最后，应到其他已知点上实测检查，并比对坐标差，确保无误。

（5）项目坐标参数文件（*.dam）套用

历史项目求解参数所用控制点的覆盖范围包含当前项目测区时，可以直接套用历史项目的坐标参数。操作步骤如下：

先在软件主界面中单击“项目”→“项目信息”图标，弹出“项目信息”界面，在“项目名”文本框中输入新项目名，单击“确定”按钮；然后在软件主界面中单击“项目”→“项目设置”图标，弹出“系统”界面，设置“项目坐标参数”，单击“dam”图标，打开对应的“历史文件”，选中“dam 文件”，单击“确定”按钮，完成坐标参数的加载和坐标数据的更新，且在当前项目“坐标系统”中可看到参数套用情况。

5.2.4 RTK 测图之数据采集

RTK 数据采集的跑尺方法、地物地貌测绘、综合取舍、草图绘制和测前/测后检查等，可参照全站仪测图，这里不再赘述。下面重点介绍 RTK 常规点测量、间接测量和倾斜测量 3 种功能。

1. 常规点测量

（1）测量配置

如图 5-24 所示，单击软件主界面中的“测量”→“碎部测量”图标，在弹出的“碎部测量”界面中单击“配置”按钮，进入“显示”选项卡，对显示内容进行配置；选择“数据”选项卡，对平面精度、高程精度等进行合理配置。

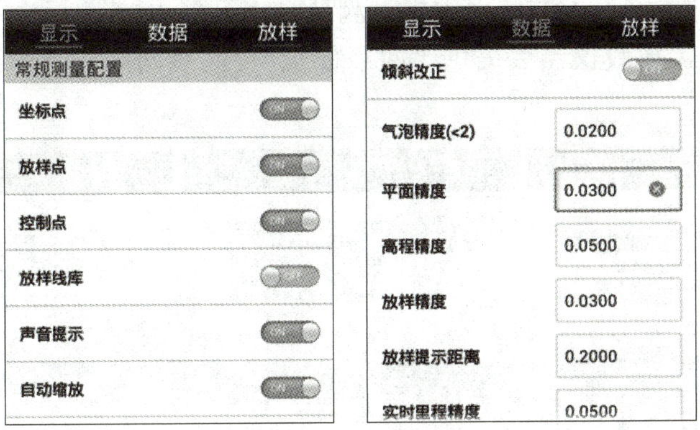

图 5-24　测量配置

（2）碎部测量

如图 5-25 所示，进入“碎部测量”界面后，单击“图形”/“文本”按钮切换界面（有些 RTK 只有一个界面），正确输入“点名”“目标高”“描述”，查看解类型及数据质量。若符合要求，则单击手动采集键或物理采集键即可。

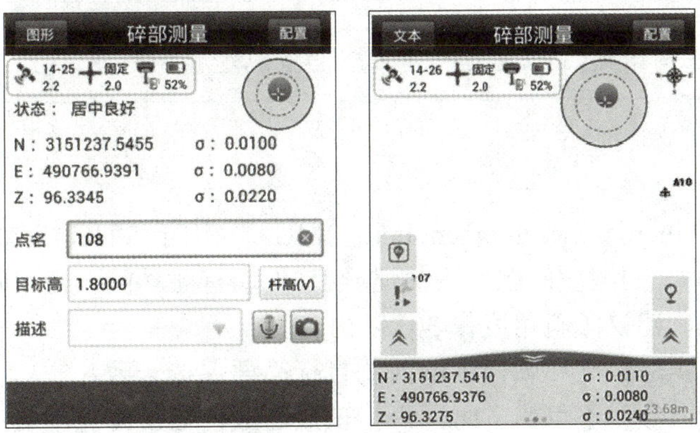

图 5-25　碎部测量

在 RTK 数据采集过程中，需特别关注以下信息：

1）目标高常选“杆高”，即对中杆自身的高度（杆上刻度值）。

2）解状态（类型）应选 RTK 固定解。浮动解、伪距、广域差分、单点解均不应存储。

3）差分龄期宜控制在 3s 以内。

4）PDOP 宜控制在 4 以内。

5）平面精度宜控制在 30mm 以内。

6）高程精度宜控制在 50mm 以内。

7）测量延迟，对中杆立稳后不宜马上采集数据，静置 2～3s 后采集较妥。

8）“碎部测量”界面还可查看公共卫星数、主机电量、电子气泡、方位、数据链等信息。单击“卫星”图标和“解”图标，可查看其详细信息及卫星高度截止角设置。

2. 间接测量

当测点观测条件不好、无法使用常规点测量时，可单击图标进入间接测量模式。

如图 5-26 所示，多数仪器会提供“四点已知”“两点两线”“两点一线”等间接测量方法。

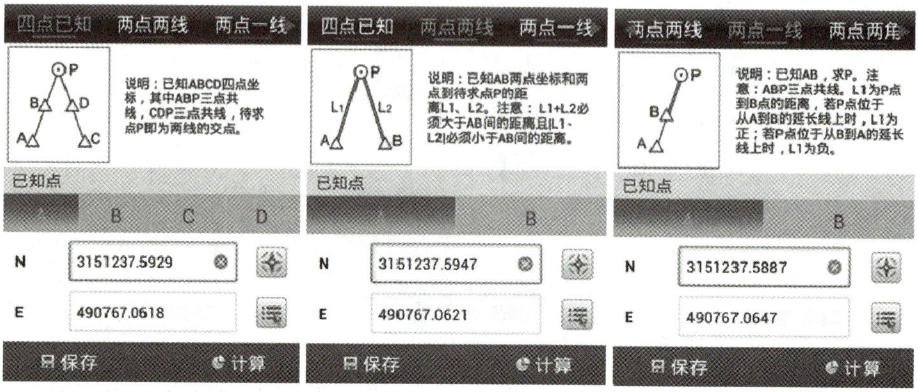

图 5-26 间接测量

小贴士

距离交会存在两个交点，实测中务必按设备规定顺序施测。

3. 倾斜测量

惯性测量单元（inertial measurement unit，IMU）应用于 RTK，有效解决了仪器中心无法到达测点（如房角）的测量问题，当前惯导 RTK 均有此功能。使用时注意：

1）为保障精度，建议倾斜角度在 30° 以内。

2）初始化时，实际杆高和软件中输入的目标高要保持一致。

3）当手簿显示“倾斜不可用”时，可尝试左右或前后缓慢晃动 RTK 解决。

4）开机、手动打开惯导模块、静止时间较长，对中杆用力戳地、倾斜超过 65°、转速过快等，均需要重新初始化。

5.2.5 RTK 测图之数据传输

1. 数据交换

完成数据采集后，需进行数据交换，按成图软件数据格式要求（如南方的*.dat），将原始数据导出至手簿特定文件夹，如 ZHD/OUT。

如图 5-27 所示，单击软件主界面中的“项目”→“数据交换”图标，在弹出的“原始数据”（坐标点数据）选项卡中，选择导出格式或自定义导出格式，然后修改文件名（如 cdb20220802），检查无误后单击“确定”按钮，完成数据交换，则在相应文件夹中可看到交换后的文件。

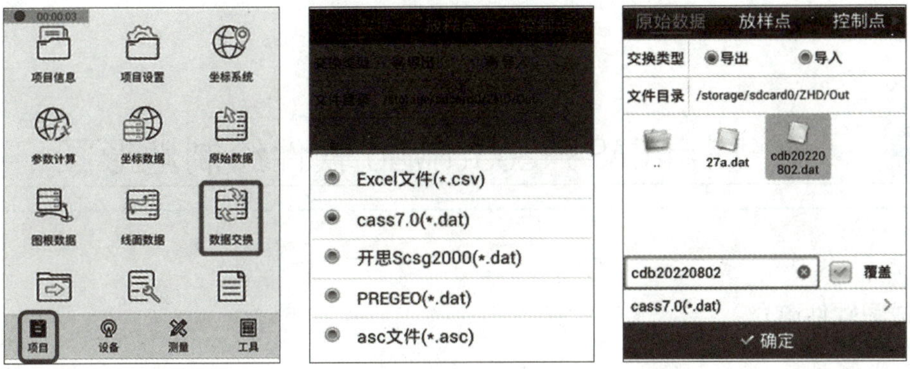

图 5-27　数据交换

同理可将放样点、控制点、图根数据导出。

2. 数据下载

（1）手簿与计算机连接

1）将手簿与计算机用配套的 USB 数据线连接，打开通知栏下拉菜单，单击 USB 设置项，查看 USB 与计算机的连接方式（即用途）。

2）从其他用途更改选中“USB 存贮设备”单选按钮，将自动提示“打开 USB 存贮设备”，单击打开，并进行确定，完成手簿与计算机的连接。

3）若已选择“USB 存贮设备”选项，则在下拉菜单中选择“已连接 USB”→“打开 USB 存贮设备”选项；或选择“关闭 USB 存贮设备”选项，再次选择进行切换，最后单击打开。

4）若 USB 数据线已设置为数据下载模式，则手簿与计算机用数据线接好后，自动跳转至“打开 USB 存贮设备”提示项。

（2）从手簿中复制数据

选择计算机端的“计算机”→“可移动磁盘”→“ZHD”→“OUT”→“数据文件”选项，单击查看或复制下载相应的数据文件。

5.2.6　RTK 测图之数据检查整理

每日观测完成后，宜将 RTK 采集的数据转存至计算机，并应进行检查处理，删除或标注作废数据、重测超限数据、补测错漏数据，及时生成原始数据文件并备份。

视频及互联网资源

视频 1．RTK 定位原理

视频 2．南方银河 6RTK 电台模式应用简明示范

视频 3．南方银河 6RTK 网络模式应用简明示范

5.3 利用 CASS-SouthMap 软件绘制地形图

5.3.1 成图软件简介

地形地籍数字成图软件种类多，主要有南方数码 CASS、南方测绘 SouthMap、清华山维 EPSW、瑞德 RDMS、开思 SCS 等。

CASS 已有二十余年的发展史，其始于 4.0 版本，经 5.1、7.1、9.1、10.1 版本，目前最新版本为 11.0，CASS 成图软件在测绘行业中占有重要地位。

SouthMap 与 CASS 同属南方产品，两者相似度较高。2021 年和 2022 年，SouthMap 为工程测量技能大赛省赛、国赛指定（赞助）成图软件。

5.3.2 CASS 9.1 的主界面

CASS 在生产单位和学校均十分普及，且不同版本同时存在，其中 CASS 9.1 版本应用最为广泛，其主界面如图 5-28 所示。

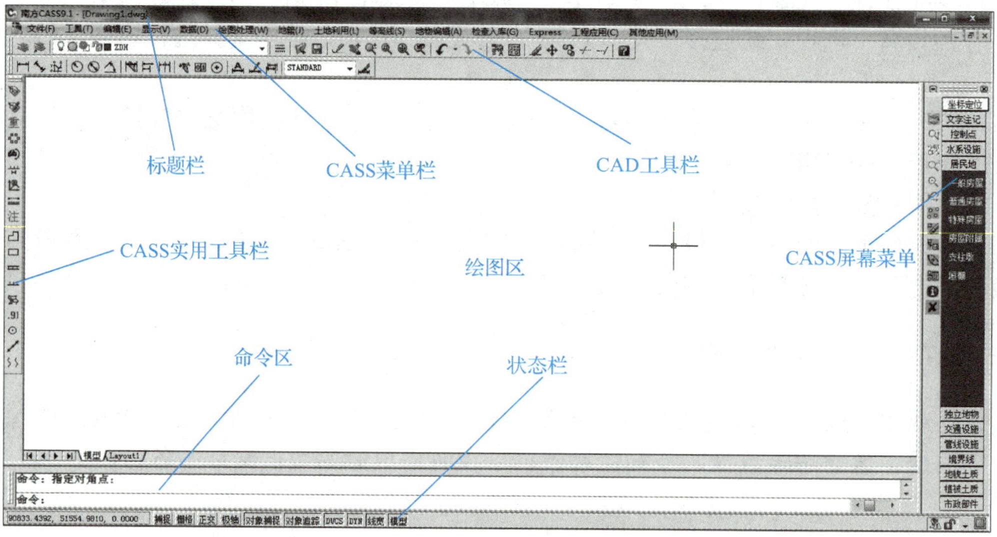

图 5-28　CASS 9.1 的主界面

1）标题栏：显示当前正在运行的程序名和正在被编辑的文件名。

2）CASS 菜单栏：位于主界面的第二行，几乎所有 CASS 的操作均可通过调用菜单功能来实现。它包括文件、工具、编辑、显示、数据、绘图处理、地籍、土地利用、等高线、地物编辑、检查入库、工程应用等。

3）CAD 工具栏：位于菜单栏下方，包括 CAD 标准工具栏等，可按需显示或隐藏。

4）CASS 实用工具栏：位于主界面左侧，包括 CASS 实用工具栏等，可按需显示或隐藏。

5）CASS 屏幕菜单：位于主界面右侧，包括坐标定位、文字注记、控制点、水系设施、居民地、独立地物、交通设施、管线设施、境界线、地貌土质、植被土质和市政部件等。

6）命令区：位于主界面（绘图区）下方，常显示 3 行，最下面一行为键盘输入命令行。

7）状态栏：位于命令区下方，用于显示光标坐标，开闭正交、极轴、对象捕捉功能等。

小贴士

绘图前应认真查看，并设置对象捕捉模式，必须选中“节点”。

8）绘图区：主界面中间的广阔区域。

5.3.3 参数配置

1. CASS 参数配置

操作步骤：“文件”→“CASS 参数配置”。

功能：设置 CASS 软件的各种参数。

1）“地物绘制”选项卡：包括高程注记位数，斜坡、电杆和围墙绘制样式，填充符号间距、默认坎高、高程点字高、展点号字高、建筑物字高等设置。

2）“电子平板”选项卡：包括通信口、波特率和检验等设置。

3）“高级设置”选项卡：包括生成（读入）交换文件、各类计算取位、DTM（digital terrain model，数字地形模型）三角形最小角（默认为 10°）等设置。

小贴士

在土石方计算中，为防止陡坎处构网异常，三角形最小角宜设置为微小值。

4）“图廓属性”选项卡：包括图名、图号、单位名称、坐标系、高程系、图示、日期、比例尺、密级等设置。

2. AutoCAD 系统配置

操作步骤：“文件”→“AutoCAD 系统配置”。

功能：设置 CAD 软件的各种参数。

包括文件、显示、打开与保存、打印、系统、用户系统配置、草图、选择等设置。

小贴士

为防止已绘图形丢失，务必打开自动保存功能，时间建议设定为 5min。

5.3.4 展绘碎部点

1. 定显示区

操作步骤："绘图处理"→"定显示区"。

通过给定坐标数据定出图形的显示区域，保证所有碎部点均显示在屏幕上，以便绘图。绘制新图前宜先执行该操作。若未做，则通过视图缩放实现全图预览。

2. 输入绘图比例尺

展绘碎部点或执行其他绘图命令时，均会提示输入绘图比例尺，按需输入即可。

3. 展野外测点点号

操作步骤："绘图处理"→"展野外测点点号"。

小贴士

草图法测图应按此方式展点，如图 5-29 所示。

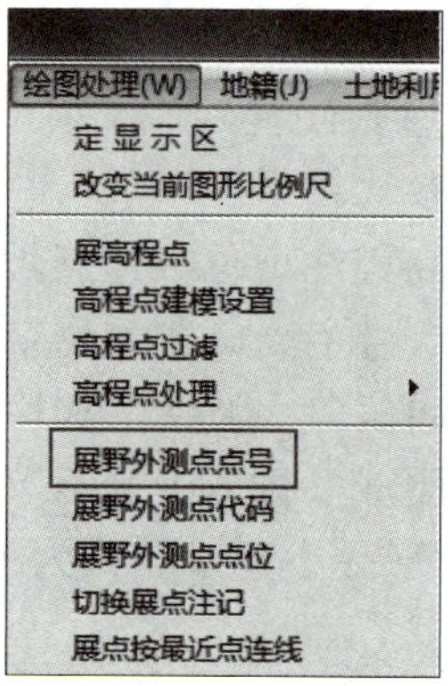

图 5-29 "展野外测点点号"选项

4. 展野外测点代码

操作步骤："绘图处理"→"展野外测点代码"。

5. 展野外测点点位

操作步骤："绘图处理"→"展野外测点点位"。

6. 展高程点

操作步骤："绘图处理"→"展高程点"。

7. 切换展点注记

操作步骤："绘图处理"→"切换展点注记"。

5.3.5　地物绘制

1. 使用屏幕菜单绘制地物

（1）面状地物绘制

【例 5-1】　房屋（四点房屋）绘制。

操作步骤：如图 5-30 所示，屏幕菜单“居民地”→“一般房屋”→“四点房屋”→“确定”。

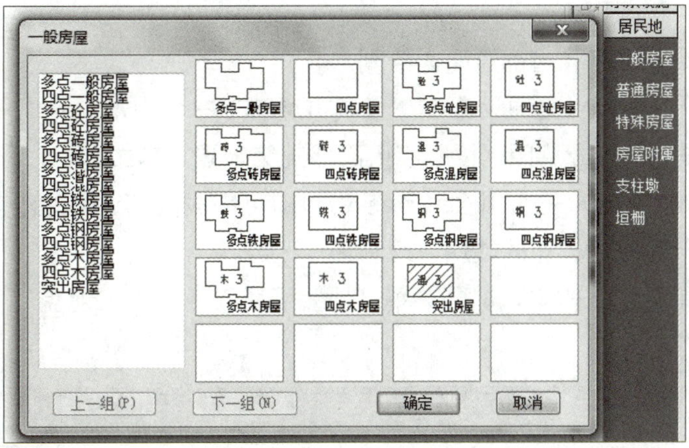

图 5-30　房屋绘制

查看命令行提示“1.已知三点/2.已知两点及宽度/3.已知两点及对面一点/4.已知四点”，根据外业测点情况选择绘制方法，若只采集了 3 个房角点，则在命令行输入“1”。结合草图，依次捕捉 3 个房角点，即可完成四点房屋的绘制。

【例 5-2】　桥梁（依比例级面桥）绘制。

操作步骤：如图 5-31 所示，屏幕菜单“交通设施”→“桥梁”→“依比例级面桥”→“确定”。

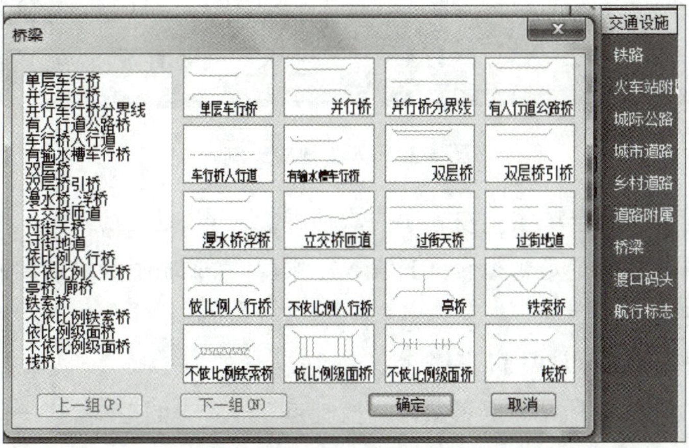

图 5-31　桥梁绘制

查看命令行提示，结合草图，依次捕捉第一点、第二点（对岸测点）和对面一点（上游或下游方向测点），即可完成依比例级面桥的绘制。

（2）线状地物绘制

【例 5-3】 垣栅（依比例围墙）绘制。

操作步骤：屏幕菜单“居民地”→“垣栅”→“依比例围墙”→“确定”。

查看命令行提示，结合草图，按顺序依次捕捉第一点、第二点、…、第 *n* 点、结束点，右击确认连线结束，并确定是否拟合（*Y* 或 *N*），输入墙宽（左+右-），即可完成依比例围墙的绘制。

【例 5-4】 城市道路（内部道路）绘制。

操作步骤：屏幕菜单“交通设施”→“城市道路”→“内部道路”→“确定”。

查看命令行提示，结合草图，按顺序依次捕捉第一点、第二点、…、第 *n* 点、结束点，右击确认连线结束，并确定是否拟合（*Y* 或 *N*），即可完成内部道路的绘制。

【例 5-5】 人工地貌（加固陡坎）绘制。

操作步骤：如图 5-32 所示，屏幕菜单“地貌土质”→“人工地貌”→“加固陡坎”→“确定”。

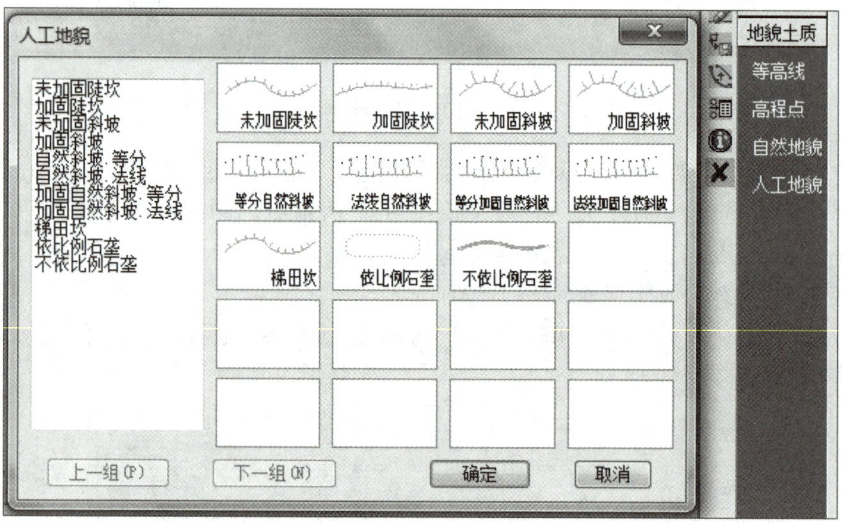

图 5-32　人工地貌绘制

查看命令行提示，结合草图，按顺序依次捕捉第一点、第二点、…、第 *n* 点、结束点，右击确认连线结束，并确定是否拟合（*Y* 或 *N*），即可完成加固陡坎的绘制。

（3）点状地物绘制

【例 5-6】 平面控制点（埋石图根点）绘制。

操作步骤：如图 5-33 所示，屏幕菜单“控制点”→“平面控制点”→“埋石图根点”→“确定”。

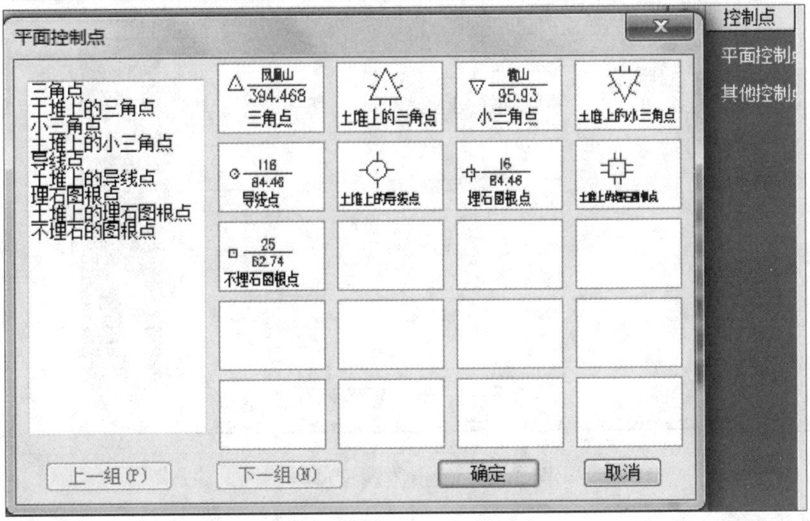

图 5-33　平面控制点绘制

查看命令行提示，结合草图，准确捕捉点位或采用点号定位，输入高程、点名等，即可完成埋石图根点的绘制。

【例 5-7】　名胜古迹（纪念碑）绘制。

操作步骤：如图 5-34 所示，屏幕菜单“独立地物”→“名胜古迹”→“纪念碑”→“确定”。

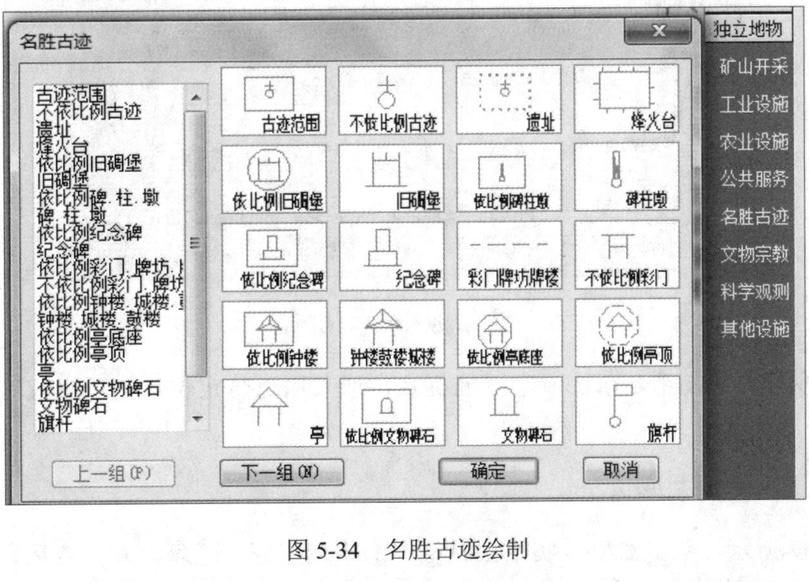

图 5-34　名胜古迹绘制

查看命令行提示，结合草图，准确捕捉点位或采用点号定位，即可完成纪念碑的绘制。

【例 5-8】　管道附属设施（消火栓）绘制。

操作步骤：如图 5-35 所示，屏幕菜单“管线设施”→“管道附属设施”→“消火栓”→“确定”。

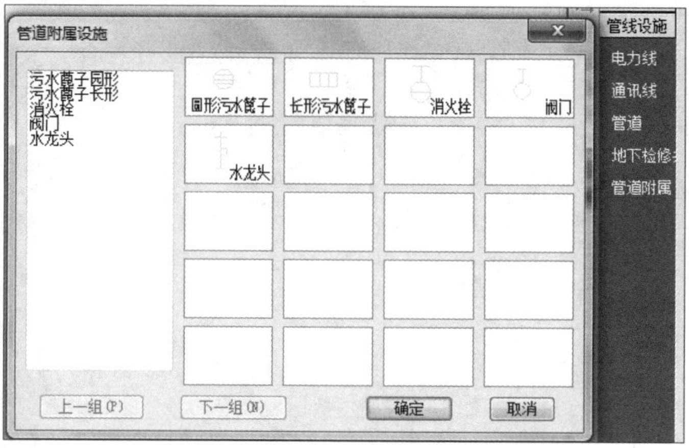

图 5-35　管道附属设施绘制

查看命令行提示，结合草图，准确捕捉点位或采用点号定位，即可完成消火栓的绘制。

【例 5-9】　林地（针叶独立树）绘制。

操作步骤：如图 5-36 所示，屏幕菜单“植被土质”→“林地”→“针叶独立树”→“确定”。

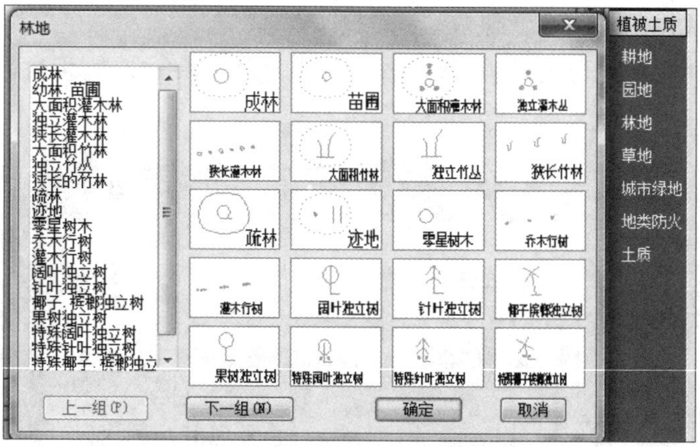

图 5-36　林地绘制

查看命令行提示，结合草图，准确捕捉点位或采用点号定位，即可完成针叶独立树的绘制。

2. 使用工具栏绘制地物

如图 5-37 所示，单击 CASS 实用工具栏中的相应图标，即可绘制四点房、围墙、陡坎等常见地物，还可执行交互展点、文字注记、重新生成等操作命令。

图 5-37　CASS 实用工具栏

3. 使用快捷命令绘制地物

1）数字测图常见的 CAD 快捷命令如表 5-12 所示。

表 5-12　CAD 快捷命令

命令	含义	命令	含义	命令	含义
A	画弧	PL	画复合线	Z	屏幕缩放
C	画圆	LA	设置图层	PE	复合线编辑
CP	复制	LT	设置线型	R	屏幕重画
E	删除	M	移动		
L	画直线	P	屏幕移动		

2）数字测图常见的 CASS 快捷命令如表 5-13 所示。

表 5-13　CASS 快捷命令

命令	含义	命令	含义	命令	含义
DD	通用绘图命令	SS	绘制四点房屋	V	查看实体属性
D	绘制电力线	H	线型换向	WW	批量改变复合线宽
FF	绘制多点房屋	J	复合线连接	X	多功能复合线
G	绘制高程点	KK	查询坎高	Y	复合线上加点
I	绘制道路	AA	给实体加地物名	O	批量修改复合线高
K	绘制陡坎	F	图形复制	Q	直角纠正
T	注记文字	N	批量拟合复合线	U	恢复
W	绘制围墙	RR	符号重新生成		
XP	绘制自然斜坡	S	加入实体属性		

5.3.6　地物编辑

在数字地形图内业绘图处理过程中，地物的编辑修改是很重要的一环。常见的地物编辑方法如图 5-38 所示。

1. 重新生成

围墙、台阶、桥梁等地物骨架线改动后，基于“重新生成”命令，手工选择实体（单击骨架线）或重构所有实体，即可完成地物重构。

2. 符号重置

符号重置是花圃、草地等填充符号按新设定值重新填充。

3. 线型换向

线型换向用于更改陡坎、斜坡等的毛刺朝向。

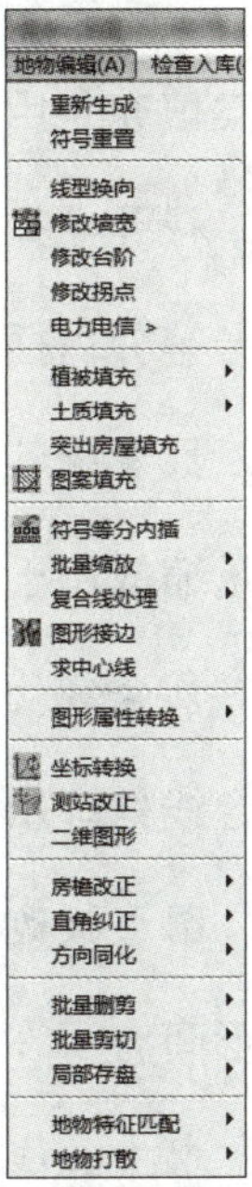

图 5-38　常见的地物编辑方法

4. 修改墙宽

修改墙宽用于更改围墙、城墙等的宽度。

5. 修改台阶

修改台阶常用于修改不规则复杂台阶的轮廓线。

6. 修改拐点

修改拐点常用于修改不规则复杂桥梁的轮廓线。

7. 电力电信

电力电信常用于电杆上加绘弱电或强电线缆。

8. 植被填充

植被填充是用稻田、林地、花圃等植被符号填充封闭区域。

9. 土质填充

土质填充是用沙地、石块地等土质符号填充封闭区域。

10. 突出房屋填充

突出房屋填充是将房屋用待定线条填充，以突出显示之。

11. 图案填充

图案填充是用几何图案或线条填充封闭区域。

12. 符号等分内插

符号等分内插用于在选定首尾符号间，沿直线等分内插相同符号。

13. 批量缩放

批量缩放用于批量缩放文字、符号和圆圈。

14. 复合线处理

复合线处理用于复合线加点、删点、连接、拟合及属性编辑等。

15. 图形接边

图形间有少许重叠、分离、交叉，可用此功能进行接边或接线。

16. 求中心线

求中心线用于在两复合线间内插中心线。

17. 图形属性转换

图形属性转换用于更改图层、编码、图块、线型、字形等。

18. 坐标转换

坐标转换用于四参数转换计算和七参数转换计算。

19. 测站改正

在数字测图中，测站改正是一项非常重要的技能，其原理是平面四参数转换，且长度比 $K=1$，即只涉及平移和旋转3个参数。由此可知，实施测站改正，至少要有2个公共点。操作步骤如下：

展转前点号或图形（含公共点）→展转后公共点→地物编辑→测站改正→指定纠正前的第一点→指定纠正前第二点的方向→指定纠正后的第一点→指定纠正后第二点的方向→选择要纠正的图形实体→输入纠正前的数据文件名并打开→输入纠正后的数据文件名并打开→完成图面和坐标数据改正。

20. 房檐改正

房檐改正用于房檐编辑，可逐边修改，亦可批量修改。

21. 直角改正

直角改正用于改正直角，可单角修改，亦可整体修改。

22. 方向同化

方向同化用于调整雨箅子等地物的朝向，使其与参考线保持平行或垂直。

23. 批量删剪

批量删剪用于删剪窗口、指定多边形的内部（或外部）图形。

24. 批量剪切

批量剪切用于剪切窗口、指定多边形的内部（或外部）线条。

25. 局部存盘

局部存盘用于局部图形存盘。

26. 地物特征匹配

地物特征匹配用于将目标实体匹配成源对象，可逐一匹配，亦可批量匹配。

27. 地物打散

地物打散可打散独立图块，亦可打散复杂线型。

5.3.7 等高线绘制

等高线是自然地貌的主要表达方式，其下拉菜单如图 5-39 所示。

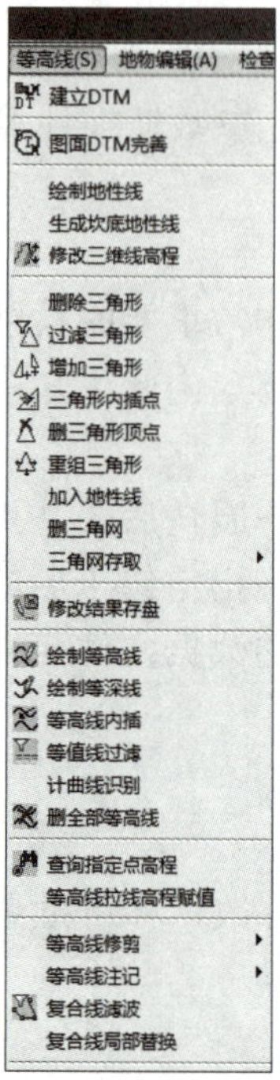

图 5-39 “等高线”下拉菜单

1. 地形点坐标数据准备

绘制等高线前，应对地形点数据进行检查整理，剔除 RTK 基站点、测区外围控制点、独立石高程点、桥面高程点，以及其他错误或不合理的高程点。

小贴士

宜将地形点坐标数据分离，并另存为独立文件。

2. 绘制地性线

绘制等高线前，宜展点号，并绘出山脊线、山谷线、坎顶线和坎脚线等地性线，以备后续参与构网。

3. 建立 DTM

DTM 可由数据文件或由图面高程点生成，建议选择数据文件方式。操作步骤如下：

单击 CASS 菜单栏中的“等高线”→“建立 DTM”→选中“由数据文件生成”单选按钮→选择并打开数据文件→选中“建模过程手工选取地性线”复选框→“确定”→地性线选择并确认，即可建立 DTM。地性线参与构网可有效解决等高线失真现象。

4. 图面 DTM 完善

图面 DTM 完善的主要方法有：删除三角形、过滤三角形、增加三角形、三角形内插点、删三角形顶点、重组三角形等。

修改完善后，务必单击“修改结果存盘”命令。

必要时，单击“三角网存取”命令将修改后的三角网写入文件。

5. 绘制等高线

单击“绘制等高线”命令，弹出“绘制等值线”对话框，如图 5-40 所示，显示最小高程和最大高程，输入等高距（1∶500 测图，平坦地输入“0.5”），默认选中“三次 B 样条拟合”单选按钮，单击“确定”按钮，完成等高线绘制。

单击“删三角网”命令，留下等高线和地物。

6. 等高线修剪

根据 GB/T 20257—2017《国家基本比例尺地图图示》，当等高线遇到房屋、公路、双线河渠等符号时，应表示至符号边线；在单色图上，当等高线遇到各类注记、独立地物、植被符号时，应间断。故等高线需修剪。

单击“等高线修剪”→“批量修剪等高线”命令，弹出“等高线修剪”对话框，如图 5-41 所示，在“修剪选择”选项组中选中相应的单选按钮，在“修剪地物”选项组中选中相应的复选框，选中修剪类型，最后单击“确定”按钮，完成等高线的剪切或消隐。

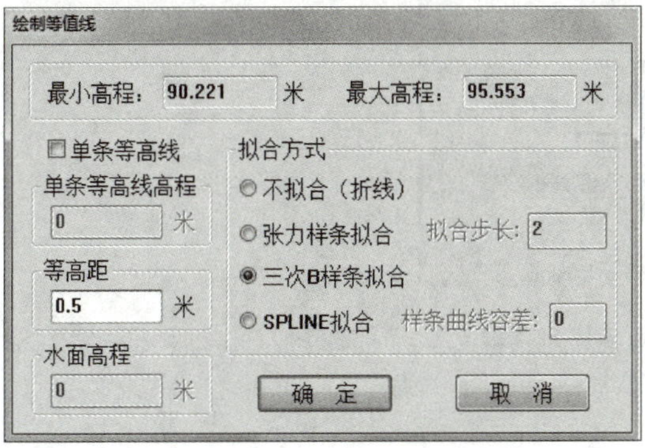

图 5-40　“绘制等值线”对话框

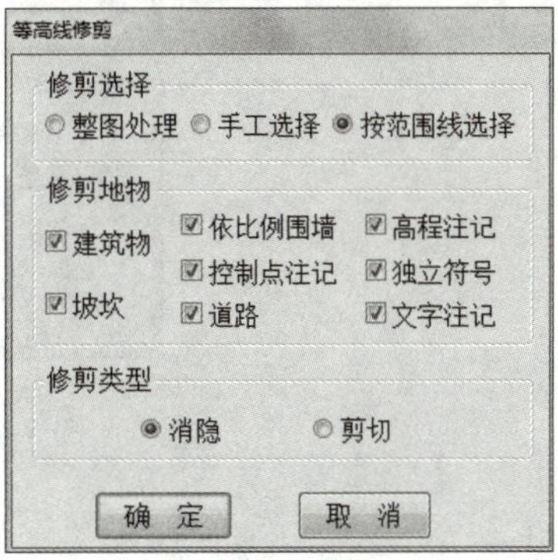

图 5-41　“等高线修剪”对话框

7. 等高线注记

等高线注记是识读地形图的重要依据。分为单个高程注记和沿直线高程注记两种，后者又分为只处理计曲线和处理所有等高线两种。

小贴士

沿直线注记时，直线应从低处往高处画。

5.3.8 图廓整饰

图廓整饰参见 5.3.3 节“1．CASS 参数配置”中的“图廓属性”选项卡，涉及图名、图号、单位名称、坐标系、高程系等内容，但可提前输入，并形成模板。

5.3.9 图幅整饰

大比例尺地形图采用正方形或矩形分幅，图幅编号宜采用西南角坐标的千米数表示，其标准图幅为 50cm×50cm 或 50cm×40cm，一般工程项目可采用任意图幅，带状地形图可采用倾斜图幅。

图 5-42 所示为标准图幅的“图幅整饰”对话框。

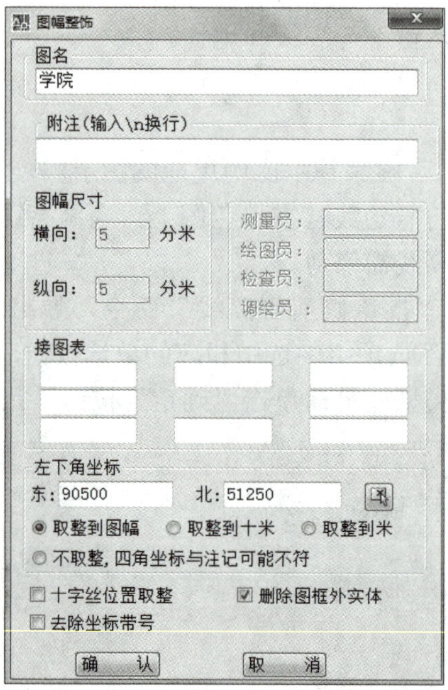

图 5-42 “图幅整饰”对话框

小贴士

图幅整饰前，一般要先加方格网（“绘图处理”→“加方格网”），以了解图幅尺寸。

5.3.10 成果输出

1. 文件传输

数字地形图绘制完成后，可用文件形式存盘保护及传输。

文件格式有*.dwg、*.dwt、*.dws、*.dxf 共 4 种，其中*.dwg 为图形文件格式，且为系统默认保存格式。

2. 纸质打印输出

操作步骤：CASS 菜单栏中的“文件”→“绘图输出”→“打印”。

如图 5-43 所示，选定打印机、图纸尺寸、打印范围、打印偏移、打印比例、图形方向，预览打印效果，确认无误后，单击“确定”按钮，即可打印输出纸质版本。

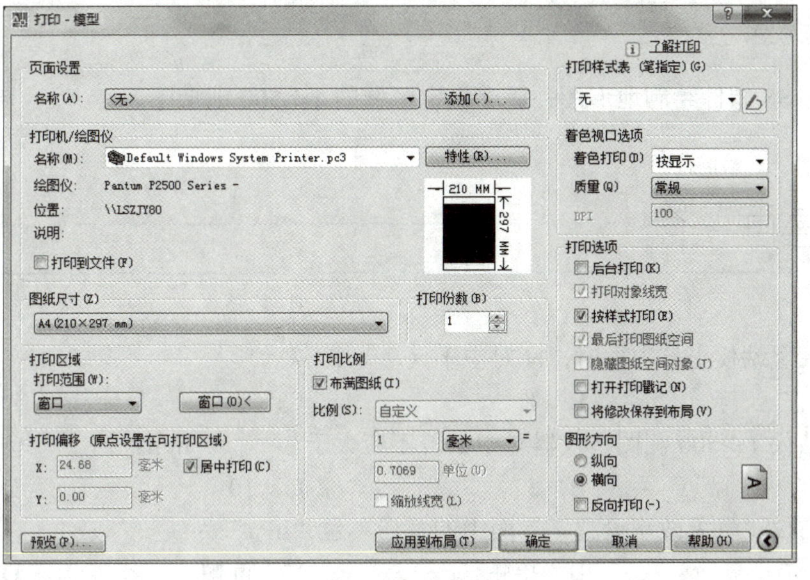

图 5-43　打印设置

3. 文件打印输出

为了传阅方便，或拟将 CAD 图插入其他文档，建议将 CAD 图转成 PDF，此需求可通过“虚拟打印机打印到文件”功能来实现。

如图 5-43 所示，在选择打印机时，选定虚拟打印机“DGW　To　PDF pc”，其他设置同纸质打印输出，最后根据提示，输入 PDF 文件名和保存路径即可。

项目实践　1：500 地形图测绘

1. 实践准备

1）测绘前的准备：对所使用的仪器南方 NTS 系列全站仪和其他测图工具进行认真检验和校正，以确保测量的准确性。

2）野外测量过程中的注意事项：在野外测量过程中，注意人员安全、仪器操作安全，选择适当的实践场地，地物应该具有一定的丰富性，如有水系、建筑物、植被，地形有适当的起伏等。

2. 技术要求

1）利用草图法进行数据采集与数据成图。

2）利用给定的 GNSS 设备或全站仪进行数据采集。

3）地形图绘图比例尺为 1∶500。

3. 预期成果

利用 CASS 软件绘制地形图并提交指定区域的 1∶500 地形图。

直击工考

1. 输入全站仪坐标数据时，N 对应于（　　）。

A. X　　B. Y　　C. H　　D. Z

2. 全站仪 1∶500 测图，仪器对中偏差不应大于（　　）mm。

A. 3　　B. 5　　C. 10　　D. 20

3. 全站仪“气象改正设置”界面中的气压单位“hPa”为（　　）。

A. 帕　　B. 拾帕　　C. 百帕　　D. 千帕

4. 全站仪测图通过调用已知点进行后视定向，仪器提示是否重写后视点坐标数据，应选（　　）。

A. 直接跳过　　B. 回退　　C. 是　　D. 否

5. 全站仪测图通过方位角定向，角度输入格式常为（　　）。

A. 弧度　　B. 度　　C. 度.分.秒　　D. 度.分秒

6. 全站仪测图宜选（　　）作为测站检核点。

A. 测站点　　B. 后视点

C. 碎部点　　D. 测站点后视点以外的已知点

7. 平坦地区 1∶500 地形图测绘，基本等高距为（　　）m。

A. 0.25　　B. 0.5　　C. 1　　D. 2

8. 1∶500 地形图测绘，地形点的最大点位间距为图上（　　）cm。

A. 1　　B. 2　　C. 3　　D. 5

9. 1∶500 地形图测绘，地物点的最大测距长度为（　　）m。

A. 100　　B. 160　　C. 200　　D. 300

10. 独立树定位点为图示符号的（　　）。

A. 几何图形中心　　B. 底线中点

C. 底部直角的顶点　　D. 最高顶点

11. 不是数字成图软件的是（　　）。

A. GPS　　B. CASS　　C. SouthMap　　D. EPSW

12．“对象捕捉”设置按钮位于软件主界面的（　　）。
A．左侧　B．右侧　C．顶部　D．底部

13．DTM三角形最小角可通过CASS参数配置（　　）选项卡设置。
A．地物绘制　B．电子平板　C．高级设置　D．图廓属性

14．CASS内业成图时，不能直接展出野外测点的（　　）。
A．高程值　B．平面坐标值　C．点号　D．代码

15．陡坎符号的毛刺应朝向（　　）。
A．高处　B．低处　C．左侧　D．右侧

16．测站改正后，两点间的（　　）不会发生变化。
A．坐标增量ΔX　B．坐标增量ΔY　C．距离　D．方位角

17．沿直线高程注记时，直线应（　　）绘制。
A．从低处往高处　B．从高处往低处　C．从左到右　D．从右到左

18．CAD图形文件的扩展名为（　　）。
A．*.dwg　B．*.dwt　C．*.dws　D．*.dxf

视频及互联网资源

视频1．展野外测点　　视频2．地形图的绘制　　视频3．地形图图幅的操作

项目6 林场地形图的识读与应用

◎ 项目导读

进行森林资源调查时经常要用到地形图。地形图是具有丰富的地形信息的载体，它不仅包含各种自然地理要素，还包含各种人工建造的地物要素，是地物和地貌的总称。在每一项新的工程建设之前，都要先进行地形测量工作，以获得规定比例尺的现状地形图。在地形图上，可以直接确定点的概略坐标、点与点之间的水平距离，以及直线间的夹角、直线的方位。地形图既能用于进行实地定向、确定点的高程和两点间的高差，也能用于计算面积，还可以用于确定设计对象的参数。因此，无论是国土空间规划、森林资源调查，还是土地利用及工程建设等，都离不开地形图。

◎ 学习目标

知识目标

- 掌握地形图的识读。
- 熟悉地形图的应用。
- 掌握地形图上面积的量算方法。
- 熟悉地形图上土方量的计算方法。

能力目标

- 能够读懂地形图。
- 能够利用地形图进行面积的量算、土方量的计算。

素养目标

- 培养热爱祖国、保护环境的意识。
- 培养专业报国、以身许国、专业强国的职业素养。
- 培养细致认真、终身学习的专业素养。

6.1 地形图的识读

为了正确应用地形图，首先要能读懂地形图。地形图使用各种规定的符号和注记表示地物、地貌及其他有关资料。通过对这些符号和注记的识读，可为林业调查、规划设计获得有用的信息。

识读地形图时，一般要按先图廓外后图廓内、先地物后地貌、从整体到局部的顺序，分层次地深入了解所需要解决的具体问题。这样不仅可以了解图名、图号和接图表、图廓与分度带、坡度尺等基本内容，而且还可以通过地物、地貌的识读，初步掌握该区域内的高低起伏、坡度坡向、各种建筑物的相对位置、交通线路、河流及地类等情况，为正确应用地形图打下基础。

6.1.1　认识地形图

凡是图上既表示出道路、河流、居民地等一系列固定物体的平面位置，又表示出地面各种高低起伏形态，并经过综合取舍，按比例缩小后用规定的符号和一定的表示方法描绘在图纸上的正形投影图，都可称为地形图。图 6-1 是某学校区域 1∶500 的地形图。

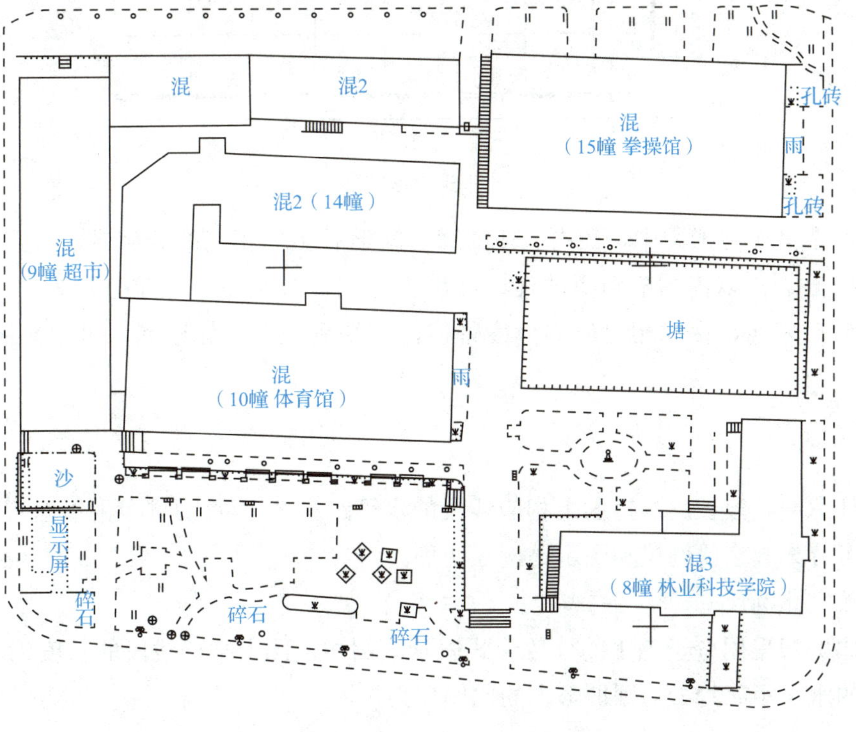

图 6-1　某学校区域 1∶500 地形图

地形图内容丰富，可分为数学要素和地形要素两大类。数学要素包括图廓、坐标格网、比例尺等内容；地形要素分为地物符号和地貌符号。要能正确地识读地形图，必须先了解地形图的要素。

6.1.2 图外注记的识读

1. 识读地形图图廓与分度带

地形图图廓包括外图廓和内图廓，如图 6-2 所示。外图廓是粗黑线外框，起装饰作用；内图廓是地形图分幅时的经纬线或坐标格网线。对于梯形分幅，内图廓由上、下两条纬线和左、右两条经线组成；对于矩形分幅，内图廓由两条平行于 X 轴和两条平行于 Y 轴的直线组成。

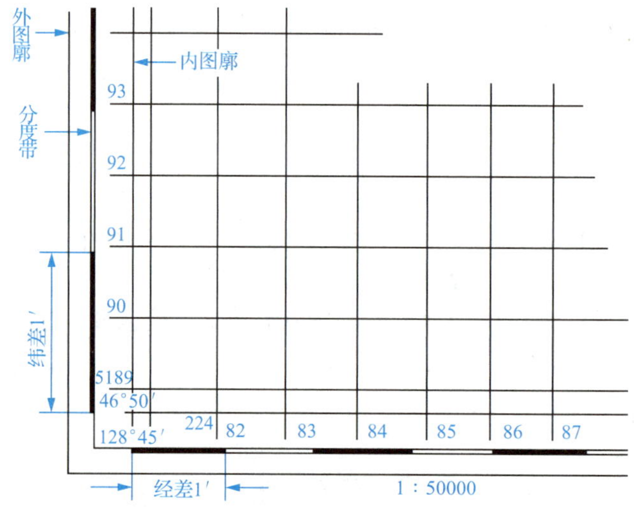

图 6-2　图廓

在中小比例尺地形图中，在内、外图廓之间绘有黑白相间的分度带，它是内图廓经、纬线的加密分划，以内图廓角点的经、纬度为起点，按经差、纬差分别为1′交替涂成黑白线条。连接东西、南北相对应的分度带值，便得到大地坐标格网，可用来图解点位的地理坐标。

2. 比例尺

图上任意一线段长度与地面上相应线段的水平距离之比称为地形图的比例尺。地形图的比例尺可分为数字比例尺和图示比例尺两种。

（1）数字比例尺

数字比例尺采用分子为 1 的分数形式表示。例如，图上某一线段的长度为 d，地面上相应线段的水平距离为 D，则地形图的比例尺为

$$\frac{d}{D}=\frac{1}{D/d}=\frac{1}{M}$$

式中，M——比例尺分母。

通俗地说，比例尺为$\frac{1}{M}$的地形图，就是将一定区域的地形缩小至$\frac{1}{M}$绘在图纸上。

比例尺的大小是以分数的大小来衡量的。M越小，$\frac{1}{M}$就越大，比例尺就越大；反之，M越大，$\frac{1}{M}$就越小，比例尺就越小，地形图的比例尺为$\frac{1}{500}$，也可以表现为1∶500的形式。

图 6-1 所示地形图用的 1∶500 就是数字比例尺。通常称1∶100 万、1∶50 万、1∶20 万为小比例尺地形图；1∶5 万、1∶2.5 万为中比例尺地形图；1∶1万、1∶5000、1∶2000、1∶1000 和 1∶500 为大比例尺地形图。林业技术类各专业通常使用大比例尺地形图。

（2）图示比例尺

为了用图方便，以及减小由于图纸伸缩而引起的使用中的误差，在绘制地形图时，常在图上绘制图示比例尺，最常见的图示比例尺为直线比例尺。

图示比例尺是将图上长度按比例尺关系直接注记成相应实地水平距离的比例尺形式。例如，图 6-3 中，图示比例尺由间距约为 2mm 的两条平行直线辅以 2cm 为单位的刻画注记所组成。量距时，先用分规截取地形图上某一线段的长度，再与图示比例尺进行比照，即可直接读取地面上相应线段的水平距离。

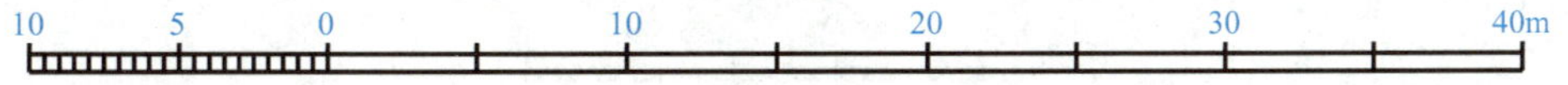

（a）1∶500

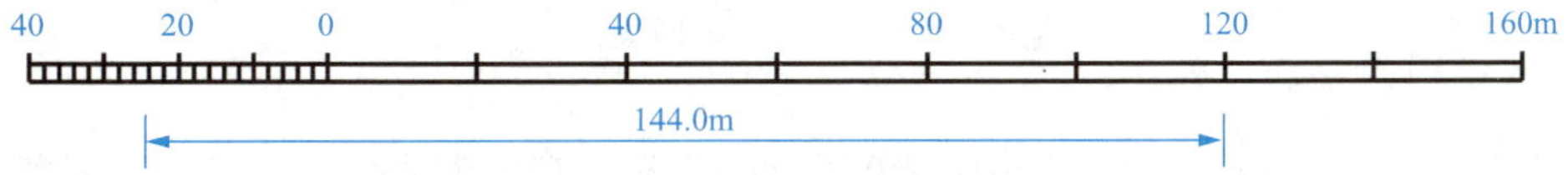

（b）1∶2000

图 6-3　1∶500、1∶2000 的直线比例尺

3. 坐标系统、高程系统、图名、图廓

地形图的坐标系统和高程系统由该图控制点的坐标系统和高程系统所决定。如图 6-4 所示，该地形图的坐标系统为国家 2000 大地坐标系，高程采用 1985 年国家高程基准，等高距为 0.5m。

图名即为每幅地形图的名称。每幅地形图都应标注图名，通常以图幅内最著名的地名、厂矿企业或村庄的名称作为图名。图 6-4 的图名为“某学院广场地形图”。

图廓是地形图的边界范围，由内图廓和外图廓组成。外图廓以粗实线描绘，内图廓以细实线描绘。内图廓既是直角坐标格网线，也是图幅的边界线。在内、外图廓之间标注有坐标值，在内图廓里侧，每隔 10cm 还绘有十字交叉的坐标方格网。

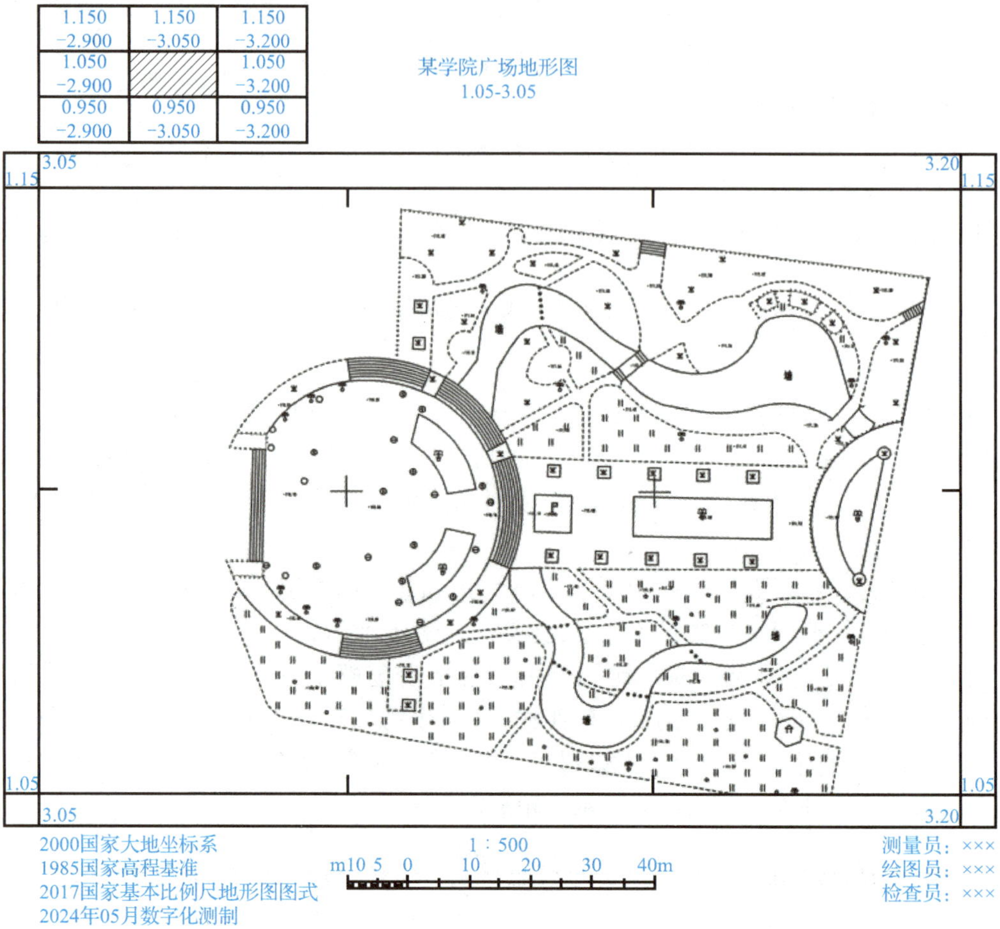

图 6-4　某学院广场 1∶500 地形图

4. 地形图的分幅与编号

由于图纸尺寸是有限的，故测区内的所有地形不可能都被绘制在同一张图纸上。因此，为了便于测绘、拼接、使用和保管地形图，需要对地形图进行分幅和编号。规范规定：1∶2000～1∶500 比例尺地形图一般采用 50cm×50cm 正方形分幅或者 50cm×40cm 矩形分幅。

采用正方形和矩形分幅的 1∶2000～1∶500 的地形图，其图幅编号一般采用坐标编号法，也可以采用行列号编号法。

坐标编号法是以该图廓西南角点的纵、横坐标的千米数来表示该图图号。图廓西南角的坐标为 x 和 y，则该图的编号为 $x-y$。编号时，1∶500 的地形图取至 0.01km，如 50.15−25.00；1∶1000、1∶2000 的地形图取至 0.1km，如 30.0−32.2。图 6-4 的编号为：1.05−3.05。

6.1.3　地物的识读

地物是指地球表面上的各种固定性物体，包括自然地物和人工地物。由于地物大小和各类地物的特点不同，为了测图和用图的方便，按统一规定的图式符号在地形图上进行表示。图式符号一般包括各种大小、粗细、颜色不同的点、线、图形等。地物符号不仅要能表达地面景物的形状、大小和位置，而且要能反映出各种景物的质和量的特征及相互关系。地物符号一般可分为依比例尺符号、不依比例尺符号、半依比例尺符号和注记符号 4 类。

（1）依比例尺符号

依比例尺符号是地物依比例尺缩小后，其长度和宽度能依比例尺表示的地物符号。依比例尺符号一般用实线或点线表示其外围轮廓。例如，在图 6-4 中，喷水池、无坎池塘、桥、亭、花坛等符号都是依比例尺符号。

（2）不依比例尺符号

不依比例尺符号是地物依比例尺缩小后，其长度和宽度不能依比例尺表示的地物符号。这些符号只能表示地物的中心位置，不能表示地物的大小。例如，图 6-4 中的测量控制点、管线点、路灯、独立树、旗杆等地物符号都属于不依比例尺符号。不依比例尺符号旁标注符号长、宽尺寸值。

（3）半依比例尺符号

半依比例尺符号是地物依比例尺缩小后，其长度能依比例尺而宽度不能依比例尺表示的地物符号。用半依比例尺符号表示的地物都是一些带状地物，如图 6-4 中的行道树、跳蹲等。半依比例尺符号旁标注宽度尺寸值。

（4）注记符号

注记符号是用文字、数字或特定的符号等对地形图上的地物、地貌进行补充和说明，如图 6-4 中注明的地名、高程等。

6.1.4　地貌的识读

1. 等高线的概念

地貌是指地表面的高低起伏状态，包括山地、丘陵和平面等。在图上表示地貌的方法有很多，但考虑到准确性和实用性，在测量工作中常采用等高线来表示。用等高线表示地貌，不但能较精确地显示地面的高低起伏形态，而且能最大限度地满足工程规划和设计的需要。

等高线是由地面上高程相同的点所连接而成的连续的闭合曲线。相邻等高线之间的高差称为等高距，也称等高线间隔，用 h 表示。在同一幅地形图上，等高距必须是相同的。相邻等高线之间的水平距离称为等高线平距，用 d 表示。h 与 d 的比值就是地面坡度 i，即

$$i=\frac{h}{dM}$$

式中，M ——比例尺分母。

由于在同一幅地形图上等高距 h 是相同的，因此地面坡度 i 与等高线平距 d 成反比。地面坡度越缓，其等高线平距越大，等高线显得越稀疏，如图 6-5 中的 bc 段；地面坡度越陡，其等高线平距越小，等高线越密集，如图 6-5 中的 ab 段。因此，可根据等高线的疏密判断地面坡度的缓与陡。也就是说，在同一幅地图上，等高线平距 d 越大，则坡度 i 越小；反之，则坡度 i 越大。如果等高线平距相等，则坡度均匀。

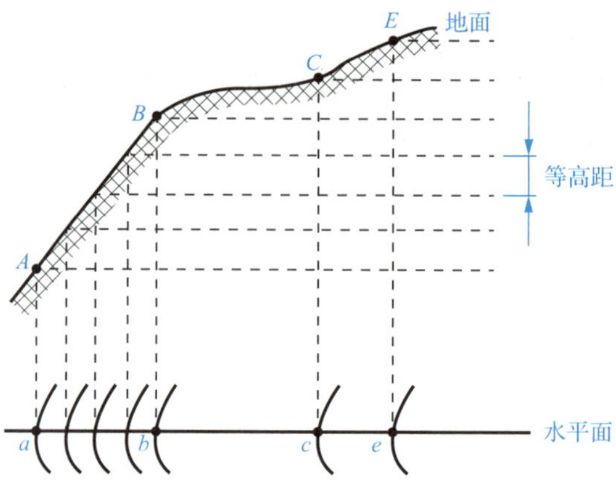

图 6-5　坡度大小与等高线平距的关系

对于同一比例尺的地形图，如果等高距过小，则会使图上的等高线过密，有可能影响地形图的清晰表达，还会成倍地增加测绘工作量；如果等高距过大，则不能正确反映地面的高低起伏状况。因此，基本等高距的大小应根据测图比例尺与测区的地形情况来确定。等高距的选用可参见相关规范，在此不再详细阐述。

2. 典型地貌及其等高线

尽管地球表面的高低起伏变化复杂，但基本上都可看成山头、洼地、山脊、山谷、鞍部或陡崖等典型地貌的组合。掌握典型地貌的等高线特点，有助于读图、用图和测图，能比较容易地分析和判断地面的起伏状态。典型地貌及其等高线如图 6-6 所示。

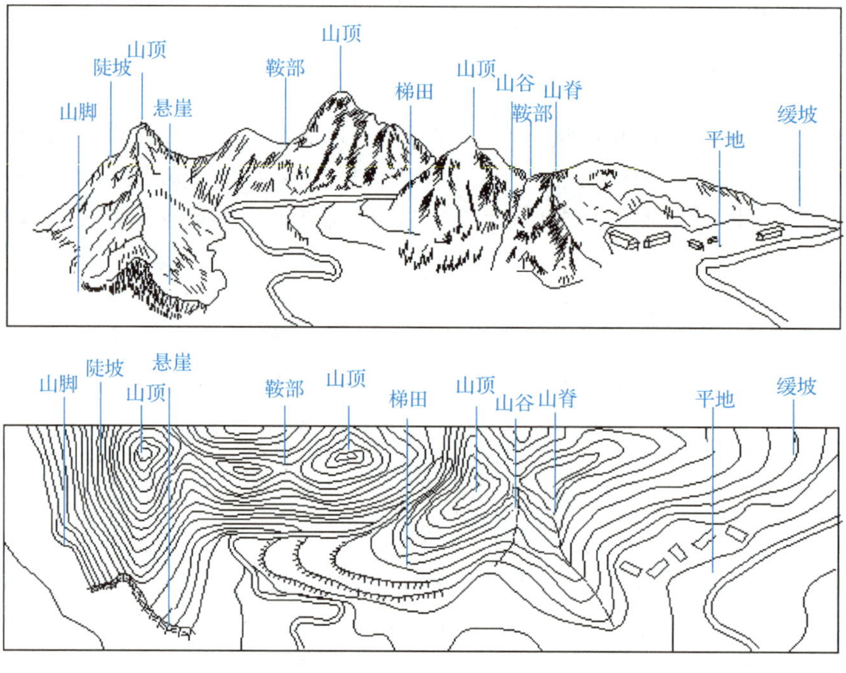

图 6-6　典型地貌及其等高线

（1）山头和洼地（盆地）

山头和洼地的等高线都是一组闭合曲线。山头内圈等高线的高程大于外圈等高线的高程；洼地则相反。这种区别也可以用示坡线表示。示坡线是垂直于等高线并指示坡度降落方向的短线。示坡线往外标注的是山头，往内标注的则是洼地，如图 6-7 所示。

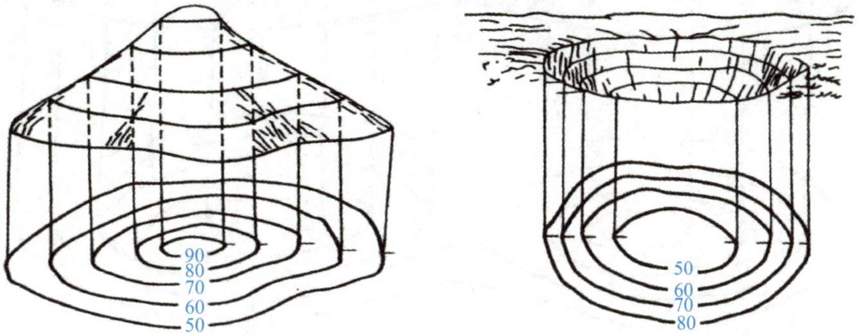

（a）山头等高线　　（b）洼地等高线

图 6-7　山头和洼地（盆地）等高线

（2）山脊和山谷的等高线

顺着一个方向延伸的高地称为山脊，山脊上最高点的连线称为山脊线。山脊的等高线是一组凸向低处的曲线。在两山脊间沿着一个方向延伸的洼地称为山谷，山谷中最低点的连线称为山谷线。山谷的等高线是一组凸向高处的曲线。山脊线、山谷线与等高线正交。山脊线又称分水线，山谷线又称集水线。在区域规划时，经常要考虑到地面的水流方向、分水线、集水线等问题。因此，山脊线和山谷线在地形图测绘和应用中有重要意义。山脊和山谷的等高线如图 6-8 所示。

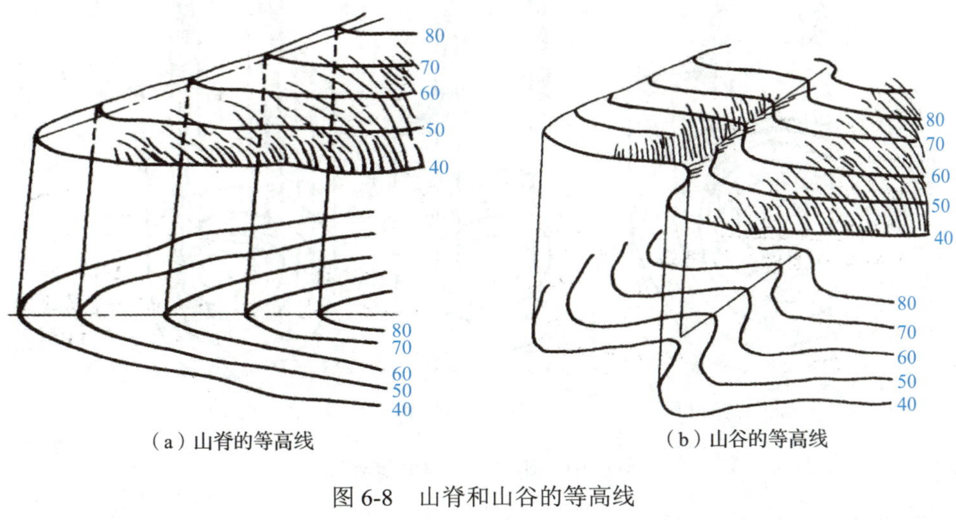

（a）山脊的等高线　　（b）山谷的等高线

图 6-8　山脊和山谷的等高线

（3）鞍部的等高线

相邻两山头之间呈马鞍形的低凹部分称为鞍部，鞍部是两个山脊和两个山谷会合的地方。鞍部的等高线由两组相对的山脊和山谷的等高线组成，即在一圈大的闭合曲线内套有两组小的闭合曲线，如图 6-9 所示。

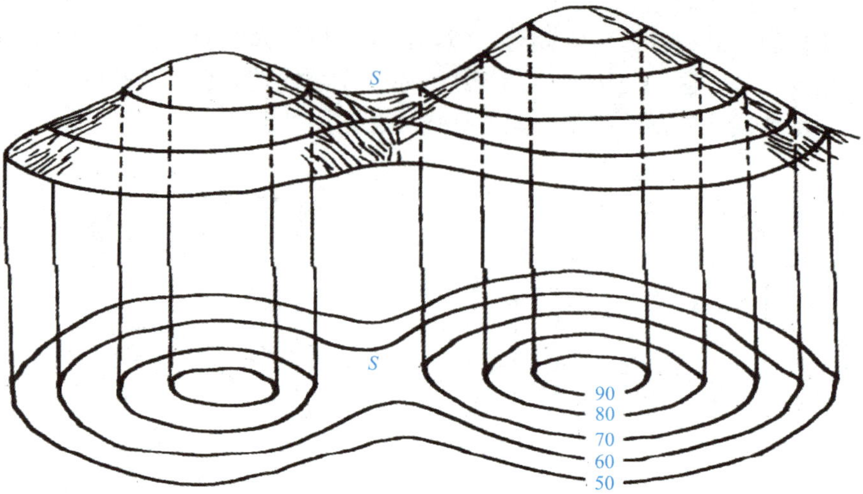

图 6-9　鞍部的等高线

（4）陡崖和悬崖

坡度在 70°～90° 的陡峭崖壁称为陡崖。陡崖处的等高线非常密集，甚至会重叠，因此在陡崖处不再绘制等高线，改用陡崖符号表示，如图 6-10（a）、（b）所示。

上部向外突出，中间凹进的陡崖称为悬崖，上部的等高线投影到水平面时与下部的等高线相交，下部凹进的等高线用虚线表示，如图 6-10（c）所示。

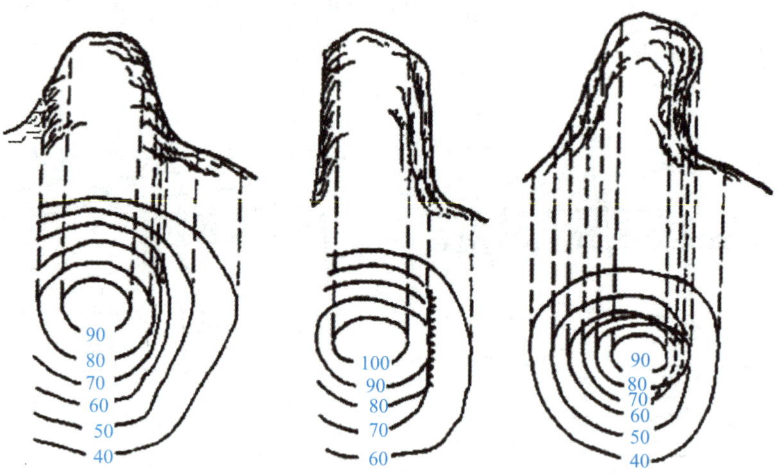

（a）石质陡崖　（b）土质陡崖　（c）悬崖

图 6-10　陡崖和悬崖的等高线

3. 等高线的分类及特性

地形图上的等高线按其作用和表现形式可分为以下 4 种，如图 6-11 所示。

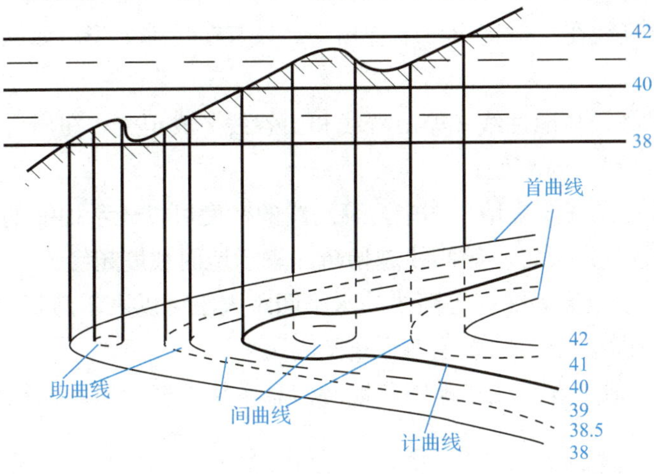

图 6-11 4 种类型的等高线

（1）首曲线

在同一幅地形图上，按照基本等高距描绘的等高线称为首曲线，又称基本等高线。首曲线用 0.15mm 宽的细实线绘制。

（2）计曲线

为了计算和用图的方便，每隔 4 条基本等高线加粗描绘的一条等高线，或者凡高程能被 5 整除且加粗描绘的基本等高线，称为计曲线。例如，等高距为 1m 的等高线，则高程为 5m、10m、15m、…，即 5m 的倍数的等高线为计曲线；又如，等高距为 2m 的等高线，则高程为 10m、20m、30m、…，即 10m 的倍数的等高线为计曲线。一般只在计曲线上注记高程。计曲线的高程值总是为等高距的 5 倍。计曲线用 0.3mm 宽的粗实线绘制。

（3）间曲线

对于坡度很小的局部区域，当用基本等高线不足以反映地貌特征时，可按 1/2 基本等高距加绘一条等高线，该等高线称为间曲线。间曲线用 0.15mm 宽的长虚线绘制，可以不闭合。

（4）助曲线

在地形较为平坦的区域，为了能够更准确地利用地形图设计工程建筑物，有时在间曲线的基础上还绘制出高差为 1/4 等高距的等高线，通常把这种等高线称为 1/4 等高线，也称助曲线。助曲线一般用 0.15mm 宽的细短虚线表示。

4. 等高线的特性

等高线的特性主要包括：

1）高程相等性：在同一等高线上的所有点，其高程都相等。这意味着等高线上的每一个点都代表相同的海拔高度。

2）闭合性：等高线是闭合的曲线，不会中断或重叠。这种闭合性有助于表示地形特征，如山顶、山谷等。

3）非交性：等高线在一般情况下不会相交。只有在特殊地形，如悬崖处，等高线才可能会相交。

4）正交性：等高线与地性线（如山脊线和山谷线）成正交。在山脊处，等高线凸向低处；在山谷处，等高线凸向高处。

5）密陡稀缓性：在同一幅地形图中，等高线的密度可以表示地面的坡度。等高线越密集，表示地面坡度越陡；反之，等高线越稀疏，表示地面坡度越缓。

6）水平间距表示地形陡缓：等高线的水平间距大小可以表示地形的陡缓。间距较大，表示地形较平坦；间距较小，则表示地形较陡峭。

这些特性共同构成了等高线在地图和地理信息系统中表示地形地貌的基础。

6.2 地形图的应用

在工程建设规划设计时，往往要用解析法或图解法在地形图上求出任意点的坐标和高程，确定两点之间的距离、方向和坡度，利用地形图绘制断面图等，这就是地形图应用的基本内容，现分述如下。

6.2.1 图上坐标点的测算

图 6-12 是比例尺为 1∶1000 的地形图坐标格网示意图，现以此为例来说明求图上 A 点坐标的方法。首先，根据 A 的位置找出它所在的坐标方格网 $abcd$，过 A 点作坐标格网的平行线 ef 和 gh。其次，用直尺在图上量得 $ag=72.3\text{mm}$，$ae=51.4\text{mm}$；由内、外图廓间的坐标标注知：$x_a=46.1\text{km}$，$y_a=37.2\text{km}$。则 A 点的坐标为

$$\begin{aligned} x_A &= x_a + ag\cdot M = 46100\text{m} + 72.3\text{mm}\times 1000 = 46172.3\text{m} \\ y_A &= y_a + ae\cdot M = 37200\text{m} + 51.4\text{mm}\times 1000 = 37251.4\text{m} \end{aligned} \tag{6-1}$$

式中，M——比例尺分母。

如果图纸有伸缩变形，为了提高精度，可按下式计算：

$$\begin{cases} x_A = x_a + ag\cdot M\cdot \dfrac{l}{ad} \\ y_A = y_a + ae\cdot M\cdot \dfrac{l}{ab} \end{cases} \tag{6-2}$$

式中，l——方格 $abcd$ 边长的理论长度，一般为 10cm；

ad、ab——用直尺量取的方格边长。

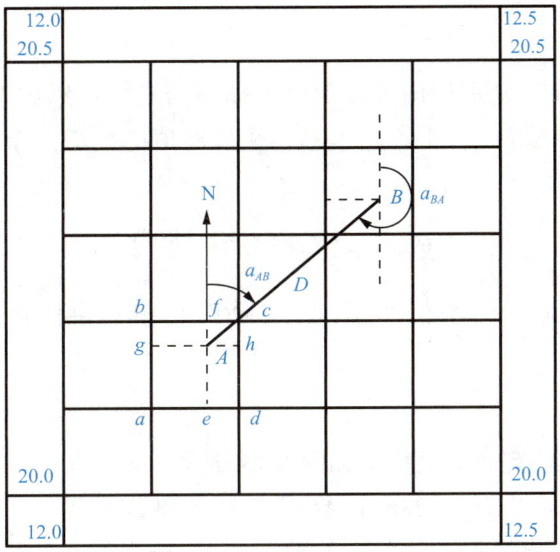

图 6-12　比例尺为 1∶1000 的地形图坐标格网示意图

6.2.2　两点间水平距离的测算

如图 6-12 所示，欲确定 AB 间的水平距离，可用以下两种方法求得。

1. 直接量测（图解法）

用卡规在图上直接卡出线段长度，再与图示比例尺比量，即可得其水平距离；也可以用刻有毫米的直尺量取图上长度 d_{AB} 并按比例尺（M 为比例尺分母）换算为实地水平距离，即

$$D_{AB}=d_{AB}\cdot M \tag{6-3}$$

或用比例尺直接量取直线长度。

2. 解析法

按式（6-2），先求出 A 、B 两点的坐标，再根据 A 、B 两点的坐标由公式计算：

$$D_{AB}=\sqrt{(x_B-x_A)^2+(y_B-y_A)^2} \tag{6-4}$$

6.2.3　两点间直线的坐标方位角的测算

欲求图 6-12 中直线 AB 的坐标方位角，可有下述两种方法。

1. 解析法

首先确定 A 、B 两点的坐标，然后按下式确定直线 AB 的坐标方位角：

$$\tan\alpha_{AB}=\frac{\Delta y_{AB}}{\Delta x_{AB}}=\frac{y_B-y_A}{x_B-x_A} \tag{6-5}$$

2. 图解法

在图上先过 A、B 点分别作出平行于纵坐标轴的直线，然后用量角器分别度量出直线 AB 的正、反坐标方位角 α'_{AB} 和 α'_{BA}，取这两个量测值的平均值作为直线 AB 的坐标方位角，即

$$\alpha_{AB}=\frac{1}{2}(\alpha'_{AB}+\alpha'_{BA}\pm180^\circ) \tag{6-6}$$

式中，若 $\alpha'_{BA}>180^\circ$，则取“-180°”；若 $\alpha'_{BA}<180^\circ$，则取“$+180^\circ$”。

6.2.4 点的高程测算

利用等高线，可以确定点的高程。如图 6-13 所示，A 点在 28m 等高线上，则它的高程 $H_A=28\text{m}$。M 点在 27m 和 28m 等高线之间，过 M 点作一直线基本垂直这两条等高线，分别得交点 P、Q，则 M 点的高程为

$$H_M=H_P+\frac{d_{PM}}{d_{PQ}}\cdot h \tag{6-7}$$

式中，H_P——P 点的高程；

h——等高距；

d_{PM}、d_{PQ}——图上 PM、PQ 线段的长度。

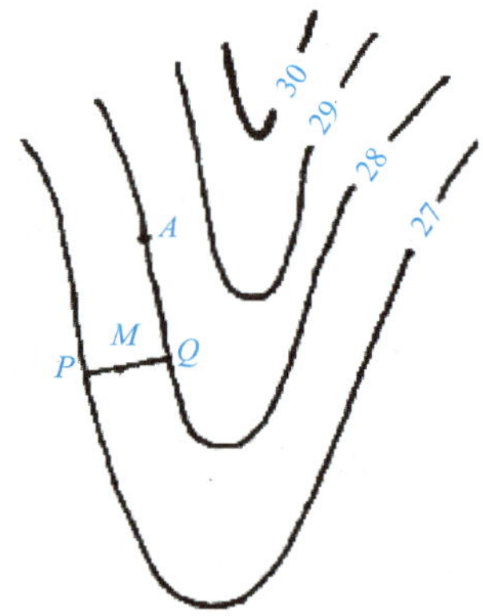

图 6-13　确定点的高程

例如，设用直尺在图上量得 $d_{PM}=5\text{mm}$，$d_{PQ}=12\text{mm}$，已知 $H_P=27\text{m}$，等高距 $h=1\text{m}$，把这些数据代入式（6-7），得

$$h_{PM}=5/12\times1\approx0.4\,(\text{m})$$
$$H_M=27+0.4=27.4\,(\text{m})$$

6.2.5 两点间直线坡度的计算

如图 6-14 所示，A、B 两点间的高差 h_{AB} 与水平距离 D_{AB} 之比，就是 A、B 两点间的平均坡度 i_{AB}，即

$$i_{AB}=\frac{h_{AB}}{D_{AB}} \tag{6-8}$$

例如，$h_{AB}=H_B-H_A=86.500-49.800=+36.700\,(\text{m})$，设 $D_{AB}=876.000\text{m}$，则 $i_{AB}=+36.700/876.000\approx+0.04=+4\%$。

坡度一般用百分数或千分数表示。当 $i_{AB}>0$ 时，表示上坡；当 $i_{AB}<0$ 时，表示下坡。若以坡度角表示，则

$$\alpha=\arctan\frac{h_{AB}}{D_{AB}}$$

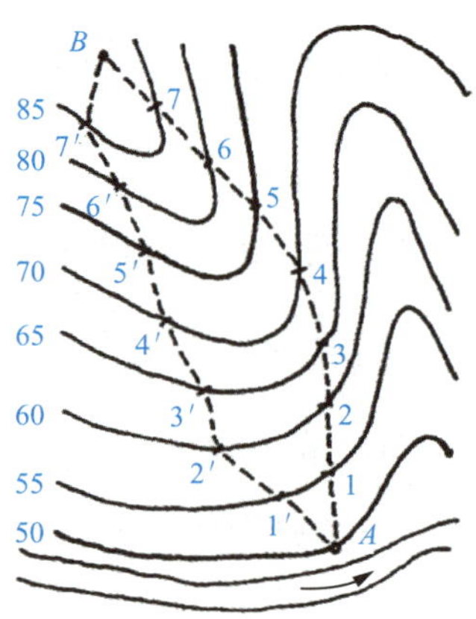

图 6-14　选定等坡路线

小贴士

虽然 *A*、*B* 两点是地面点，但 *A*、*B* 两点的连线坡度不一定是地面坡度。

6.2.6　按规定的坡度选定等坡路线

如图 6-14 所示，某林区要从 *A* 向山顶 *B* 选一条公路的路线。已知等高线的基本等高距 $h=5\text{m}$，比例尺为 1∶10000，规定坡度 $i=5\%$，则路线通过相邻等高线的平距应该是 $D=h/i=5/5\%=100\,(\text{m})$。在 1∶10000 地形图上的平距应为 1cm，用分规以 *A* 为圆心，1cm 为半径，作圆弧交 55m 等高线于 1 或 1′。再以 1 或 1′ 为圆心，按同样的半径交 60m 等高线于 2 或 2′。同法可得一系列交点，直到 *B*。把相邻点连接，即得两条符合设计要求的路线的大致方向。最后通过实地踏勘及综合考虑，选出一条较理想的公路路线。

由图 6-14 可以看出，*A*—1′—2′—3′…线路的线形，不如 *A*—1—2—3…线路的线形好。

6.2.7　方向纵断面图的绘制

在道路、管道设计和土方计算中，常利用地形图绘制沿线方向的断面图。如图 6-15 所示，要求绘出 *AB* 方向的断面图。

绘制方法如下：

1）在图 6-16 中绘出直角坐标系，横轴表示水平距离，纵轴表示高程。为了绘图方便，水平距离的比例尺一般选择与地形图相同；为了较明显地反映路线方向的地面起伏，以便于在断面图上进行竖向布置，高程比例尺取为水平距离比例尺的 10 倍或 20 倍。

2）在图 6-15 中，设直线 *AB* 与等高线的交点分别为 1,2,3,4,⋯，以线段 *A*1, *A*2, *A*3,⋯, *AB* 为半径，在图 6-15 的横轴上以 *A* 为起点，截得对应 1,2,3,⋯, *B* 点，即两图中同名线段一样长。

3）把图 6-15 中 *A*,1,2,⋯, *B* 点的高程作为图 6-16 中横轴上同名点的纵坐标值，这样就作出了断面上的地面点，把这些点依次平滑地连接起来，就形成了断面图。

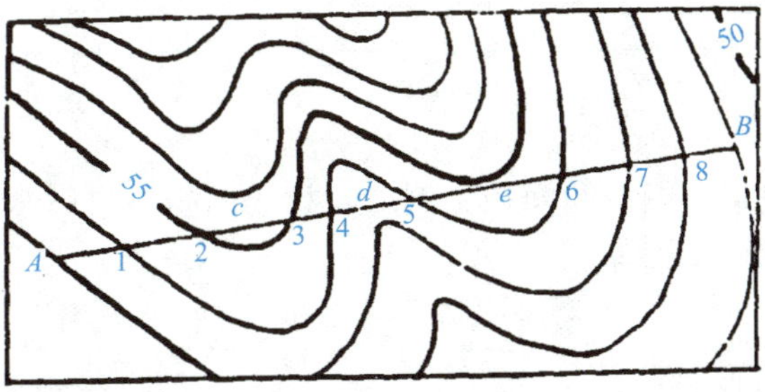

图 6-15　等高线图

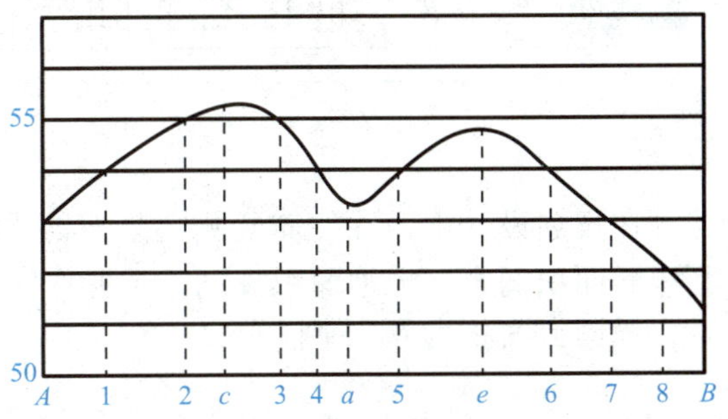

图 6-16　绘制纵断面图

为了较合理地反映断面的起伏，应根据相邻等高线 55m 和 56m 内插出 2、3 点之间的 *c* 点高程。同法内插出 *d*、*e* 点。此外应注意，在纵轴注记的起始高程 50m 应比 *AB* 断面上最低点 *B* 的高程略小一些。这样绘出的断面线完全在横轴的上部。

6.2.8 汇水面积边界线的绘制

当在山谷或河流修建大坝、架设桥梁或敷设涵洞时，都要知道有多大面积的雨水汇集在这里，这个面积称为汇水面积。

汇水面积的边界是根据等高线的分水线（山脊线）来确定的。如图 6-17 所示，通过山谷，在 *MN* 处要修建水库的水坝，就须确定该处的汇水面积，即由图中分水线（点画线）*AB*、*BC*、*CD*、*DE*、*EF* 与 *FA* 线段所围成的面积；再根据该地区的降雨量就可确定流经 *MN* 处的水流量。这是设计桥梁、涵洞或水坝容量的重要数据。

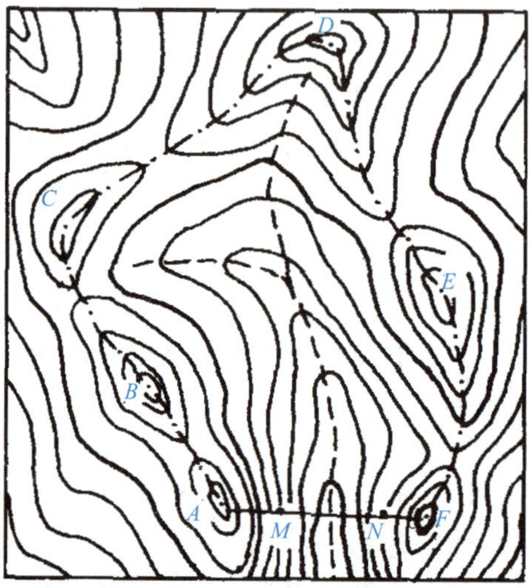

图 6-17 确定汇水面积边界线

6.3 地形图上面积的量算

在规划设计中，往往需要测定某一地区或某一图形的面积。例如，林场面积、农田水利灌溉面积调查，土地面积规划，工业厂区面积计算等。

设图上面积为 $P_{图}$，则

$$P_{实} = P_{图} M^2$$

式中，$P_{实}$ ——实地面积；

M ——比例尺分母。

设图上面积为 10mm²，比例尺为 1∶2000，则实地面积 $P_{实} = 10 \times 2000^2 \times 10^{-6} = 40\ (\text{m}^2)$。求算图上某区域的面积 $P_{图}$，一般有以下几种方法。

6.3.1　图解法量算面积

1. 几何图形计算法

图 6-18 所示是一个不规则的图形，可将其上描绘的区域分成三角形、梯形或平行四边形等简单、规则的图形，用直尺量出面积计算所需的元素，根据三角形、梯形等图形面积计算公式计算其面积，则各图形面积之和就是所要求的面积。

计算面积的一切数据，都是用图解法取自图上，因受图解精度的限制，此法测定面积的相对误差大约为 1/100。

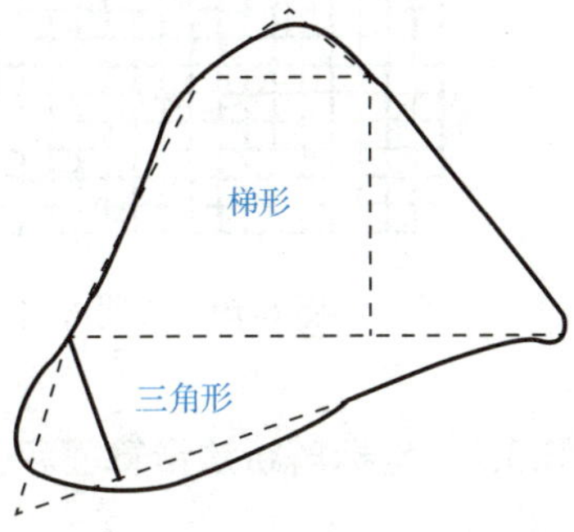

图 6-18　几何图形计算法

2. 透明方格纸法

将透明方格纸覆盖在图形上，然后数出该图形包含的整方格数和不完整的方格数。先计算出每一个小方格的面积，然后就可以很快算出整个图形的面积。

如图 6-19 所示，先数整方格数 n_1，再数不完整的方格数 n_2，则总方格数约为 $n_1+\frac{1}{2}n_2$，然后计算其总面积 P，则

$$P=\left(n_1+\frac{1}{2}n_2\right)\cdot S$$

式中，S——一个小方格的面积。

3. 平行线法

先在透明纸上画出间隔相等的平行线，如图 6-20 所示。为了计算方便，间隔距离取整数为好。将绘有平行线的透明纸覆盖在图形上，旋转平行线，使两条平行线与图形边缘相切，则相邻两平行线间截割的图形面积可全部看成梯形，梯形的高为平行线间距 h，图形截割各平行线的长度为 $l_1,l_2,\cdots,l_n$，则各梯形面积分别为

$$\begin{aligned}P_1&=1/2\times h\times(0+l_1)\\P_2&=1/2\times h\times(l_1+l_2)\\&\cdots\\P_n&=1/2\times h\times(l_{n-1}+l_n)\\P_{n+1}&=1/2\times h\times(l_n+0)\end{aligned}$$

则总面积 P 为

$$P=P_1+P_2+\cdots+P_n+P_{n+1}=h\cdot\sum_{n=1}^{n}l_n \tag{6-9}$$

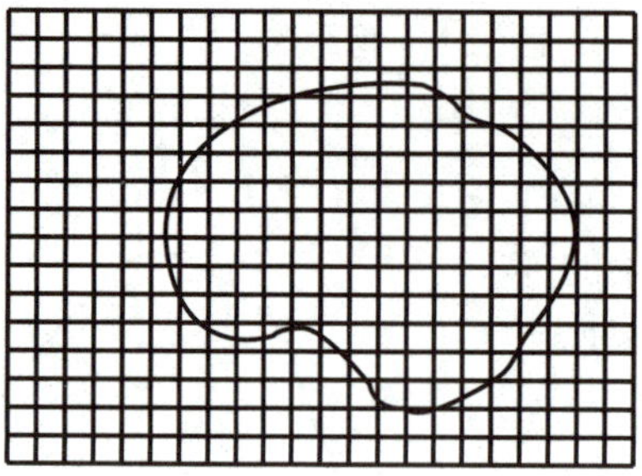

图 6-19　透明方格纸法

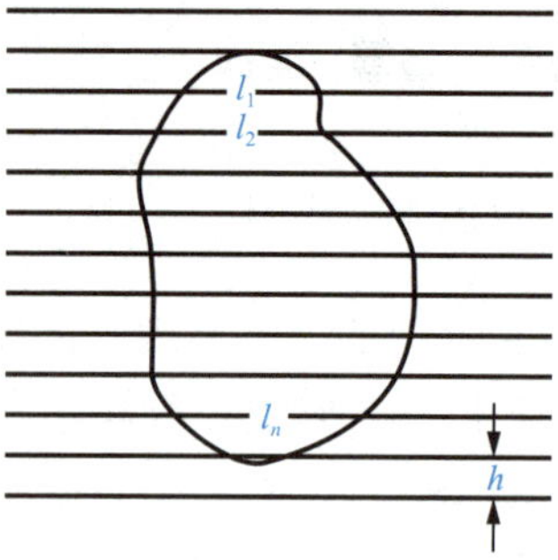

图 6-20　平行线法

6.3.2　坐标解析法量算面积

若待测图形为多边形，则可根据多边形顶点的坐标计算面积。由图 6-21 可知：多边形 1234 的面积等于梯形144′1′的面积 $P_{144'1'}$ 加梯形 433′4′ 的面积减梯形 233′2′ 的面积 $P_{233'2'}$ 减梯形122′1′的面积 $P_{122'1'}$，即

$$P = P_{144'1'} + P_{433'4'} - P_{233'2'} - P_{122'1'}$$

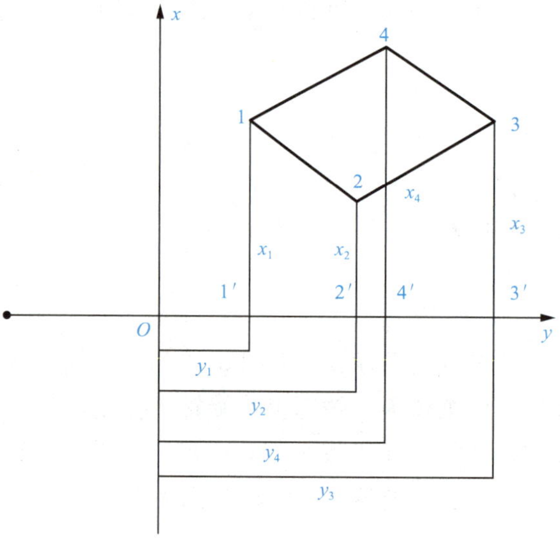

图 6-21　坐标解析法

设多边形顶点 1、2、3、4 的坐标分别为(x_1,y_1)、(x_2,y_2)、(x_3,y_3)、(x_4,y_4)。将上式中各梯形面积用坐标值表示，即

$$\begin{aligned}A &= \frac{1}{2}(x_4+x_1)(y_4-y_1)+\frac{1}{2}(x_3+x_4)(y_3-y_4)\\&\quad-\frac{1}{2}(x_3+x_2)(y_3-y_2)-\frac{1}{2}(x_2+x_1)(y_2-y_1)\\&=\frac{1}{2}x_1(y_4-y_2)+\frac{1}{2}x_2(y_1-y_3)+\frac{1}{2}x_3(y_2-y_4)+\frac{1}{2}x_4(y_3-y_1)\end{aligned}$$

即

$$P=\frac{1}{2}\sum_{i=1}^{4}x_i(y_{i-1}-y_{i+1})$$

同理，可推导出n边形面积的坐标解析法计算公式为

$$P=\frac{1}{2}\sum_{i=1}^{n}x_i(y_{i-1}-y_{i+1}) \tag{6-10}$$

或

$$P=\frac{1}{2}\sum_{i=1}^{n}y_i(x_{i+1}-x_{i-1}) \tag{6-11}$$

小贴士

式中当$i=1$时，令$i-1=n$；当$i=n$时，令$i+1=1$。

利用式（6-10）和式（6-11）计算同一图形面积，可检核计算的正确性。采用式（6-10）和式（6-11）计算多边形面积时，顶点$1,2,3,\cdots,n$是按逆时针方向编号的。若顶点按顺时针方向编号，按式（6-10）和式（6-11）计算，其结果都与原结果绝对值相等，符号相反。

6.4 土方量的计算

在一些林区进行工程建设时，除要进行合理的平面布置外，往往还要对原地貌进行必要的改造，以便适于布置各类建筑物，排除地面水，以及满足交通运输和敷设地下管道等。这种地貌改造称为平整土地。

在平整土地工作中，常需预算土、石方的工程量，即利用地形图进行填挖土（石）方量的概算。其方法有多种，其中方格法（或设计等高线法）是应用最广泛的一种。

下面分两种情况介绍该方法。

6.4.1 场地平整

如图 6-22 所示，假设要求将原地貌按挖填土方量平衡的原则改造成水平面，其步骤如下：

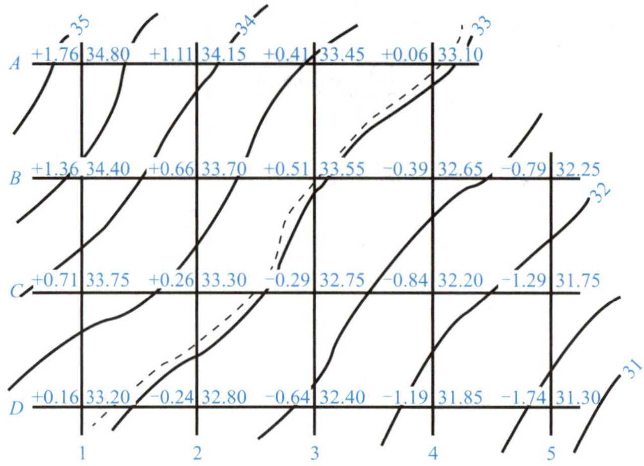

图 6-22　方格法土方量计算

1. 在地形图上绘方格网

在地形图上拟建场地内绘制方格网。方格网的大小取决于地形的复杂程度、地形图比例尺的大小，以及土方概算的精度要求。例如，在设计阶段采用 1∶500 的地形图时，根据地形的复杂情况，一般边长取为 10m 或 20m。方格网绘制完后，根据地形图上的等高线，用内插法求出每一个方格的顶点的地面高程，并注记在相应方格顶点的右上方，如图 6-22 所示。

2. 计算设计高程

先将每一个方格顶点的高程加起来除以 4，得到各方格的平均高程，再把每个方格的平均高程相加除以方格总数，即得到设计高程 H_0：

$$H_0=(H_1+H_2+\cdots+H_n)/n$$

式中，$H_i(i=1,2,\cdots,n)$——每一个方格的平均高程；

n——方格总数。

从设计高程 H_0 的计算方法和图 6-22 可以看出：方格网的角点 $A1$、$A4$、$B5$、$D1$、$D5$ 的高程只用了 1 次，边点 $A2,A3,B1,C1,D2,\cdots$ 的高程用了 2 次，拐点 $B4$ 的高程用了 3 次，而中间点 $B2,B3,C2,C3,\cdots$ 的高程用了 4 次，因此，设计高程的计算公式也可写为

$$H_0=\left(\sum H_{角}+2\sum H_{边}+3\sum H_{拐}+4H_{中}\right)/(4n) \tag{6-12}$$

将方格顶点的高程（图 6-22）代入式（6-12），即可计算出设计高程为 33.04m。在图 6-22 上内插出 33.04m 等高线（图中虚线），称为填挖边界线（或称零线）。

3. 计算挖、填高度

根据设计高程和方格顶点的高程，可以计算出每一个方格顶点的挖、填高度，即

$$填、挖高度=地面高程-设计高程 \tag{6-13}$$

将图中各方格顶点的挖、填高度写于相应方格顶点的左上方。正号为挖深，负号为填高。

4. 计算挖、填土方量

挖、填土方量可按角点、边点、拐点和中点分别按下式计算。

$$\begin{cases}\text{角点：挖（填）高}\times 1/4\text{方格面积}\\ \text{边点：挖（填）高}\times 1/2\text{方格面积}\\ \text{拐点：挖（填）高}\times 3/4\text{方格面积}\\ \text{中点：挖（填）高}\times 1\text{方格面积}\end{cases}\qquad(6\text{-}14)$$

如图 6-23 所示，设每一个方格的面积为 400m，计算的设计高程是 25.2m，每一个方格的挖深或填高数据已分别按式（6-13）计算出，并已注记在方格顶点的左上方。于是，可按式（6-14）列表（表 6-1）分别计算出挖方量和填方量。从计算结果可以看出，挖方量和填方量是相等的，满足“挖、填平衡”的要求。

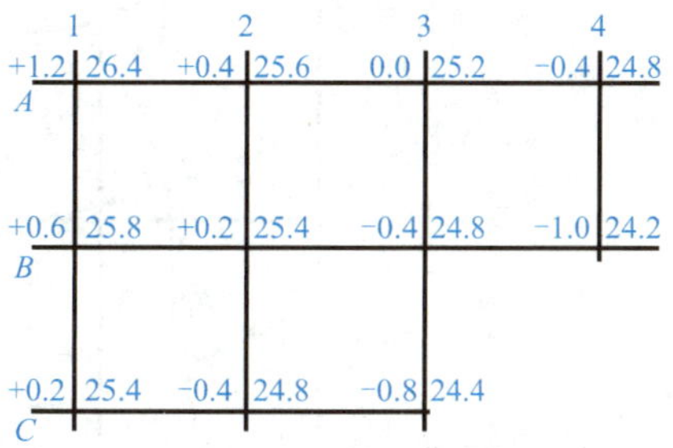

图 6-23　土方填、挖计算

表 6-1　挖、填土方计算表

点号	挖深/m	填高/m	所占面积/m²	挖方量/m³	填方量/m³
*A*1	+1.2		100	120	
*A*2	+0.4		200	80	
*A*3	0.0		200	0	
*A*4		−0.4	100		40
*B*1	+0.6		200	120	
*B*2	+0.2		400	80	
*B*3		−0.4	300		120
*B*4		−1.0	100		100
*C*1	+0.2		100	20	
*C*2		−0.4	200		80
*C*3		−0.8	100		80
				Σ：420	Σ：420

6.4.2　场地倾斜面的整理

将原地形改造成某一坡度的倾斜面，一般可根据填、挖平衡的原则绘出设计倾斜面的等高线。但是有时要求所设计的倾斜面必须包含不能改动的某些高程点（称为设计斜面的控制高程点），如已有道路的中线高程点，永久性或大型建筑物的外墙地坪高程等，如图 6-24 所示。

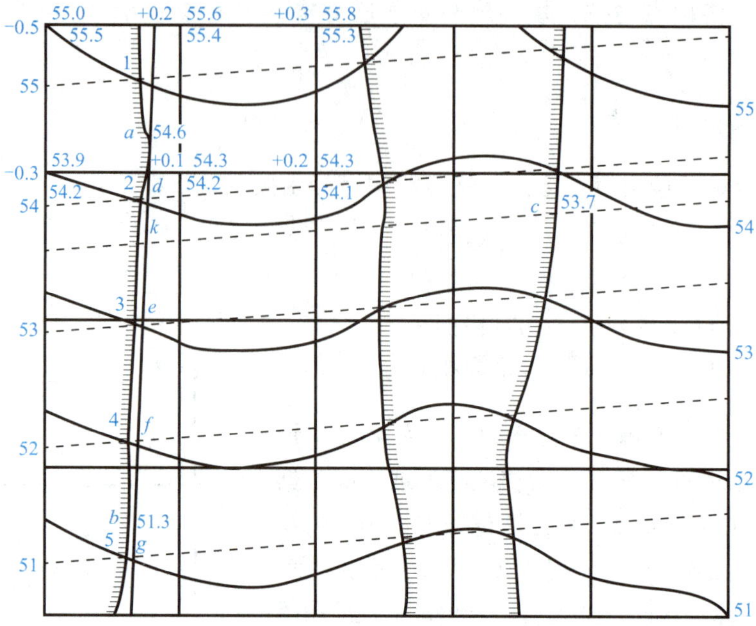

图 6-24　倾斜面土方量计算

设 a 、b 、c 三点为控制高程点，其地面高程分别为 54.6m、51.3m 和 53.7m。要求将原地形改造成通过 a 、b 、c 三点的斜面，其步骤如下：

1. 确定设计等高线的平距

过 a 、b 两点作直线，用比例内插法在 ab 曲线上求出高程为 54、53、52、…各点的位置，也就是设计等高线应经过 ab 线上的相应位置，如 d 、e、f 、g 等点。

2. 确定设计等高线的方向

在 ab 直线上求出一点 k，使其高程等于 c 点的高程（53.7m）。过 kc 连一线，则 kc 方向就是设计等高线的方向。

3. 插绘设计倾斜面的等高线

过 d 、e、f 、g 各点分别作 kc 的平行线（图中的虚线），即为设计倾斜面的等高线。过设计等高线和原同高程的等高线交点的连线，如图中连接 1、2、3、4、5 等点，就可得到挖、填边界线。图中绘有短线的一侧为填土区，另一侧为挖土区。

4. 计算挖、填土方量

与 6.4.1 节所述方法相同，首先在图上绘方格网，并确定各方格顶点的挖深和填高量。不同之处是，各方格顶点的设计高程是根据设计等高线内插求得的，并注记在方格顶点的右下方。其填高和挖深量仍记在各顶点的左上方。挖方量和填方量的计算和 6.4.1 节所述方法相同。

项目实践　地形图的识读

根据本项目所学地形图的知识，完成给定的识图任务。

1）识读图 6-25，并完成下列各题。

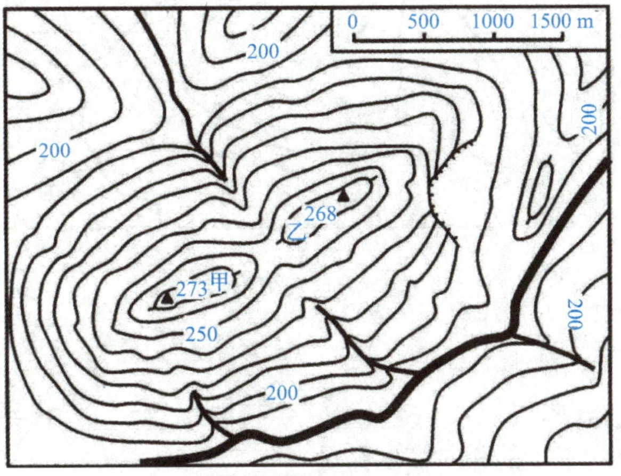

图 6-25　地形图的识读 1

① 将下列地形名称的代号填在图 6-25 中的恰当位置。

A．鞍部　　B．陡崖　　C．山脊

D．山谷　　E．小河

② 图上的比例尺是 1∶________，即图上 1cm 代表实地距离________。

③ 甲、乙两山顶的图距为________cm，实地距离为________km。

④ 甲山在乙山的________方向，甲、乙两山的相对高度是________m。

2）在等高线地形图（图 6-26）上有陡坡、缓坡、山顶、盆地、峡谷，判断：

甲处是________，乙处是________，丙处是________，丁处是________，戊处是________。

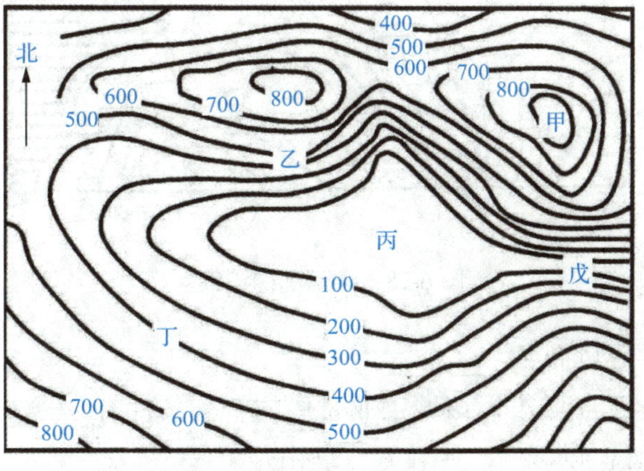

图 6-26　地形图的识读 2

3）识读图 6-27 所示的等高线地形图，并完成下列各题。

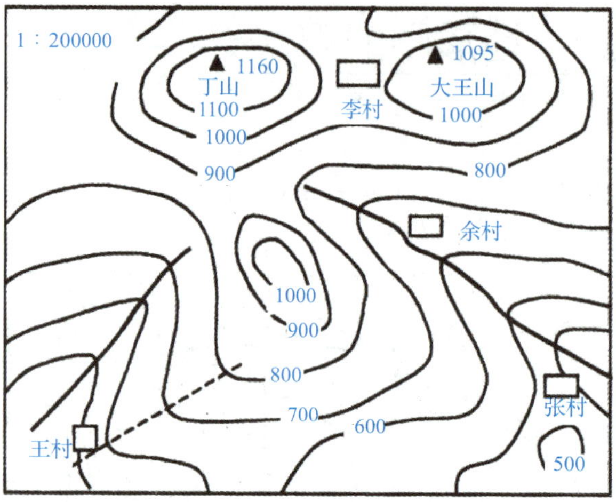

图 6-27　地形图的识读 3

① 4 个村所在位置的地形名称：

王村地处________，张村地处________，余村地处________，李村地处________。

② 以张村为基点，丁山的相对高度约是________m。

③ 已知王村的气温为 11℃，按气温垂直分布的一般规律，丁山的气温应是________℃。

④ 王村与大王山的水平实际距离约为________。

4）识读图 6-28 所示的等高线地形图，并完成下列各题。

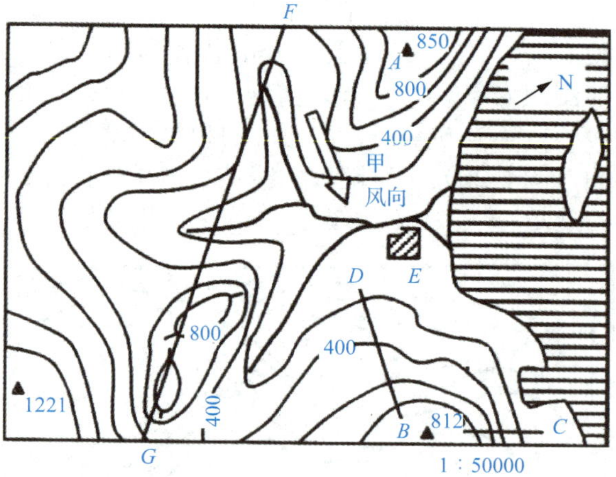

图 6-28　地形图的识读 4

① 图中地区的主导风向是________。

② *E* 城为重化学工业城市，该城工业布局的有利条件有________。此山区要建一疗养院，甲、乙两地选址，以________较好，理由是________。

③ A、B 两座山顶之间有高山电缆车相通，电缆车的速度是 200m/min，乘缆车从 B 山顶到 A 山顶约需________min。

④ BD 与 BC 坡度较陡的是________。

直击工考

1．地形图的应用包括哪些方面？

2．等高线有哪些特性？

3．设图上面积为 10mm^2，比例尺为 1∶2000，试计算实地面积。

视频及互联网资源

视频 1．生成等高线

视频 2．查询指定点的坐标

视频 3．查询实体面积

视频 4．方格网土方量计算

项目 7

GNSS 定位测量基础及在林业方面的应用

◎ 项目导读

本项目简要介绍GNSS定位测量的基本知识和GNSS定位测量技术在林业工作中的应用。在林业系统中，GNSS定位测量技术的普及应用有效地提高了人们的工作效率和测量精度，改变了传统的林业外业作业模式，实现了无纸化和一体化作业流程，使林业的工作模式出现了质的突破，大大地提高了林业调查内、外业的效率和精度。GNSS接收机是林业部门作业中必不可少的工具，它的使用现已取得巨大的经济效益和社会效益。

◎ 学习目标

知识目标

- 了解GNSS定位测量基础知识。
- 掌握GNSS定位测量技术在林业工作中的应用。

能力目标

- 能够解释GNSS定位测量基础知识。
- 能够阐述GNSS定位测量技术在林业方面的应用。

素养目标

- 培养以北斗为傲、自力自强的职业精神。
- 培养独立思考、攻坚克难的创新精神。

7.1 GNSS 定位测量基础知识

7.1.1　认识 GNSS

1. GNSS 的基本概念

GNSS 是 global navigation satellite system 的缩写，译为“全球导航卫星系统”，是所有在轨工作的卫星导航系统的总称。

2. GNSS 的组成

目前主要包括美国的 GPS、俄罗斯的格洛纳斯全球导航卫星系统（Global Navigation Satellite System，GLONASS）、欧盟的伽利略卫星导航系统（Galileo Satellite Navigation System，Galileo）、中国的北斗卫星导航系统（BeiDou Navigation Satellite System，BDS）。

此外，还包括广域增强系统（wide area augmentation system，WAAS）、欧洲静地卫星导航重叠系统（European geostationary navigation overlay service，EGNOS）、星基多普勒轨道和无线电定位组合系统（Doppler orbitography and radiopositioning intergrated system by satellite，DORIS）、精密测距测速系统（precise range and rangerate equipment，PRARE）、日本的准天顶导航卫星系统（Quasi-zenith Satellite System，QZSS）、印度星基增强系统（GPS and GEO augmented navigation system，GAGAN）、印度区域导航卫星系统（Indian Regional Navigation Satellite System，IRNSS）等。

3. 中国北斗卫星导航系统

北斗卫星导航系统是中国自行研制的全球卫星导航系统，也是继 GPS、GLONASS 之后的第三个成熟的卫星导航系统。它由空间段、地面段和用户段三部分组成，可在全球范围内全天候、全天时为各类用户提供高精度、高可靠定位、导航、授时服务，并且具备短报文通信能力。经过多年发展，北斗卫星导航系统已成为面向全球用户的提供全天候、全天时、高精度定位、导航与授时服务的重要新型基础设施。北斗卫星导航系统定位导航授时服务，通过 30 颗卫星，免费向全球用户提供服务，全球范围水平定位精度优于 9m、垂直定位精度优于 10m，测速精度优于 0.2m/s、授时精度优于 20ns。全球范围内已经有 137 个国家与北斗卫星导航系统签下了合作协议。随着全球组网的成功，北斗卫星导航系统未来的国际应用空间将会不断扩展。

2023 年 12 月 26 日 11 时 26 分，中国在西昌卫星发射中心用长征三号乙运载火箭与远征一号上面级，发射第 57、58 颗北斗导航卫星。该组卫星属中圆地球轨道（medium earth orbit，MEO）卫星，是中国北斗三号全球卫星导航系统建成开通后发射的首组 MEO 卫星，入轨并完成在轨测试后，将接入北斗卫星导航系统。2024 年 9 月 19 日，中国在西昌卫星发射中心发射第 59、60 颗北斗导航卫星。

7.1.2 GNSS 定位测量的特点

GNSS 定位测量可为各类用户连续提供动态目标三维位置、速度及时间信息，它与传统测量相比，具有以下特点：

（1）定位精度高

随着 GNSS 接收机和数据处理软件性能的不断提高，GNSS-RTK 精度可达厘米级，基本能满足大比例尺地形测图和施工放样的需要；若接收机采用静态相对定位，精度可达毫米级，又可应用于等级控制测量中。

（2）观测时间短

接收机若采用 RTK 模式，在地形测量或放样中，观测一个点只需要几秒的时间；接收机采用静态模式时，一个控制点野外作业的时间也比传统作业所需的时间短得多。

（3）实时定位

利用 GPS，可实时确定运动目标的三维位置和速度，保障运动载体沿预定航线运行。

（4）站间无须通视

使用常规测量方法进行测量时，要求测站间必须通视才能进行观测，而运用 GNSS 定位技术则只需测站点对上空的卫星通视即可。

（5）仪器操作简便

因 GNSS 接收机的自动化程度高，观测时，在 RTK 模式时，测量员只需对中，打开倾斜测量功能，对中杆对准地面点，按测量键即可完成测量；在静态模式时，仪器对中、整平，开机后，仪器自动采集数据与记录，完成一时段的观测后，关机即可。

（6）全天候作业

GNSS 接收机除在打雷闪电的情况下不宜作业外，其他天气均可进行野外测量工作。

（7）可提供全球统一的三维坐标

常规测量工作一般是将平面与高程测量分开进行，且各自的工作基准面不一样，而 GNSS 定位测量可测得测站在地心坐标系中的三维坐标，实现全球统一。

（8）应用广泛

GNSS 定位技术被广泛应用于林业、农业、交通运输、城市规划、气象预报、资源调查等国民经济的各行各业中，已与人们的生活息息相关。

7.1.3 GNSS 测量坐标系

GNSS 测量中涉及的坐标系多种多样，每种坐标系都有其特定的应用场景和转换关系。以下是对 GNSS 测量中常见坐标系的详细介绍。

1. 天球坐标系

天球坐标系主要用于描述卫星轨道和 GPS 接收机所处的空间位置，是以地球质心为球心，以无穷远为半径形成的球体。GNSS 测量过程中常用的是地心天球赤道坐标系，其原点位于地球质心，X 轴指向 J2000.0 历元平春分点，Z 轴指向 J2000.0 历元平天极，Y 轴完成右手系。天球坐标系的主要作用之一是提供了一个稳定的坐标系统，为卫星空间位置的表达和计算提供了基础。

2. 地球坐标系

地球坐标系的主要任务是描述地面点在地球上的坐标，根据坐标原点的不同，可分为地心坐标系和参心坐标系；根据坐标表现形式的不同，可分为空间直角坐标系和空间大地坐标系。另外，还有站心坐标系和一些其他坐标系。

（1）地心坐标系

原点位于地球质心，Z 轴和地球自转轴平行，X 轴位于地球赤道面指向经度零点，Y 轴构成右手系。WGS-84、CGCS2000 等坐标系都是地心坐标系。地心坐标系随着地球自转一同改变，因此也被称为地固坐标系。

（2）参心坐标系

原点位于参考椭球中心，Z 轴和地球自转轴平行，X 轴位于参考椭球赤道面，平行于本初子午面。北京 54、西安 80 等坐标系都是参心坐标系。

（3）空间直角坐标系

空间直角坐标系也称地心地固坐标系（earth-centered, earth-fixed，ECEF），是一个笛卡儿坐标系，原点位于地球质心，X 轴通过本初子午面和赤道的交点；Y 轴位于赤道面上，通过东经 90°；Z 轴指向北极点。这个坐标系随着地球一起旋转，因此它固定在地球上。地球上的任何点都可以用 3 个坐标值(X, Y, Z)来表示，分别表示该点相对于地球质心的位置。这个坐标系对于 GPS 和其他 GNSS 系统尤其重要，因为卫星的位置通常以 ECEF 坐标来表示，经常被用来精确描述卫星的位置和计算卫星与接收机之间的距离。

（4）空间大地坐标系

空间大地坐标系也称地理坐标系（latitude, longitude, altitude，LLA），是一个球面坐标系，也称经纬高坐标系，用于描述地球上某一点的位置。它由 3 个参数组成：纬度（latitude）、经度（longitude）和海拔高度（altitude）。纬度指从赤道到北极或南极的角度测量，确定了地球表面上一个点的东西位置；经度指从本初子午线到东经或西经的角度测量，确定了地球表面上一个点的南北位置；海拔高度指从地球表面（通常是平均海平面）到某一点的垂直距离。LLA 坐标系是人们日常生活中最常接触到的坐标系，在地图制作、导航和地理信息系统（geographical information system，GIS）中被广泛使用。

3. 站心坐标系

站心坐标系是一个笛卡儿坐标系，是一个局部的本地水平坐标系，也称东北天（东北上）坐标系（ENU 坐标系）。其原点位于地球表面上的一个特定点，通常与接收机的位置相对应。在 ENU 坐标系中，东轴指向当地的东方向；北轴指向当地的北方向；上轴垂直于水平面，指向天空。本地原点由大地坐标(lat0,lon0,h0)描述。ENU 坐标系常用于描述接收机附近的物体运动，如车辆的行驶轨迹或无人机的飞行路径，因为它提供了一个与接收机位置直接相关的坐标系。

4. 其他坐标系

除上述主要坐标系外，GNSS 测量中还涉及其他一些坐标系，如地心惯性坐标系（inertial coordinate system，i 系）、导航坐标系（navigation，n 系）、车体坐标系（body，b 系）、惯性测量单元坐标系（imu 系）等，这些坐标系在特定的应用场景中发挥着重要作用。

综上所述，GNSS 测量中涉及的坐标系种类繁多，每种坐标系都有其特定的应用场景和转换关系。在实际应用中，需要根据具体需求选择合适的坐标系，并进行必要的坐标转换。

7.1.4 GNSS 定位原理

GNSS 定位的基本原理就是以 GNSS 卫星至用户接收机天线之间的距离为观测量，根据已知的卫星瞬时坐标，利用空间距离后方交会，确定用户接收机天线所对应的观测站的位置。然而，因为用户接受机使用的时钟与卫星星载时钟不可能总同步，所以除了用户的三维坐标 (x,y,z)，还需引进一个卫星与接收机之间的时间差——接收机钟差 δ_t 作为未知数，然后用 4 个方程将这 4 个未知数解出来。因此，如果想知道接收机所处的位置，至少要能接收到 4 颗卫星的信号。

假想在地面待定点上安置 GNSS 接收机，同一时刻接收 4 颗以上 GNSS 卫星发射的信号。通过一定的方法测定这 4 颗以上卫星在此瞬间的位置，及它们分别至该接收机的距离，利用距离交会法算出测站 P 的位置及接收机钟差 δ_t，如图 7-1 所示。

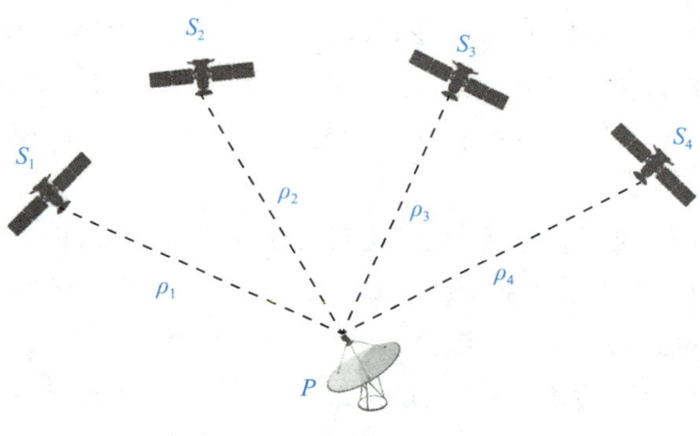

图 7-1　GNSS 定位原理

如图 7-1 所示，设在时刻 t_1，测站点 P 至 4 颗 GNSS 卫星 S_1、S_2、S_3、S_4 的距离分别为 ρ_1、ρ_2、ρ_3、ρ_4，通过 GNSS 电文解译出该时刻 4 颗 GNSS 卫星的三维坐标分别为 (x^i,y^i,z^i)，$i=1,2,3,4$，用距离交会的方法求解 P 点的三维坐标 (x,y,z) 的观测方程为

$$\begin{cases}\rho_1^2=(x-x^1)^2+(y-y^1)^2+(z-z^1)^2+c\delta_t\\ \rho_2^2=(x-x^2)^2+(y-y^2)^2+(z-z^2)^2+c\delta_t\\ \rho_3^2=(x-x^3)^2+(y-y^3)^2+(z-z^3)^2+c\delta_t\\ \rho_4^2=(x-x^4)^2+(y-y^4)^2+(z-z^4)^2+c\delta_t\end{cases} \tag{7-1}$$

式中，c——光速；

δ_t——接收机钟差。

根据式（7-1）可知，在 GNSS 定位测量中，要求测站点的三维坐标，则必须先测定观测瞬间各 GNSS 卫星的准确位置和观测瞬间各卫星至测站点的站星距离。

观测瞬间 GNSS 卫星的位置是由 GNSS 卫星发射的导航电文来确定的，导航电文中含有 GNSS 卫星星历（预报星历）、卫星时钟改正、电离层时延改正、卫星工作状态信息等，它们可以实时地确定卫星的位置，即获得 4 颗卫星在地心坐标系中的三维坐标。

观测瞬间，站星距离是通过测定 GNSS 卫星信号在卫星和测站接收机之间的传播时间来确定的，即测定卫星至接收机间的距离 ρ，因其含有各类误差，故通常称为伪距。

在 GNSS 定位中，卫星是高速运动的，其坐标值随时间的变化在快速变化着，需要实时由 GNSS 卫星信号测量出站星之间伪距和根据卫星发射的导航电文解算出的卫星的空间坐标值，再计算地面接收机的位置信息。根据测距原理分类，定位方法有伪距法定位、载波相位测量定位及差分 GNSS 定位等。在实际应用中，为减弱卫星轨道误差、卫星钟差、接收机钟差及电离层和对流层的折射误差影响，常采用载波相位观测值的各种线性组合（即差分值）作为观测量，获得两点间高精度的 GNSS 基线向量（即坐标差）。

7.1.5 GNSS 的定位模式

GNSS 的定位模式可以根据不同的分类标准来划分，以下是一些主要的定位模式。

1. 按定位精度和技术复杂度分类

（1）单点定位

单点定位（single point positioning，SPP）是最基本的定位方式，又称绝对定位，通常只需要一台接收机。它通过接收多颗卫星的信号，利用接收机计算出自身的位置。通常只能采用伪距观测，精度相对较低，一般用于车船等的概略导航定位。特点：简单易行，但定位精度受多种误差源影响，一般只能达到米级精度。

（2）差分定位

差分定位（differential GNSS，DGNSS）是在单点定位的基础上，加入一个或多个参考站的位置信息，利用参考站的已知位置来修正接收机的误差，提高定位的精度，又称相对定位。差分定位既可以采用伪距观测，又可以采用相位观测。伪距差分定位，利用参考站和接收机之间的伪距观测值差异来修正误差，精度较单点定位有所提升；载波相位差分定位，利用载波相位观测值的差分技术，进一步提高定位精度，特别是在长距离测量中表现优异。

（3）实时差分定位

实时差分定位是一种更高级的定位技术，基于载波相位观测值的 RTK 定位技术，在 GNSS-RTK 的作业模式下，位于参考站的 GNSS 接收机，通过数据链将参考站点的已知坐标和载波相位观测量一起传输给位于流动站的 GNSS 接收机，流动站的 GNSS 接收机根据参考站传递的定位信息和自身的测量成果，组成差分模型并进行基线向量的实时解算，进而获得指定坐标系中的三维定位结果，并达到厘米级精度。

（4）精密单点定位

精密单点定位（precise point positioning，PPP）通过使用精密的星历数据、大气延迟模型和钟差模型等，以及利用多颗卫星的高精度载波相位观测数据，实现更高精度的定位。PPP 的定位精度可达厘米级，但一般收敛时间较慢，需要一定时间才能达到稳定状态。

2. 按接收机的状态分类

（1）静态定位

静态定位是在定位过程中，接收机安置在测站点上并固定不动，即用户接收机天线处于静止状态。静态定位适用于固定或几乎不移动的接收机，如在地面测量、地质勘探、科学研究等应用中使用的接收机。在静态模式下，接收机可以更多地专注于精确的测量和定位任务，而不需要应对快速的位置变化。特点：使用较低的数据采样率，依赖信号质量和持续时间来提高测量的精度和可靠性。

（2）动态定位

动态定位适用于处于移动载体上的接收机，如在车辆、飞机、船舶等移动平台上使用的接收机。接收机需要实时地获取并处理来自卫星的信号。特点：需要更高的数据采样率，以满足动态环境下接收机位置的快速变化。动态定位模式主要包括伪距单点定位，用于米级的导航定位，以及相对定位，用于厘米级的高精度定位。

综上所述，GNSS 的定位模式多种多样，每种模式都有其特定的应用场景和优势。在实际应用中，应根据具体需求和条件选择合适的定位模式。

7.2 GNSS 定位测量技术在林业工作中的应用

将 GNSS 定位测量技术应用在林业工作中，能够快速、高效、准确地提供点、线、面要素的精密坐标，完成森林调查与管理中各种境界线的勘测与放样落界，其已成为森林资源调查与动态监测的有力工具。

GNSS 定位技术在确定林区面积，估算木材量，计算可采伐木材面积，确定原始森林、道路位置，测量森林火灾周边，寻找水源和测定地区界线等方面可以发挥其独特的重要作用。在森林中进行常规测量相当困难，而 GNSS 定位技术可以发挥其优越性，精确测定森林的位置和面积，绘制精确的森林分布图。

7.2.1 森林资源管理

1）测定森林分布区域。采用 GNSS 定位技术对林区面积进行测量，测量人员只需利用 GNSS 定位技术和相应的软件沿林区周边使用直升机就可以对林区的面积进行测量。过去测定所出售木材的面积要求用测定面积的各拐角和沿周边测量两种方法计算面积，投入的人力、物力很大且效率不高，而使用 GNSS 定位测量时，沿周边每点上都进行了测量，不仅速度快，而且测量的精度很高。

2）利用手持接收机进行森林资源调查，只需输入坐标，不需引点、引线，且位置准确，效率高，复位率达 100%。在东北三省的国家森林资源连续清查中，采用 GNSS 定位测量技术进行复位测定，取得了良好的效果，工作效率提高 5～8 倍，定位误差不超过 7m，其成果受到国家林业局的充分肯定。

3）样地调查。GNSS 技术在样地调查中具有重要应用，可以通过精确定位和路径记录，确定样地和样树的位置，提高样地调查的精度和效率。

4）利用手持导航仪确定界线，如平坦地区林班线的开辟和标桩的设置。以往该类工作采用角规、拉线等方法，工作强度大，误差大，准确度低，工作效率低。采用手持接收机后，利用其航迹记录和测角、测距功能，不但降低了劳动强度，而且准确度高，落图简便，极大地提高了效率。

5）利用 GNSS 差分定位技术建立林区控制网点，这些具有精密坐标的点位，是林区今后各种工程测量作业必须参照的位置点，如手持导航仪的坐标误差修正，道路、农田、湿地等的勘测。

6）利用 GNSS 差分定位技术对林区各种境界线实施精确勘测、制图和面积求算，转绘于林业基本用图上，达到对各种森林地类变化的动态监测的目的，测量精度达到分米级。

7）利用 GNSS 差分定位技术进行图面区划界线的精确现地落界，如两荒界、行政区界等，解决普遍存在的现地界线不清和标志位置不准的问题。

8）古树名木监测。利用高度集成的 GNSS 手持设备，林业工作者可以对古树名木进行三维数据采集。通过定期监测古树名木的位置、高度、冠幅等参数，林业工作者可以准确评估其生长状况和健康水平，及时发现并处理潜在问题。这些设备不仅包含 GPS 功能，还整合了罗盘仪、测高仪等多种测量工具，能够实现厘米级的定位精度。

7.2.2　森林防火

利用 GNSS 实时差分技术进行森林防火，一是在飞机的环动仪上安装热红外系统和 GNSS 接收机，使用这些机载设备来确定火灾位置，并迅速向地面报告；二是使用直升机、无人机或轻型固定翼飞机沿火灾周边飞行并记录位置数据，在飞机降落后对数据进行处理，并把火灾的周边绘成图形，以便进一步采取消除森林火灾的措施。

采用手持 GNSS 接收机进行火场定位、火场布兵、火场面积测算、火灾损失估算，精确度高，安全性强，能够实时、快速、准确地测定火险的位置和范围，为防火指挥部门提供决策依据，已被国内外防火机构广泛采用。

7.2.3　植树造林

（1）飞播

在没有采用 GNSS 技术之前，飞行员很难对已播和未播林地进行判断，经常会出现重播和漏播的情况，飞播很低。采用 GNSS 技术之后，利用其航迹记录功能，飞行员可以轻松了解上次播种的路线，从而有效地避免了重播和漏播。此外，利用航线设定功能，飞行员可以在地面对飞行距离和航线进行设定，在飞行中按照预先设定好的航线工作，极大地降低了作业难度。

（2）造林分类、清查

利用 GNSS 导航的航迹记录和求面积的功能，林业工作者可以很容易地对物种林的分布和大小进行记录整理，同时了解采伐和更新的比例，对各林业类型进行标注，方便了林业的管理。在我国黑龙江、吉林和内蒙古等省（区）的分类经营、造林普查、资源调查中，已经开始大量采用 GNSS 技术，取得了很好的效果，不但节省了大量的人力、物力和资金，而且极大地提高了工作效率。实践证明，采用 GNSS 技术完全可以取代传统的角规加皮尺的落后测量手段，并可取得极大的经济效益。

7.2.4 野生动物监测与保护

通过在野生动物身上安装 GNSS 发射器并利用其定位功能可以实现对野生动物活动轨迹的实时追踪和监测。发射器会定期向卫星发送位置信息供监测人员接收和分析。

野生动物保护机构可以利用这些数据了解野生动物的迁徙路径、栖息地和活动范围等信息，为制定保护策略和措施提供科学依据。同时，监测人员还可以根据实时位置信息迅速响应并处理野生动物遭遇的紧急情况，如受伤、被困等。该技术提高了野生动物保护的效率和精度，有助于更好地了解和保护野生动物资源，促进生态平衡和可持续发展。

7.2.5 林业碳汇监测

结合 GNSS、GIS 和 RS 的三维可视化技术能够将林业碳汇资源以三维图形或图像的形式直观地展示出来，帮助研究人员和决策者更好地理解碳汇的时空分布和动态变化过程。

通过三维可视化技术可以精确监测和定位林业碳汇资源，并生成碳汇分布图、碳储量变化图等关键图表，为制定碳汇管理和减排政策提供科学依据。同时，该技术还可以用于碳汇交易中的碳汇量计量和溯源保障碳汇交易的公平性与可持续性。三维可视化技术提高了林业碳汇监测的效率和精度，有助于更好地管理和利用林业碳汇资源促进碳中和目标的实现。

由此可见，GNSS 定位技术在林业方面的应用涵盖了资源调查、火灾监测、采伐管理、野生动物保护、作业导航及碳汇监测等多个领域，为林业的可持续发展提供了有力支持。它的普遍应用必将促进林业工作向着精确、高效、现代化的方向发展，是今后林业作业中不可少的工具，现已取得巨大的经济效益和社会效益。随着技术的不断进步和应用的不断深入，相信 GNSS 定位技术将在林业领域发挥更加重要的作用。

项目实践　林区过火面积测绘

1. 实践准备

1）在实际工作中，会遇到林区着火现象，对过火面积精确测算是估算损失的基础，请选定林区边界，模拟过火区域。

2）对所使用的仪器（本项目拟用 RTK、网络模式）和工具进行认真检验和校正，以确保测量的准确性。

2. 技术要求

1）利用草图法进行数据采集与数据成图。
2）利用给定的 GNSS 设备对林区过火区域边界进行测量。
3）利用相关绘图软件绘制地形图，绘图比例尺为 1∶500。
4）林区过火面积测算，单位取为亩。

直击工考

1. GNSS 测量技术的主要特点是什么？
2. GNSS 定位测量技术在林业工作中的应用有哪些？

项目8

无人机技术在林业方面的应用

◎ 项目导读

本项目主要介绍无人机测量的基本原理、无人机测量的技术与方法、无人机技术在林业方面的应用，并以案例形式重点介绍无人机激光雷达技术在森林资源调查方面的应用技术流程。

◎ 学习目标

知识目标

- 理解无人机测量的基本原理。
- 掌握无人机测量的技术与方法。
- 熟悉无人机技术在林业方面的应用。
- 熟悉无人机遥感技术在实景三维数字林业建设方面的应用。

能力目标

- 能够复述无人机测量的原理、技术与方法。
- 能够实施实景三维数字林业建设过程中的数据采集、处理、入库技术操作。

素养目标

- 培养学习先进技术、勇攀科技高峰的职业精神。
- 培养踏实学习、突破自我、创新创造的专业精神。

8.1 无人机测量的基本知识

1. 无人机简介

无人机（unmanned aerial vehicle，UAV）是一种通过遥控设备或自身程序控制的无人驾驶飞行器。无人机系统通常包括飞行平台、地面控制系统、导航系统和各种传感器。现代无人机在农业、林业、测绘等多个领域发挥着重要作用。无人机根据其结构和功能可以分为固定翼无人机和多旋翼无人机。固定翼无人机适合于大面积区域的长时间飞行，具有飞行速度快、覆盖范围广的特点；多旋翼无人机则以其灵活性和操作简便性著称，适用于小范围和复杂地形的测量任务。

2. 无人机测量的基本原理

无人机测量是利用无人机搭载的高分辨率相机、激光雷达（light detection and ranging，LiDAR）、多光谱相机等传感器，通过预设的飞行路径采集地面数据。无人机在飞行过程中，传感器连续拍摄或扫描地表，生成大量影像或点云数据。后期通过专业软件对这些数据进行处理和分析，可以生成高精度的正射影像图、数字高程模型和三维地形模型。这些高精度的地理信息可以用于森林资源调查、生态监测、灾害预警等多个方面，为林业管理提供科学依据。

3. 无人机测量的优势

无人机测量相较于传统测量方法有许多优势。首先是高效性，无人机能够快速覆盖大面积区域，数据采集速度快，特别适合应急情况下的大范围数据采集。其次是灵活性，无人机可以在复杂地形和难以进入的区域进行测量，减少了人工测量的风险，同时也大幅度提高了测量效率。再次，无人机测量的精度高，这得益于其搭载的高分辨率传感器，能够提供精细的影像和点云数据，满足高精度地理信息需求。最后，无人机测量的成本相对较低，设备易于操作和维护，适合多种应用场景。

8.2 无人机测量技术与方法

1. 无人机的选型

根据测量任务的需求，选择合适的无人机类型。

固定翼无人机：适用于大面积森林资源调查，飞行时间长，效率高。固定翼无人机能够在较高的飞行高度和较快的飞行速度下，覆盖大范围的森林区域，适合进行长时间的飞行任务。

多旋翼无人机：适用于小面积和复杂地形的测量，飞行灵活，适应性强，操作简便。多旋翼无人机可以在低空和低速下飞行，适用于详细的局部区域测量和复杂地形的精细测绘。

2. 传感器的选择

根据测量任务的需求，选择合适的传感器。常用的传感器包括高分辨率相机、多光谱相机、热成像相机和 LiDAR 等。

高分辨率相机：用于高精度影像数据采集，适合地形测量和资源调查。高分辨率相机可以提供清晰的地面影像，适用于详细的地形测量和资源调查。

多光谱相机：用于植被健康监测，可生成多光谱影像。多光谱相机能够捕捉植物在不同光谱波段的反射信息，适用于植被健康状况监测和农林作物评估。

热成像相机：用于火灾监测，可生成热成像图。热成像相机可以捕捉地面的温度变化，适用于火灾监测和预防。

LiDAR：用于三维建模，可生成高精度点云数据。LiDAR 传感器通过激光扫描技术，生成高精度的三维点云数据，适用于详细的地形建模和结构分析。

3. 测量计划与飞行路径的设计

在进行无人机测量前，需要制定详细的测量计划，并进行飞行路径设计。

测量计划：确定测区范围、飞行高度、影像重叠度等参数。测量计划的制定需要根据测区的实际情况和测量需求，确定合理的飞行高度和影像重叠度，确保测区的全面覆盖和数据的高质量。

飞行路径设计：设计合理的飞行路径，确保全面覆盖测区。飞行路径的设计需要考虑测区的地形特点和天气条件，确保飞行的安全性和数据采集的准确性。在飞行路径设计中，需要设置合适的航线间距和飞行速度，确保影像数据的重叠度和连续性。

4. 数据采集与处理

无人机飞行完成后，需要对获取的影像或点云数据进行处理。影像数据通过软件进行拼接、校正、正射化处理，生成正射影像图和数字高程模型。点云数据通过软件进行分类、滤波、建模，生成三维地形模型和相关分析成果。

数据采集：无人机飞行拍摄影像或扫描点云数据。在数据采集过程中，无人机按照预设的飞行路径和参数进行飞行，采集测区的影像和点云数据。操作人员需要实时监控飞行状态和数据采集情况，确保数据的完整性和质量。

数据处理：使用专业软件进行数据拼接、校正和建模。数据采集完成后，将影像和点云数据导入处理软件。首先进行影像拼接，确保不同影像之间的无缝对接。接着进行影像校正，消除由地形起伏和无人机飞行姿态变化导致的影像畸变。最后进行正射化处理，生成高精度的正射影像图和数字高程模型。对于点云数据，通过分类、滤波和建模，生成详细的三维地形模型。

5. 数据分析与应用

处理后的测量数据可以用于多种分析应用，如森林资源量估算、病虫害监测、火灾预防、植被覆盖率分析等。通过数据分析，为林业管理和决策提供科学依据。

数据分析：利用处理后的数据进行资源量估算、病虫害监测等分析。利用 GIS 软件和专业分析工具，对处理后的影像和点云数据进行综合分析。根据分析结果，可以准确估算森林资源量，监测病虫害发生和发展趋势，评估火灾风险和植被健康状况。

应用实例：生成各种分析报告和图件，为决策提供依据。根据分析结果，生成详细的分析报告和图件，直观展示测区的森林资源状况、病虫害分布、火灾风险和植被覆盖情况。这些报告和图件为林业管理和决策提供了科学依据，支持森林资源的可持续管理和保护。

8.3 无人机在林业中的应用

8.3.1 森林资源调查

无人机可以快速获取大面积森林的高分辨率影像数据，通过图像处理和分析，可以精确评估森林资源的数量、分布和变化情况。这在森林资源清查、森林覆盖率监测和树种识别中有广泛应用。

数据采集：无人机飞行覆盖测区，拍摄高清影像。首先，操作人员需要选择合适的无人机和传感器，根据测区的特点和调查目的确定飞行高度、航线间距和影像重叠度等参数。其次，飞行计划制定完成后，操作人员需检查无人机设备及其传感器的工作状态，确保所有设备正常运行。在飞行过程中，无人机按照预设路径进行飞行，并通过搭载的高分辨率相机连续拍摄地面影像。飞行过程中应注意飞行高度和速度的控制，以确保影像数据的质量和覆盖范围。

数据处理：使用影像拼接软件生成正射影像图。数据采集完成后，需要将影像数据导入专业图像处理软件（如 Pix4D、Agisoft Metashape）。首先，对影像进行拼接，确保不同航拍影像之间的连续性和无缝对接。其次，进行影像的校正和正射化处理，消除由地形起伏和无人机飞行姿态变化导致的影像畸变。处理完成后，生成高精度的正射影像图和数字高程模型。

数据分析：结合地面测量和样地调查数据，评估森林覆盖率、树种分布等。影像处理完成后，利用 GIS 软件（如 ArcGIS、QGIS）对数据进行进一步分析。通过与地面测量数据和样地调查数据结合，可以准确评估森林的覆盖率、树种分布和健康状况。生成的分析报告和图件为森林资源管理和决策提供了重要的科学依据。

8.3.2 病虫害监测

无人机搭载多光谱相机或热成像相机进行高分辨率影像拍摄，可以及早发现森林中的病虫害问题。通过图像分析软件，识别病虫害发生区域，评估受害面积，为病虫害防治提供科学依据。

数据采集：无人机搭载多光谱相机，飞行测区拍摄影像。操作人员首先需要根据病虫害监测的具体需求选择合适的多光谱相机，并设置相机的光谱波段和拍摄参数。其次，制定飞行计划，确保飞行路径能够全面覆盖测区，特别是重点监测区域。在飞行过程中，无人机按照预定路径飞行，并采集多光谱影像数据。

数据处理：处理多光谱影像，生成植被健康指数图。数据采集完成后，将多光谱影像数据导入处理软件。利用软件对影像进行分析，计算植被健康指数（如 NDVI），从而生成植被健康指数图。该图直观地显示了植被的健康状况和病虫害的分布情况。

数据分析：结合遥感技术和样地调查数据，识别病虫害发生区域，制定防治措施。将生成的植被健康指数图与其他遥感数据和地面调查数据结合，进行综合分析。通过 GIS 软件，可以识别出病虫害发生的具体位置和范围，评估其严重程度。根据分析结果，制定科学的病虫害防治方案，及时采取措施，减少森林资源的损失。

8.3.3 森林火灾预防

无人机可以对森林进行实时监测，及时发现和定位火灾隐患。无人机拍摄的热成像图像可以检测到火点和火线，为森林防火工作提供重要支持。

数据采集：无人机搭载热成像相机，监测森林火点。在森林火灾预防任务中，操作人员选择搭载热成像相机的多旋翼无人机，根据森林区域和火灾风险等级制定详细的飞行计划。在飞行过程中，无人机通过热成像相机实时监测地面的温度变化，特别关注高温区域和异常热源。

数据处理：处理热成像图像，生成火灾风险图。数据采集完成后，将热成像数据导入处理软件。利用软件对热成像图像进行分析，识别出高温区域和潜在火点。生成的火灾风险图可以直观地显示森林中火灾隐患的分布和风险等级。

数据分析：结合 GIS 数据，定位火灾隐患，制定应急预案。将热成像数据与 GIS 数据结合，进行综合分析。通过 GIS 软件，可以定位火灾隐患的具体位置，评估火灾风险。根据分析结果，制定详细的森林火灾预防和应急响应方案，确保及时、有效地应对火灾风险，保护森林资源和生态环境。

8.3.4 森林经营管理

无人机技术可以辅助森林经营管理工作，如森林经营规划、林地测量、道路设计等。通过无人机获取的高分辨率影像，可以精确绘制森林经营区的地形图，优化资源配置和管理方案。

数据采集：无人机飞行拍摄高分辨率影像。操作人员选择搭载高分辨率相机的无人机，制定详细的飞行计划，确保影像数据的覆盖范围和质量。在飞行过程中，无人机按照预定路径飞行，采集测区的高分辨率影像数据。

数据处理：生成正射影像图和三维地形模型。数据采集完成后，将影像数据导入处理软件。通过影像拼接、校正和正射化处理，生成高精度的正射影像图和数字高程模型。利用这些数据，可以进一步生成三维地形模型，详细反映测区的地形特征。

数据分析：结合 GIS 和地面测量数据，进行森林经营规划和道路设计。将生成的正射影像图和三维地形模型与地面测量数据结合，利用 GIS 软件进行综合分析。通过详细的地形分析，可以制定科学的森林经营规划，优化林地资源配置。同时，根据地形数据进行道路设计，确保道路布局合理，方便森林资源的运输和管理。

8.3.5 植被覆盖监测

无人机拍摄的多光谱影像可以用于植被覆盖监测，通过影像分析，评估植被健康状况、植被类型和覆盖率。这对于生态监测和环境保护具有重要意义。

数据采集：无人机搭载多光谱相机，飞行拍摄影像。操作人员选择适合植被监测的多光谱相机，并设置相机的光谱波段和拍摄参数。制定飞行计划，确保测区的全面覆盖。在飞行过程中，无人机按照预定路径飞行，采集多光谱影像数据。

数据处理：处理多光谱影像，生成植被覆盖图。数据采集完成后，将多光谱影像数据导入处理软件。利用软件对影像进行分析，计算植被覆盖率和健康状况，生成植被覆盖图。该图直观地显示了不同区域的植被类型和覆盖程度。

数据分析：结合遥感技术和地面调查数据，评估植被健康状况，监测植被变化。将生成的植被覆盖图与其他遥感数据和地面调查数据相结合，进行综合分析。通过 GIS 软件，可以评估植被的健康状况，监测植被覆盖变化趋势。这对于生态环境的保护和管理具有重要意义。

8.3.6 森林生态研究

无人机技术在森林生态研究中应用广泛，如森林碳储量估算、物种多样性调查、森林生态系统动态监测等。无人机获取的高精度数据，为科学研究提供了丰富的资料。

数据采集：无人机飞行采集高分辨率影像和点云数据。在森林生态研究中，操作人员选择搭载高分辨率相机和 LiDAR 的无人机，根据研究需求制定详细的飞行计划。在飞行过程中，无人机按照预定路径飞行，采集影像和点云数据。

数据处理：生成三维地形模型和生态参数图。数据采集完成后，将影像和点云数据导入处理软件。通过三维建模技术，生成精细的三维地形模型，详细反映测区的地形特征。进一步通过生态参数计算，生成森林碳储量、物种多样性等生态参数图。

数据分析：结合地面测量和样地调查数据，进行森林碳储量估算和生态系统研究。将生成的三维地形模型和生态参数图与地面调查数据相结合，利用 GIS 软件进行综合分析。通过详细的数据分析，可以准确估算森林的碳储量，评估物种多样性，监测生态系统的动态变化。这些研究成果为森林生态保护和可持续管理提供了重要的科学依据。

8.4 无人机遥感技术在实景三维数字林业方面的应用

8.4.1 实景三维数字林业地理信息系统简介

实景三维数字林业地理信息系统涵盖实景三维、数据库、倾斜摄影、卫星遥感等多样化技术手段，其可以构建完善的信息系统，并将林业数据加以融合处理，可得到计算机硬件和软件的支持，实现对目标范围内的有关地理分布数据的精确采集，涵盖后续的储存、管理、运算、分析等阶段，并联系对比分析、三维标绘等过程，在林业资源管理方面具有重要的应用价值。

在实际应用过程中，三维数据相对于二维数据，更能表现出客观、实际性。同时，实景三维数字林业地理信息系统不仅具有二维地理信息系统的数据获取、组织、操纵、分析等过程，还具有以下优势：一是三维空间信息展现较为直观，呈现出来的信息更加丰富与逼真，能将传统、抽象化的空间信息变得可视化、直观化，从而对信息内容的理解更为容易；二是在三维地理信息系统满足可视化的条件下，还需具备动态化互动过程，通过获取计算机图形技术的支持，构建起完善的系统；三是在分析处理空间信息时，实景三维数字林业地理信息系统对复杂、动态、抽象化、数量繁多、关系复杂的信息内容，可以较容易地进行表达与处理。

8.4.2 案例：某林场实景三维数字林业数据建库技术流程

现以某林场为例，通过在试点区内选择 $10km^2$ 的典型区域获取森林实景三维可视化成果，制作森林专题图表，建立单木档案库等，开展智慧林业精细化管理，为后续实景三维数字林业提供基础数据。试验区域如图 8-1 所示。

图 8-1 试验区域

1. 试验区域概况

试验区域地理位置处于东经119°7′45″～119°19′20″，北纬27°37′45″～27°50′30″之间，面积为25227.8公顷（ha，1ha=10^4m^2）。

试验区域的年平均温度为12.8℃，年降雨量为2341.8mm，年相对平均湿度为84.0%，极端低温为-13.2℃，极端高温为30.1℃，无霜期为187天，≥10℃积温为3653.3℃，降雨主要集中在4～5月，而高温季节在4～8月，和典型亚热带气候一样有明显的湿热同季现象，但由于其独特地理位置、地形地貌、水文条件、森林生态环境等，气候有其特殊性，主要表现为温度低、雾日多、雨水充沛、相对湿度大等。局部林地的气候更为特别，如发育硅质棕黄壤的百山祖主峰南侧，也就是世界珍稀濒危植物——百山祖冷杉的生长地，年平均温度为8～10℃，相对湿度达95%，雾日都在200天以上。

2. 主要工作内容

1）基础数据获取：对约$10km^2$的区域开展机载LiDAR点云数据采集，获取点云密度优于160点/m^2；开展倾斜摄影测量数据采集，获取影像分辨率优于10cm。

2）森林实景三维模型生产：制作试点区$10km^2$范围的实景三维模型，数据格式根据需求确定，可支持OBJ、FBX、DFX、OSGB等格式。

3）森林正射影像生产：制作试点区$10km^2$范围的森林正射影像成果，空间分辨率平均优于10cm，水平定位误差平均优于5m。产品符合CH/T 9008.3—2010《基础地理信息数字成果 1∶500、1∶1000、1∶2000数字正射影像图》的相应要求。

4）林区数字表面模型（digital surface model，DSM）生产（包含植被高度）：制作试点区$10km^2$范围的数字表面模型成果，空间分辨率优于1m，格网尺寸不大于1m×1m。产品符合CH/T 9022—2014《基础地理信息数字成果 1∶500 1∶1000 1∶2000 1∶5000 1∶10000数字表面模型》的相应要求。

5）林区裸地数字高程模型生产（不含植被高度）：制作试点区$10km^2$范围的数字正射影像成果，空间分辨率平均优于1m，水平定位误差平均优于5m，垂直定位误差平均优于工作范围1.5m。产品符合CH/T 9008.2—2010《基础地理信息数字成果 1∶500、1∶1000、1∶2000数字高程模型》的相应要求。

6）森林专题图表制作：制作试点区$10km^2$范围1∶1000～1∶10000比例尺的森林健康等级分布专题地图和1∶1000～1∶10000比例尺的森林蓄积量分布专题地图。

7）建立森林单木档案库：包含树高、冠幅、胸径、树种、树龄、健康状况等的森林单木档案；包含林区面积、林分组成、植株密度、郁闭度、叶面积指数、地上生物量、蓄积量、平均树高等的林区参数统计。

3. 实施标准

（1）国家标准

1）GB/T 7931—2008《1∶500 1∶1000 1∶2000地形图航空摄影测量外业规范》。

2）GB/T 7930—2008《1∶500 1∶1000 1∶2000地形图航空摄影测量内业规范》。

3）GB/T 39610—2020《倾斜数字航空摄影技术规程》。

4）GB/T 19294—2003《航空摄影技术设计规范》。

5）GB/T 23236—2024《数字航空摄影测量　空中三角测量规范》。

6）GB/T 27920.1—2011《数字航空摄影规范　第 1 部分：框幅式数字航空摄影》。

7）GB/T 27920.2—2012《数字航空摄影规范　第 2 部分：推扫式数字航空摄影》。

8）GB/T 27919—2011《IMU/GPS 辅助航空摄影技术规范》。

9）GB/T 18314—2024《全球导航卫星系统（GNSS）测量规范》。

10）GB/T 17941—2008《数字测绘成果质量要求》。

11）GB T 24356—2023《测绘成果质量检查与验收》。

12）GB/T 18316—2008《数字测绘成果质量检查与验收》。

（2）行业标准

1）CH/T 9015—2012《三维地理信息模型数据产品规范》。

2）CH/T 9016—2012《三维地理信息模型生产规范》。

3）CH/T 9017—2012《三维地理信息模型数据库规范》。

4）CH/T 9024—2014《三维地理信息模型数据产品质量检查与验收》。

5）CH/T 3006—2011《数字航空摄影测量　控制测量规范》。

6）CH/T 9008.3—2010《基础地理信息数字成果　1∶500、1∶1000、1∶2000 数字正射影像图》。

7）CH/T 9008.2—2010《基础地理信息数字成果　1∶500、1∶1000、1∶2000 数字高程模型》。

8）CH/T 9022—2014《基础地理信息数字成果　1∶500、1∶1000、1∶2000、1∶5000、1∶10000 数字表面模型》。

9）CH/T 3003—2021《低空数字航空摄影测量内业规范》。

10）CH/T 3004—2021《低空数字航空摄影测量外业规范》。

11）CH/T 3005—2021《低空数字航空摄影规范》。

12）CH/T 3012—2014《数字表面模型　航空摄影测量生产技术规程》。

13）CH/T 3014—2014《数字表面模型　机载激光雷达测量技术规程》。

14）CH/T 8023—2011《机载激光雷达数据处理技术规范》。

15）CH/T 8024—2011《机载激光雷达数据获取技术规范》。

4. 技术要求

（1）数学基础

1）平面坐标系统：2000 国家大地坐标系，投影方式采用高斯克吕格投影，中央子午线 120°，3° 分带。

2）高程系统：大地高。

（2）点云数据的技术指标及要求

1）点密度要求。本项目技术要求生产的数字高程模型格网尺寸不大于 0.5m×0.5m，机载激光雷达获取的点云数据密度应能满足内插数字高程模型数据的需求，根据 CH/T 8024—2011《机载激光雷达数据获取技术规范》，点云密度的要求如表 8-1 所示。平坦地区的点云密度可适当放宽，地貌破碎地区的点云密度可适当加严。

表 8-1　点云密度要求

比例尺	数字高程模型成果格网间距/m	点云密度/（点/m^2）
1∶500	0.5	≥16

本项目点云数据的获取严格按照 CH/T 8024—2011《机载激光雷达数据获取技术规范》执行，经数据处理后获取的点云平均密度不小于 160 点/m^2，能够满足 1m×1m 格网数字高程模型的生产需求。

2）点云数据高程精度要求。点云精度满足 CH/T 8024—2011《机载激光雷达数据获取技术规范》，其高程中误差不大于表 8-2 中的要求。

表 8-2　点云数据高程精度要求

比例尺	高程中误差/m			
	平地	丘陵地	山地	高山地
1∶500	±0.15	±0.25	±0.35	±0.50

注：在植被覆盖密集区域、反射率较低区域（如水域、光滑表面等易形成镜面反射的区域）等特殊困难地区，点云数据高程中误差在表 8-2 的基础上可放宽 0.5 倍，最大允许误差为表 8-2 中的 2 倍。

3）点云数据覆盖范围。旁向覆盖超出测区边界线不少于 500m。在确保测区内合格点云密度和精度符合要求的情况下，旁向覆盖超出非省界的测区边界线不少于 250m。

4）航带重叠。航线旁向重叠 20%，最少为 13%，应保证在飞行姿态变化较大的情况下不产生数据覆盖漏洞。

5）航带间接边。航带拼接时，不同航带间（含同架次和不同架次）点云数据同名点的平面位置中误差应小于平均点云间距，高程中误差应小于表 8-2 中规定的中误差。

（3）影像数据的技术指标及要求

1）航空摄影应采用满足测绘要求的高分辨率、高精度数字航摄系统。

2）影像地面分辨率应优于 0.1m。

3）获取影像时，太阳高度角应选择保证阴影不大于 1 倍。正射影像接边重叠带不允许出现明显的模糊和重影，相邻数字正射影像要严格接边，精度满足规范要求。

4）航摄季节应在规定的航摄期限内，选择地表植被及其他覆盖物（如洪水等）对成图影响较小、云雾少、大气透明度好的季节进行摄影；摄影时间应根据地形条件的不同，严格按规范规定的太阳高度角选择。

5）飞行质量要求：

① 航线可按常规方法敷设，平行于摄区边界线的首末航线一般敷设在摄区边界线外，并确保摄区边界实际覆盖不少于像幅的 30%；在便于施测像片控制点及不影响内业正常加密时，旁向超出摄区边界线不少于像幅的 30%。

② 根据所选相机的不同设置及地形条件的不同，航向、旁向重叠度参考指标为：航线航向重叠度不能小于 60%，旁向重叠度不能小于 30%；城市地区航摄飞行还应考虑投影差带来的数字影像自动匹配困难的因素，适当加大航向重叠度；考虑飞行中航线及姿态的保持情况，要相应地增加旁向重叠率。

③ 像片倾斜角一般不大于 2°，个别最大不大于 4°。旋偏角一般不大于 15°，在像片航向和旁向重叠度符合规范要求的前提下，最大不超过 25°。在一条航线上达到或接近最大旋偏角限差的像片数不得连续超过 3 片；在一个摄区内出现最大旋偏角的像片数不得超过摄区像片总数的 4%。

6）获取影像数据的要求：影像清晰，反差适中，颜色饱和，色彩鲜明，色调统一；有较丰富的层次、能辨别与地面分辨率相适应的细小地物影像，满足成图精度要求；相关记录影像清晰、齐全，数据正确。

7）所有影像获取间隔累计不超过 120 天。

8）补摄与重摄。航摄过程中出现的绝对漏洞、相对漏洞及其他严重缺陷，必须及时补摄。漏洞补摄必须按原设计航迹进行。补摄航线的长度应满足用户区域网加密布点的要求。对于不影响内业加密选点和模型连接的相对漏洞及局部缺陷（如云、云影、斑痕等），可只在漏洞处补摄。补摄航线的长度应超出漏洞外的一条基线。

9）应采用同一主距的数字航摄仪进行补摄。当采用 GNSS、POS（position and orientation system，定位测姿系统）等辅助航空摄影技术时，应参照相应的补摄与重摄要求进行。

（4）实景三维模型的技术指标及要求

模型精度满足 CH/T 9015—2012《三维地理信息模型数据产品规范》中对于 I 类三维模型可视化表达的要求及处理后的三维模型数据要求。

1）模型精度要求。

① 平面精度：模型相对于邻近控制点的平面中误差不大于 0.5m。

② 高程精度：模型基准面高程相对于邻近控制点的高程中误差不大于 0.3m。

2）数据组织要求。建筑模型要求根据建筑实体逐一对象化，并分类、命名编号、存储。

（5）数字高程模型的技术指标及要求

1）技术要求。格网间距：数字高程模型，格网尺寸不大于 0.5m×0.5m。若有禁飞区域无法采集航空影像，则要求用其他来源的现势性一致和采样间隔一致的数字高程模型补齐。

2）精度要求。数字高程模型成果的精度用格网点的高程中误差表示，高程中误差的 2 倍为采样点数据最大误差。数字高程模型的高程值应取位至 0.01m，数字高程模型采用一级精度，丘陵、山地可放宽至二级精度，根据 CH/T 9008.2—2010《基础地理信息数字成果 1∶500、1∶1000、1∶2000 数字高程模型》，数字高程模型的高程精度按表 8-3 执行。

表 8-3　数字高程模型的高程精度

比例尺	高程中误差/m			
	平地	丘陵地	山地	高山地
1∶500	0.20	0.40	0.50	0.7

3）数据格式。采用 ArcGrid 文件格式，数据按由西向东、由北向南的顺序存储格网点高程值。起始坐标值为数据范围左上角格网点坐标，无数据区的格网点应赋予高程值-9999。高程值单位为 m，取位至 0.01m，采用浮点型存储。

（6）数字表面模型的技术指标及要求

1）技术要求。格网间距：数字表面模型，格网尺寸不大于 0.5m×0.5m。若有禁飞区域无法采集航空影像，则要求用其他来源的现势性一致和采样间隔一致的数字表面模型补齐。

2）精度要求。数字表面模型数据的精度用明显地物点对野外检查点的高程中误差表示，高程最大误差不应超过高程中误差的 2 倍。数字表面模型的高程值应取位至 0.01m，数字表面模型采用一级精度，丘陵、山地可放宽至二级精度，根据 CH/T 9022—2014《基础地理信息数字成果　1∶500　1∶1000　1∶2000　1∶5000　1∶10000 数字表面模型》的规定，数字表面模型的精度指标按表 8-4 执行。

表 8-4　数字表面模型的高程精度

比例尺	高程中误差/m			
	平地	丘陵地	山地	高山地
1∶500	0.20	0.40	0.50	0.7

3）数据格式。采用 ArcGrid 文件格式，数据按由西向东、由北向南的顺序存储格网点高程值。起始坐标值为数据范围左上角格网点坐标，无数据区的格网点应赋予高程值-9999。高程值单位为 m，取位至 0.01m，采用浮点型存储。

（7）数字正射影像图的技术指标及要求

1）技术要求。数字正射影像图影像地面分辨率：全部区域优于 0.10m。若有禁飞区域无法采集航空影像，则要求用其他现势性一致和地面分辨率不低于 0.5m 的影像补齐。

2）精度要求。数字正射影像图明显地物点的平面位置中误差不应大于表 8-5 中的规定，平面位置中误差的 2 倍为其最大误差。

表 8-5　正射影像图平面精度

比例尺	平面位置中误差/mm（图面）	
	平地、丘陵地	山地、高山地
1∶1000	0.6	0.8

数字正射影像图与相邻影像图的接边误差不应大于 1 个像元。

3）影像质量要求。影像清晰，反差适中，色彩及色调均匀，影像无模糊、错位、扭曲、拉花等现象，必须经过合理有效的影像镶嵌来消除不同航片上由于建筑物及高大树木的投影差带来的视觉效果矛盾（影像叠置和地物丢失的现象），保证影像数据的连续、无缝和视觉一致性。

4）数据格式。影像数据文件采用非压缩 TIFF 格式，以真彩色 RGB 色彩模式存储，像素位数为 24bit。不满幅区域以白色 RGB(255,255,255)填充。

影像信息文件为 ASCII 的 TIFF World File（.tfw）格式。

元数据采用 DOM 格式存储。

5. 总体技术流程

本项目的总体技术流程如下：

1）采用影像和 LiDAR 一次航空摄影获取高清倾斜影像和高精度的点云数据。

2）对 LiDAR 点云数据进行自动和人工交互处理，生成 DEM、DSM、CHM（canopy height model，冠层高度模型）成果。

3）对经过专业匀色处理后的正射影像进行空三加密、正射纠正、拼接和分幅生成 DOM。

4）对经过专业匀色处理后的倾斜影像进行空三加密、自动化建模，生成实景三维模型。

5）对林冠层高度模型进行顶点提取、单木分割，计算顶点树高、单木冠幅，建立森林单木档案。

6）利用 DOM 影像进行多尺度分割，获取树种分类结果，对林区参数进行统计。

7）利用单木信息和树种分类结果结合蓄积 AI（artificial intelligence，人工智能）学习测算方法，计算森林蓄积量，制作森林蓄积量分布专题地图。

8）成果汇总后按要求进行项目验收和成果上交。

具体的技术路线如图 8-2 所示。

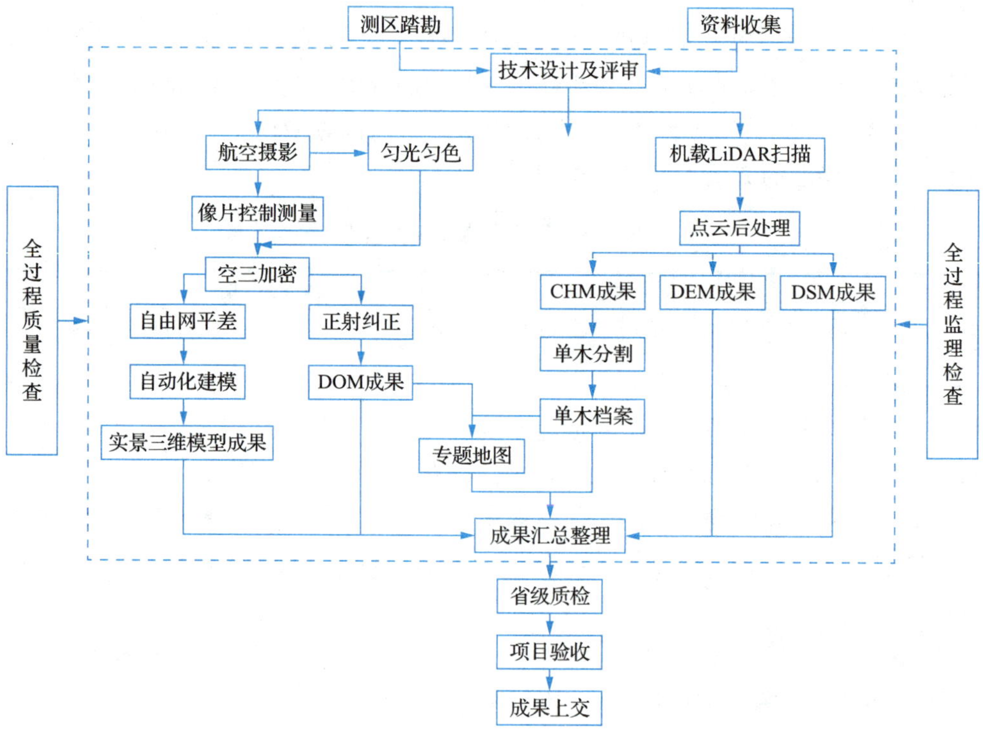

图 8-2　技术路线

项目实践　激光点云技术在林业调查方面的应用

1．实践准备

利用激光雷达测量技术可以直接获取被测地物的三维信息，其在林业参数信息提取方面具有独特的优势。请结合具体项目，调查当地实景三维数字林业数据建库过程中的数据采集及数据处理流程。

2．技术要求

1）总结当地实景三维数字林业数据采集与处理技术流程，形成成果图。

2）通过查资料总结利用激光雷达测量技术获取林木点云数据在林业的其他拓展应用，并撰写不少于300字的实践报告，报告主要从林分小班提取的郁闭度、平均直径、平均高、每公顷株数、每公顷蓄积量平均年龄等方面进行总结。

直击工考

1．无人机遥感技术在林业方面有哪些应用？

2．请举例说明无人机遥感技术数据采集的实施方案。

参 考 文 献

陈彩军，2011．园林测量[M]．北京：科学出版社．

杜玉柱，2012．GNSS 测量技术[M]．武汉：武汉大学出版社．

谷达华，2019．园林工程测量[M]．重庆：重庆大学出版社．

刘志成，2014．园林测量[M]．天津：天津科学技术出版社．

全国地理信息标准化技术委员会，2017．1∶500　1∶1000　1∶2000 外业数字测图规程：GB/T 14912—2017[S]．北京：中国计划出版社．

覃辉，2021．建筑工程测量[M]．2 版．重庆：重庆大学出版社．

田建波，陈刚，2017．北斗导航定位技术及其应用[M]．武汉：中国地质大学出版社．

汪耀武，伍根，何礼军，2021．建筑工程测量[M]．武汉：华中科技大学出版社．

喻艳梅，陈伟池，卢滔，等，2020．建筑工程测量[M]．沈阳：东北大学出版社．

袁建刚，刘胜男，张清波，等，2019．建筑工程测量[M]．北京：清华大学出版社．

中华人民共和国住房和城乡建设部，2021．工程测量标准：GB 50026—2020[S]．北京：中国计划出版社．